SUCCESSFUL HOTEL MANAGER

成功飯店經理人

SUCCESSFUL HOTEL MANAGER

程新友 編著

崧燁文化

目　　錄

前言

進入21世紀，知識經濟正在給人類的生活、工作和思維方式帶來一場空前的革命。飯店業作為一種社會、經濟、文化的綜合體，必然會受到知識經濟浪潮的衝擊。同時，隨著經濟全球化、市場全球化格局的形成，飯店業已經被捲入一個更加國際化和商業化的市場潮流中，其所面臨的經營環境正在以空前的速度變化著，比以往任何時候都令人難以思索：賓客選擇日益專業化、消費日益個性化、非價格競爭的份量越來越重、市場秩序越來越規範、國際品牌前赴後湧......這一切都使得任何飯店不得不比以往任何時候更加關注自己的生存和發展。在「適者生存」的市場競爭中，飯店要成為「明星」而不是「流星」，就必須不斷地創造賓客興奮點，營造持續的競爭力。為此我們飯店經理人要加強管理，抓住機遇，苦練內功，迎接挑戰，提升飯店服務質量和飯店管理水平，提高賓客的滿意程度和社會消費的文明程度；要加快步伐，不斷變革、不斷創新，創造新服務、新管理、新經營、新文化......

面對當今飯店業更加激烈的競爭、更加嚴峻的形勢，作為一名飯店經理人，該如何把握自己，如何戰勝自己，如何超越自己，是我們共同探討的課題。機遇，對每一位飯店經理人來說，不是均等的。強者能創造機遇，智者能抓住機遇，弱者是等待機遇，愚者則失去機遇。在市場經濟中，機遇與挑戰像是一對孿生兄弟，挑戰本身也就是機遇，真正的機遇只有在迎接挑戰中誕生，在征服挑戰中實現。因此，我們飯店經理人應深刻地認識到在知識經濟時代，知識是安身立命之本，變革和創新已成為主導潮流。我們只有充分運用知識去變革，去創新，只有強化各種溝通，我們的飯店業才有可能從新的起點去創造新的輝煌。讓我們一起把握21世紀的脈搏，共同研討新時期飯店經理人在新形式下如何把握機遇，迎接挑戰，把自己培養成為一名優秀的飯店經理人。

本書分為做好統帥、準備好盔甲、統率好部下、統領戰局、贏得勝利五個部分，從角色認知、基本素質、觀念意識、情商和智商、時間管理、目標管理、有效溝通、團隊建設、積極授權、創新變革等多個方面，具體闡述了在新的形勢與環境下，飯店經理人應當如何調整思維模式和管理方法，以嶄新的管理理念和管理思想迎接新的經濟浪潮，打造卓越，邁向成功。本書具有理論的創新性、內容的科學性、操作的實踐性、方法的多樣性等特點，便於各旅遊飯店參考和操作執行，可作為旅遊飯店管理人員的培訓教材，也可作為旅遊院校學生的參考書籍，同時也可作為旅遊飯店員工學習和成為合格飯店職業經理人的行動指南。

本人一直從事旅遊飯店管理工作，應該說是一名21世紀飯店職業經理人，但在飯店管理理論研究上永遠比不上飯店管理專家、教授。因此本書在寫作過程中，參考了近幾年出版的教材和研究成果，在此一併向原著的專家、教授們表示衷心的感謝，同時也要深深感謝鄒益民教授、王昆欣教授對本人在寫作此書過程中給予的指導，以及對本人在飯店管理、研究中的支持與幫助。由於本人水平有限，書中如有不足之處，敬請各位專家、學者、同仁以及讀者朋友們批評指正。

程新友

第一部分 做好統帥

第一章 用新視角認識飯店經理人

本章重點

●你是一位成功的飯店經理人嗎？

●角色認知

●要掌控權力

●要具備將領的風格

你是一位成功的飯店經理人嗎？

你是一位成功的飯店經理人嗎？這是每一位飯店經理人都在思考的問題，但是很少能有人信心十足地給出一個響亮、肯定的回答，因為大家總是覺得自己在某些方面還存在著一些不足。那麼，自己到底有幾斤幾兩？下面的這份表格，你若感興趣，不妨對照一下每個項目，給自己做個檢測。

序號	題　目	不符合	比較符合	符合	完全符合
1	飯店經理人就是領導者	4	3	2	1

序號	題　目	不符合	比較符合	符合	完全符合
2	只有錯誤的飯店經理人，沒有錯誤的員工	1	2	3	4
3	情商比智商更重要	1	2	3	4
4	要在上級的長處之外發揮自己的長處	1	2	3	4
5	善於經營，注重市場開拓，關注賓客需求	1	2	3	4
6	富有責任心，忠誠於飯店，並將其作爲自己的事業	1	2	3	4
7	做執行規範的模範，冷靜處事，不發虎威	1	2	3	4
8	能夠抓住一切機會不斷學習，提升自己	1	2	3	4
9	能夠公平、公正地處理每件事情	1	2	3	4
10	出現問題時，飯店經理首先承擔責任	1	2	3	4
11	即使沒有下屬，您也能做出決定並付諸實施	1	2	3	4
12	充分信任下屬，敢於授權，不干預下屬的正常工作	1	2	3	4
13	給優秀人才提供發展的平台和晉升的機會	1	2	3	4
14	靈活運用多種方法向上級提出意見和建議	1	2	3	4
15	目標完成時，只關注結果，而不考慮過程	4	3	2	1
16	經常考慮一些可能影響飯店經理人對飯店發展做出規劃的因素	1	2	3	4
17	每半年進行一次員工滿意度的調查	1	2	3	4
18	在訊息不夠明確的情形下，不輕易做出決策	4	3	2	1
19	帶領員工親臨管理現場，並引導期發現問題	1	2	3	4
20	害怕失敗，逃避挫折，缺乏積極的心態	4	3	2	1
21	經常直接責備自己的下屬	4	3	2	1
22	不會當著員工握賓客的面批評下屬	1	2	3	4

序號	題　目	不符合	比較符合	符合	完全符合
23	團隊的績效與飯店經理人的績效無關	4	3	2	1
24	開展多種類型主題活動加強情感交流，增強員工凝聚力	1	2	3	4
25	飯店經理人會依靠榜樣激勵員工	1	2	3	4
26	能夠耐心地對待不夠機智靈活的下屬，並勤於培養	1	2	3	4
27	關注員工的發展和素質的提高，注重對員工的培訓	1	2	3	4
28	對表現出色的員工能及時給予激勵	1	2	3	4
29	建立「末位淘汰制」，鼓勵員工競爭上崗	1	2	3	4
30	加強企業文化建設，營造良好團隊氛圍	1	2	3	4

檢測時間:　　　　　　檢測人:　　　　　　總分:

請統計你的得分，你會發現什麼？

☆　得分在36～60分之間，說明你還只是個「門外漢」，距離飯店管理之門還很遙遠。若想繼續從事飯店管理，你必須正視自身的不足，加強基層鍛鍊，同時，還要注重對理論知識的學習，只有堅持不懈地付出努力，才可能成為合格的飯店經理人。

☆得分在61～84分之間，說明作為一名飯店經理人的你素質一般，從事飯店管理工作，有潛力可挖掘。只要你多用點心，就一定能超越別人做得更好，只要多給你機會，就一定能超越自己，得到快速提升。但是，飯店行業競爭激烈，如果你不能堅持學習，努力提高自己的話，終究會被淘汰。所以，你要不斷地接受系統的培訓和實踐，方可為自己創造良好的發展空間。

☆ 得分在85～102分之間，說明你基本上具備了飯店經理人的條件。但你還需多向別人學習，在理論和實踐上更上一層樓。只要你能夠持之以恆，提高理論素質，你就會成為一名成功的飯店經理人。

☆　得分在103～120分之間，說明你已經充分掌握了管理的理論知識並能夠靈活運用，具備一名優秀飯店經理人的基本素質。但是，時事在不斷地發展和變化，要想持續長久的發展，你還必須時刻保持清醒的頭腦，居安思危，戒驕戒躁，審時度勢，營造出和諧統一、積極進取的經營管理氛圍，從而成為一名真正的成功飯店經理人。

測驗的目的不在於知道分數的高低，關鍵在於你能否一分為二、客觀正確地認識自己。只要你能夠始終如一地把自己定位為一名飯店職業經理人，時刻朝著把自己打造成一個成功的飯店經理人這個目標而不懈努力，與時俱進，開拓創新，迎接挑戰，那麼，你必然會獲得成功。不要再猶豫了，趕快行動起來吧！

角色認知

本節重點：

角色意識

飯店職業經理人的基本特徵

角色意識

飯店經理人要清楚自己在飯店中所處的角色。既要處理好外部關係，即職能部門與賓客、媒體等之間的關係；又要處理好內部關係，即內部縱向與橫向的關係，也就是與自己的直接上司、直接下屬，還有自己的同事以及平行部門的關係。因而，飯店管理者應具備角色認知能力，否則很容易出現偏差。因此，角色意識在其管理作用的實現方面造成重要作用。

飯店職業經理人的基本特徵

❖ 以此為生

作為一名飯店職業經理人，要把飯店工作當作自己的事業來對待，而不僅僅是把它作為謀生的手段，忠誠並熱愛自己所從事的飯店，在工作中尋找到樂趣，實現自己對世界觀、人生觀、價值觀的正確理解。同時，能夠不斷地挑戰自我、開拓進取，充實自己的生活，豐富自己的人生。

忠於職守

※品德決定為人

做一名經理人很容易，但是，要做一名成功的飯店職業經理人，如果沒有高尚的道德情操是萬萬不行的。品德高尚的人才可能擁有較高的職業道德水平。一個品質低下、道德敗壞的人是不可以、也不可能成為一名成功的飯店職業經理人的。

※飯店職業經理人要具備良好的品德

一身正氣，虛懷若谷，勤奮務實，開拓創新。這16 個字是新形勢下，社會對飯店經理人的一種要求，尤其是在目前大力倡導的「人本化」管理模式下，飯店經理人要具備良好的道德品質，顯得尤為重要。「小勝憑智，大勝靠德」的理念值得每一位飯店經理人借鑑。因此，飯店經理人應力求在管理實踐中做到「以德服人」，而非「以權服人」。

※忠於職守的人是一個經常思考自己存在價值的人

正確的價值觀是人生前進的導航標，飯店經理人是飯店經營管理中的船舵，船兒只有當船舵朝著導航標行駛時，才不會迷失方向。飯店經理人要經常思考自己在飯店中的價值。每做一件事就力求做好這件事，每工作一天就力求做好這一天的工作，這才是對飯店、對事業最大的忠誠。

※忠於職守的人是一個敢於負責的人

忠於職守的人遇到問題時，敢於承擔責任，不推諉，不搪塞。在飯店經營管理工作中，可能會遇到各種困難和挫折，這些並不可怕，可怕的是作為一名飯店經理人在遇到困難、挫折時不敢承擔責任，不敢迎接挑戰、戰勝困難，而是縮頭縮尾，試圖找出各種理由推三阻四，推卸責任，那麼，終有一天，他將會因為逃避責任而背叛企業。

※忠於職守的人是一個正人君子

在飯店中有這樣一些人：善於投機取巧、察言觀色、迎合上級，揣摩上級的意圖，想方設法討好上級，對比自己表現出色或是自己「看不順眼」的人，想方設法詆毀、排擠，其心思根本沒有放在做好工作上，這樣的人是存在於飯店中的「小人」。而真正忠誠於飯店、忠誠於崗位的人，是敢於說實話、做實事的人，是盡職盡責、團結友愛的人，踏踏實實做好每一件事，認認真真完成每一項工作，這些人才是飯店中的「正人君子」。

❖精於此道

※思路決定出路

◎你是用屁股走路，腳走路，還是頭走路？

用屁股走路的是孩子，還處於嗷嗷待哺的階段；用腳走路的是無數的平常人，沒有突出的地方，不會取得特別的成績；而要想成為一名成功的飯店經理人要學會用頭走路。當然，不是讓你頭朝下走路，而是說飯店經理人要學會用大腦去思考，用大腦的思路決定腳下的出路。

◎當發現飯店員工在婚宴接待中不小心將湯汁灑在地上時，你會想到什麼？

第一種可能：找來一位服務員將地上的湯汁清理乾淨；

第二種可能：員工在工作中有沒有做到「三輕」，即說話輕、走路輕、操作輕；

第三種可能：是不是因為管理者的管理水平還存在問題，對員工的培訓還不到位？

第一種可能是由員工自己去思考；第二種可能是由領班、主管去思考；作為一名飯店經理人在遇到這種情況時，應該考慮的是第三種可能，即反思員工出現錯誤是不是因為自己的管理不到位或是在某些方面還存在漏洞。

※心態決定命運

◎「態度決定一切！」這是足球隊教練米盧的名言，也是其管理球隊的法則。

態度好不代表能踢好球，所以，再「忠實」的球迷也不能代表國家隊去踢球。另一方面，那些雖然身懷絕技，但是心態不好，不努力，不敬業，總是認為比上不足、比下有餘的人也不會有出色的表現。不少球員就是因為心態不佳，坐了不少冷板凳，直至後來轉變了態度，才獲得上場的機會。

米盧被稱為「神奇教練」必然有其值得肯定的地方。他將球員的心態作為衡量球員能否上場的標準，說明了他不僅是一位教練，也是一位出色的管理者，從球員的心態出發追求球隊的績效，是其成功的動力所在。

每一位飯店經理人都應該從米盧的管理模式中得到一些啟發。

※習慣決定行為

一個人的生活習慣、工作習慣會在其不經意的行為中表現出來，良好的生活和工作習慣有助於飯店經理人形成良好的生活和工作作風。在飯店的經營與管理過程中，飯店經理人只有具備好的作風才有可能領導並管理好自己的下屬。

※才能決定成就

這裡說的飯店經理人的才能不單單是指其所掌握的業務知識水平，還包括其業務技能、社交能力、特長愛好等。單腿的瘸子永遠也跑不過健康的正常人，所以，要成為一名成功的飯店經理人，不但要博學多識，還要具備較高的業務技能和社交能力，才可能在競爭激烈的商海中遊刃有餘。

要掌控權力

本節重點：

什麼是權力

權力的三個特點

權力來自於個人魅力

權力的基礎

什麼是權力

權力等於你可能的影響力，即一個人影響另外一個人的能力。權力的關鍵是信賴，你對我的信賴程度越強，那麼我對你的影響力就越大；影響權力的關鍵因素是依賴性的強弱，一方的依賴性越強，那麼對方的權力和作用力也就越大。

權力的三個特點

❖強制性

飯店經理人要透過行使權力，強迫員工遵守飯店的各項規章制度，執行飯店管理層下達的各項命令，按照管理層的指示去做事。這種權力的行使在飯店管理過程中會對員工產生一種威懾力，如果員工不服從，會得到相應的懲罰。

❖潛在性

權力往往是潛在的，對每一位飯店經理人而言，這是最後的手段和解決辦法。但是，很多的飯店經理人往往忽略了這一點，在工作當中，甚至每時每刻都不忘行使自己的權力。事實上，只有讓員工自覺地做事，權力才會發揮它的最大效用，如果頻繁使用權力的話，權力也就失去了它的威力。特別是當下屬對上級的指令不理解、不情願時，經理人動用自己的權力，用「如果不能完成，就......」之類的話迫使下屬做事，其實，這樣做就已經是「黔驢技窮」了。

❖與職位相聯繫

這裡所說的權力是與職務、職責相聯繫的權力，是不能超越職位去行使的權力。尤其是在飯店管理方面，飯店經理人不可能去指揮其他部門的員工或越級指揮，權力的行使僅限在與職權職位有關的方面。所以飯店管理中，權力又稱作「職權」，超越職位的權力是不能存在的。

權力來自於個人魅力

在計劃經濟體制下，權力來自於上級的命令，來自於組織制定。所以，大家的目光要一致向領導看齊，領導的權力和威望靠組織制定來支持。

然而，在市場經濟體制下，這種觀念正在被逐漸修正。尤其是在中國加入了WTO之後，各項管理必須和國際接軌，實行透明化管理。飯店經理人要轉變自己的角色和心態，讓員工對你的管理心悅誠服，心甘情願地執行你的命令並感到滿意……這些都來源於經理人的個人魅力。飯店經理人要透過自身魅力來調動並激勵員工，使其能夠積極主動地為飯店貢獻光和熱。

飯店經理人的個人魅力包括其優秀的思想品德、廣博的專業知識、豐富的情感與經歷……這些都將對員工造成潛移默化的作用並影響飯店的發展。要提高個人魅力，方法有很多，但飯店經理人需要重點注意以下幾點：

❖ 要有海納百川的胸懷

作為飯店經理人一定要心胸寬廣，面對各行各業、形形色色的人，一定要有一顆包容的心，在處理各類問題時，既能堅持原則又能靈活應變。當下屬對自己的思路提出異議時，要能夠鼓勵下屬，對其意見給予正確的參考，避免使問題突出，使矛盾激化。

❖ 忌一意孤行，要能承擔錯誤

在市場行情瞬息萬變的飯店業，任何事情都沒有一成不變的模式。因此，飯店經理人出現錯誤要敢於承認，能夠承擔責任；要不斷汲取新的思想和理念，切忌以專家自居，一意孤行。

❖ 出現問題時，不要輕易怪罪下屬

有些經理人性情很直率，出現問題時，大發雷霆，根本不去調查事情的來龍去脈，不給下屬辯解的機會，或者即便允許辯解，也往往是充耳不聞。飯店經理人直率的性格雖有利於形成雷厲風行的作風，但是當問題出現時，事情往往不是自己看到的或想像的那樣，這個時候應該盡快地讓自己平靜下來，理性地傾聽下屬的意見，查明問題的原委，並採用恰當的方法解決問題。

❖對待下屬，要恩威並施

優秀的飯店經理人不僅僅是好脾氣、和善可親、平易近人，更重要的是要能恩威並施，與下屬在一起時，要能適當保持管理者的威嚴。「與人為善」只是適用於日常生活中朋友、同事之間的相處，沒有一個飯店經理人會在工作中「同情弱者」。飯店經理人只要透過自己的魅力影響下屬，制定目標、指明方向，讓下屬為你工作就可以了。

權力的基礎

飯店經理人行使權力的同時，首先要明確權力的五個基本方面。

❖強制性權力——懲罰威懾

賽場上，選手違反比賽規則，裁判員只需亮出紅牌，就可讓違規選手乖乖下場，這就是裁判的權力，這種權力建立在選手對裁判懼怕的基礎之上。所以說，作為飯店員工如果不服從上級的領導，就會受到權力的處分，出於對這種後果的恐懼，員工會做出相應的反應，在這個時候，飯店經理人對於員工就有這種強制性的權力。

❖獎賞性權力——利益誘惑

飯店經理人的獎賞性權力與強制性權力相反，是透過獎勵的方式來吸引員工，使其自願服從上級的指揮，正視自己的工作並完成目標。這種獎勵能夠給員工帶來積極的利益，使其免受消極因素的影響，其形式可以是多樣的，包括加薪、晉升、提供學習的機會，安排員工做自己喜歡的工作，或是給員工提供更好的工作環境等等。

❖ 法定性權力——組織制定

在飯店的組織結構中，無論你處於何種管理層，由此獲得的相應的權力是具有法定性的，一旦有了正式的任命，便具有了法定性的權力，無論是使用強制性權力還是獎賞性權力都必須以法定性權力為基礎。

❖ 專家性權力——知識權力

在飯店管理中，專家性權力取決於飯店經理人的知識、技能和專長。當前是知識密集型的時代，飯店經營與管理的目標越來越依靠不同部門和崗位的經理人來實現。所以，具備多元化的知識、掌握專業性的技能、贏得下屬的敬仰並且不斷地充實與提高自己，是飯店經理人獲得專家性權力的基礎。

❖ 參照性權力——人格魅力

為什麼會有很多的企業不惜花大價錢去請名人做廣告？因為名人在這方面具有一種參照性的權力，由他做出的廣告會具有良好的效果。參照性權力的形成，是由於他人的崇拜並希望以自己為楷模。在飯店組織中，如果飯店經理人具備了良好的個人形象，並且富有主見，善於溝通，極具個人魅力，那麼他便具有了參照性權力，可以影響他人做自己希望做的事情。

在以上的五種權力當中，強制性權力和獎賞性權力與飯店經理人在組織結構中的職位有關，合稱為職位權力；專家性權力和參照性權力則與經理人的個人特質有關，合稱為個人權力。相比較兩種類型的權力：職位權力是組織賦予飯店經理人的，以法定權力為基礎，帶有一定的強制性；個人權力是飯店經理人憑自身修養來贏得下屬的敬佩、信賴和服從，可以由經理人根據需要自我調節。飯店經理人職位權力的影響表現為心理與行為的被動與服從；個人權力的影響表現為自覺與自願。

要具備將領的風格

本節重點：

八要八不要

飯店經理人的工作作風

飯店經理人的十大鐵律

八要八不要

❖要理智，不要衝動

飯店經理人在處理任何事情時，都要保持冷靜的頭腦和清晰的思維，面對突發事件，更要沉著穩重，切忌亂了陣腳，哪怕心中早已大浪滔天，展現給下屬的也是穩如泰山。

❖要對事，不要對人

在工作的過程中，飯店經理人處理任何事情都要就事論事，而不要就事論人。如果下屬做錯了事情，要幫助其分析原因，也許是其能力欠佳不能勝任這份工作，但不能說明自己的下屬人不好。

❖要公平，不要偏心

一碗水端在手裡，不一定能端得完全平穩，但是要確保做到盡可能地使其平穩，至少不能讓碗裡的水灑落出來。飯店經理人要樹立自己在下屬面前的威信，就要力求做到處事公平，不要因為偏袒某個員工而引起其他員工的不滿，甚至牴觸。

❖要靈活，不要教條

規矩都是人定的，雖然規矩是死的、固定了的，但人是活的，是變動的，所以，飯店經理人在處理問題的時候要學會靈活變通，尤其是在處理賓客投訴時，要在既定的飯店規章制度的基礎上，在飯店利益不受損害的前提下，靈活處理，切忌僵化教條，一成不變。

❖要坦白明晰，不要搬弄是非

飯店經理人在工作過程中，處理各項事務要力求公開化、透明化，清晰明了，不含糊，使下屬和員工能夠心服口服。而作為團隊的核心，飯店經理人最忌諱的是嚼舌頭、搬是非。要建立一個具有凝聚力的團隊，飯店經理人就要主動化解下屬和員工之間的矛盾，消除誤會。

❖要長遠規劃，不要目光短淺

中國「蒙牛第一人」牛根生曾說：「把目光放在內蒙，做的是內蒙的市場；把目光放在全國，做的是全國的市場；把目光放在全球，做的是全球的市場。」飯店要走可持續發展之路，就要建立長遠的規劃方案，飯店經理人在其經營管理過程中，要有長遠的目光和前景規劃。

❖要及時處理，不要拖延時間

社會的發展是迅速的，市場的變幻是玄妙的，飯店經理人要身在內而心在外，時刻保持敏銳的「市場嗅覺」，準確觀察市場動向，及時把握市場機遇，做決策要果斷、乾脆，不要拖泥帶水，延誤時機，因為競爭的激烈和殘酷不容你花太多的時間去思考和判斷。

❖要防微杜漸，不要亡羊補牢

「要做在賓客開口之前」，飯店經理人要有未雨綢繆的頭腦，飯店的各項工作都要力求思考到位，執行在前，而不要等到賓客提出意見，甚至投訴了，才匆忙尋找補救措施，使賓客的消費滿意度打了折扣的同時，也使飯店的利益受到損害。

飯店經理人的工作作風

❖以身作則，要求嚴格

飯店經理人既是飯店經營管理的核心，也是飯店全體員工的聚焦點。飯店經理人要以身作則，嚴格要求自己，做執行規定的典範，為下屬和員工樹立正確的榜樣。

❖恩威兼施，公正嚴明

美國的企業管理理念中有一種叫做「大棒加面包」的管理模式，值得我們借鑑和學習。由於傳統的安於現狀的思想，東方人普遍存在一種惰性，所以飯店經理人在力求公正、嚴明的前提下，要恩威並施，即既要發「面包」來激勵員工，也要用「大棒」來督促員工。

❖兼聽則明，偏聽則暗

在做出判斷之前，飯店經理人要廣泛徵詢員工的意見，不要讓個別人的意見和建議左右了自己的判斷，更不要因為道聽途說而做出錯誤的判斷。

❖敢於認錯，承擔責任

人非聖賢，孰能無過？即使是飯店經理人也會做出錯誤的判斷和決策。做了錯事不要緊，關鍵是不管什麼人，做了錯事要敢於承擔責任，分析原因，不能因為要面子而拒絕認錯，導致一錯再錯。

❖冷靜處事，不發虎威

當遇到賓客投訴時，當下屬做錯事情時，當自己遇到不順心的事時，飯店經理人要注意控制好自己的情緒，冷靜處理各項事務。有理不在聲高，飯店經理人不能因為自己的職位高、權力大，就可以隨意衝下屬亂發虎威。

❖高度負責，專業規範

飯店經理人作為飯店的核心和船舵，要有高度的責任感和使命感，認認真真處理好每項事務，切忌敷衍了事。同時，飯店經理人要具備一定的規範系統的專業知識和專業技能。一個對飯店管理一竅不通的人來經營管理飯店，是對飯店也是對其自身的一個最大的冒險。

❖認真細緻，積極主動

認真細緻是飯店經理人的一項基本工作要求，積極主動是飯店經理人貫徹「快速反應、精益求精」作風的具體體現。

❖指導下屬，分享經驗

飯店經理人要充當教練員的角色，在工作和生活中指導並幫助下屬一起克服所遇到的各種困難，分享自己的經驗，幫助下屬成長、成熟起來。

❖給予責任，賦予權力

飯店經理人要引導並培養下屬樹立責任感和使命感，要信任下屬並賦予其充分的權力，使其承擔與其權力相應的責任。

❖認識下屬，關心下屬

飯店經理人要多與自己的下屬溝通交流，瞭解下屬的工作和生活狀況，發現下屬的優點和特長，全面瞭解、正確認識自己的下屬，給下屬以充分的關心和幫助。

❖勤於培養，敢於用人

傑克·威爾許曾說過：「作為一個領導者，不可擋在員工的路上，而是要栽培他們，讓他們有機會贏，並且在適當的時候獎賞他們。」飯店經理人要勤於培養自己的下屬，敢於將正確的人用在正確的位置上，充分發揮出每位員工的內在潛能。

❖堅忍不拔，開拓創新

在日新月異的市場形勢下，激烈的市場競爭要求每一位飯店經理人敢於接受新的挑戰。飯店經理人要學習「黃山松」堅忍不拔的精神，具備開拓創新、積極進取的思想認識，將自己煉就成為堅韌、勇猛的「商海鬥士」。

飯店經理人的十大鐵律

❖維護飯店利益

飯店經理人要以大局為先，以飯店的長遠發展為重，時刻維護並確保飯店的整體利益不受損害。

❖樹立上司形象

飯店經理人代表著整個飯店和團體，所以，要時刻樹立並維護其自身管理者的形象，威嚴適中。

❖ 遵守飯店規定

飯店的規定是飯店全體員工共同遵守的行為規範，飯店經理人要造成表率作用，嚴格遵守飯店的各項規章制度。

❖ 服從工作安排

飯店經理人要遵守飯店的各項規定，無條件服從飯店領導的工作安排。

❖ 按時完成任務

高效、守時是飯店經理人的工作作風之一，在各項工作中，飯店經理人要確保按時、按質、按量完成各項任務。

❖ 保守企業機密

保守企業機密是職業經理人的一項基本道德素質，飯店經理人要嚴格保守飯店的各項機密。

❖ 不貪不義之財

嚴謹的生活作風和工作作風要求飯店經理人要行事公正，杜絕貪婪之心，拒絕不義之財。

❖ 杜絕不良陋習

養成良好的生活及工作習慣有助於飯店經理人樹立其自身良好的形象，保持健康、積極的工作心態。

❖ 始終信守承諾

市場是海，誠信是帆。無論是對賓客，還是對合作夥伴、競爭對手，飯店經理人都要信守承諾。只有講究誠信，才能贏得社會的支持與認可。

❖ 永遠公私分明

飯店經理人要始終有一個明確的判斷，要將工作之事和生活之事區分開來，確保公私分明，互不影響。

第二部分 準備好盔甲

第二章 飯店經理人應具備的條件

本章重點

●基本要素

●氣質

●能力

●心態

基本要素

本節重點：

飯店經理人的基本要求

飯店經理人的素質

飯店經理人的基本要求

❖博學多識，善於經營

飯店經理人不但要具備廣博的專業知識，掌握熟練的專業技能，還要通曉當地的歷史文化、地理景觀、民俗風情、生活習慣、飲食文化等。此外，敏銳的觀察能力和經營頭腦也是其所必須具備的。飯店經理人只有身懷多項絕技，才可立足於人才濟濟的飯店行業，闖出一片自己的「天地」。

❖仔細、敏感，善解人意

飯店經理人要擁有獵犬一般敏銳的「嗅覺」，同時，還要有認真、嚴謹、仔細的工作態度，才能夠及時「嗅」出市場中的細微變化，抓住「第一機會」。另外，因為從事於服務行業，飯店經理人還必須做到細心、體貼、周到，能及時、準確地領會賓客的意圖，並迅速為之提供恰當、滿意的服務。

❖注視、聆聽，善於溝通

飯店經理人要眼明、耳聽、嘴嚴、腦思，要善於觀察、仔細聆聽，要能夠經常與自己的下屬和員工溝通、與賓客交流，瞭解員工在想什麼，聽聽賓客在說什麼，能及時發現管理過程中存在的不足和漏洞，並徵詢廣大賓客和員工的意見，做出正確的決策，使問題得以妥善解決。

❖團結、協作，樂於助人

一個人的力量總是單薄的，而團隊的力量則是巨大的。飯店經理人是飯店管理的決策者、指揮者，不但自己要具備互助、協作的意識，發揚助人為樂的傳統美德，同時還要引導並幫助下屬和員工建立一個團結和諧的團隊，為團隊確立一個明確的發展方向，鼓勵員工要互助合作，朝著同一個目標共同努力。

❖謙虛、好學，不驕不躁

古人云：三人行，必有我師焉。在高手雲集的飯店行業裡，處處臥虎藏龍。也許一個其貌不揚、名不見經傳的普普通通的人，其豐富的閱歷和經驗足以讓人瞠目。優秀的飯店經理人會時刻保持謙虛的姿態，向上級學習、向賓客學習，向自己的下屬、員工學習，能要求自己不斷進步。

❖改革、創新，講求實效

每天的太陽都是嶄新的，每天的生活都是嶄新的，歷史的車輪在不斷地前進，社會也在不斷地向前發展。市場的規律告訴我們：有市場就有競爭，若要使自己在競爭中立於不敗之地，就要不斷進步，否則就意味著倒退並被淘汰。飯店經理人要有改革、創新的頭腦和意識，在工作中講求實效，追求每一點進步，杜絕浮誇作風和形式主義。

❖爭分奪秒，效益領先

機會總是提供給有準備的人，而不會停在那裡等著你去發現。在「速度經濟」的發展形勢下，時間就是效益，也許在分秒之間，已經有巨額的財富從指間悄然溜走，而你卻沒有察覺。所以，飯店經理人要有商業頭腦，以追求飯店的效益為先，分秒必爭。

飯店經理人的素質

❖知識素質

知識素質是飯店經理人最重要的基本素質，是做好管理工作、提高管理水平的基礎。飯店經理人應具備良好的知識素質，即要掌握廣博的科技文化和專業知識，積累豐富的工作經驗。

※基礎知識

基礎知識是指自然科學和社會科學兩方面的知識。如政治經濟學、科學的世界觀和方法論、社會學、經濟學、統計學、法律學、心理學、哲學等。基礎知識是飯店經理人整個知識結構的基礎。

※專業知識

專業知識是指飯店經理人所掌握的專業管理知識。它是整體知識結構的核心，如飯店人力資源管理、飯店經營管理、飯店市場營銷、飯店設備管理、飯店財務統計等專業知識。

❖能力素質

能力是指一個人勝任某項工作的主觀條件，它直接影響到工作的效率和質量。飯店經理人的能力是知識、技能、智力和實踐經驗的綜合表現，它包括管理技能，如思維能力、決策能力、組織能力、交際能力、選才用人能力、創新能力和應變能力，以及智慧，即表現在管理活動中的各種認識能力的總和。作為飯店經理人一般需要具備綜合管理能力、人事組織能力和專業技術能力三種。

※綜合管理能力

綜合管理能力即飯店經理人決策、指揮、組織、協調的整體能力。它能把整個飯店的一切活動和利益協調起來，形成整體的能力。

※人事、組織能力

人事、組織能力即飯店經理人處理人際關係、與人共事和選賢用人的能力，主要包括處理飯店內部、飯店外部和個人之間關係的能力。一個才能出眾的飯店經理人，需要具備許多待人接物的技巧，做到能理解人、包容人、觀察人、影響人和團結人。

※專業技術能力

專業技術能力是指飯店經理人處理各項管理職務的技術問題的能力。

❖心理素質

飯店經理人的心理活動過程和個性方面表現出來的持久而穩定的基本特點，稱之為心理素質。它主要透過飯店經理人的智力、非智力因素、組織管理和品德這四個方面表現出來。認識活動、情感活動和意志活動之間相互影響，構成了飯店經理人的心理活動過程。態度、信念、興趣、氣質、性格、能力等心理特點的綜合，形成了飯店經理人的個性。飯店管理成功不可缺少的條件之一就是要求飯店經理人具有敏捷的認識能力、健康的情感、堅強的意志和良好的個性等一系列優秀的心理素質。因此，飯店經理人要強化心理素質的訓練，以適應飯店經理人管理工作的需要。

❖身體素質

健康的體魄、充沛的精力是飯店經理人承擔緊張繁忙的管理工作的身體保障。一個身體健康、精力旺盛的飯店經理人在思維、記憶等方面會明顯強於那些身體素質差的人。因此，作為一名飯店經理人要注意鍛鍊身體，做到勞逸結合，保持樂觀的情緒。

❖群體素質

※年齡結構

飯店管理群體內科學、合理的年齡結構應該是老、中、青搭配的梯形結構，這種結構能取長補短，發揮組織的整體優勢，確保飯店管理群體的連續性和相對穩定性。

※專業知識結構

現代飯店要求配備多種類型的專業人才，從而使整個群體具有綜合管理能力。飯店管理群體要求具備四個方面的專業人才，即科學技術專業人才、經濟管理專業人才、政治思想專業人才、生活行政專業人才。透過各方面專業人才合理配備，群策群力，從而確保有效地發揮飯店經理人的管理水平。

※智慧結構

在現代飯店管理中，有四種類型的管理者，即思想型、實幹型、智囊型、組織型。一個管理群體應該包括不同類型的管理者，並使各個類型的管理者充分發揮自身的優勢，實現最優化的智慧結構組合，從而為飯店管理發揮最優的效能。

氣質

本節重點：

什麼是氣質

飯店經理人如何培養自身氣質

飯店經理人要注重對自身氣質的培養，要有深厚的內涵和品德修養，要具備獨特的人格魅力，並能夠因此吸引和感染周圍的人。

什麼是氣質

氣質是人的個性心理特徵之一。它是一個人內在涵養的外在體現，包括內在的修養、外在的言行舉止、待人接物的方式態度等。優雅、大方、端莊、自然的氣質會給人一種舒適、親切、隨和的感覺。氣質是逐漸培養出來的，是一個人內在心理的不自覺的外露。氣質不是一種表面功夫，也不是可以學來的。如果一個人胸無點墨，那麼任憑用再華麗的服飾去修飾，也毫無氣質可言，反而會給別人一種膚淺的感覺。

飯店經理人如何培養自身氣質

飯店經理人要注重培養並提升自身氣質，若要使自己氣質出眾，除了要注意穿著得體、談吐大方、舉止典雅以外，自身的閱歷、學識、品德修養，以及對自我瞭解的程度都會對氣質產生一定的影響。

（1）飯店經理人要有明確的理想、切實的奮鬥目標和具體、明晰的實施計劃。

（2）飯店經理人要謙虛好學、善於觀察、勤於思考、及時發現問題，並且善於授權、敢於授權，為自己贏得更多的時間。

（3）飯店經理人要有博大的胸懷、寬厚的度量，能夠包容他人的錯誤，出現問題時，敢於認錯並能承擔責任。

（4）飯店經理人要有個人魅力，要具備感染力，能夠激發下屬產生共同的理想，能夠把一個人的夢想變成一群人的夢想，為下屬的發展提供廣闊的空間，並幫助下屬實現他的理想。

（5）飯店經理人要能夠不斷超越、突破自我，敢於挑戰現有的管理模式，為飯店灌輸「新鮮血液」。

（6）在事業發展的道路上，在管理工作的過程中，不可能事事順心如意，飯店經理人要有堅忍的毅力、持之以恆的精神，確定了目標之後就一定要爭取成功，不能在失敗的時候半途而廢。

能力

本節重點：

包容和耐心

培養自信

包容和耐心

飯店的工作環境，要求你必須面對形形色色的人，包括你的上級、你的下屬、你的同事、你的客戶、你的合作夥伴，還有你的競爭對手。每個人都有各自不同的特點、愛好、習慣、需求，飯店經理人要能夠充分地理解和包容他們，真誠地接受他們，並與其輕鬆愉快地合作。

培養自信

❖培養自己的自信（一）

人生最大的敵人就是自己，就是自卑。自卑和懦弱會使人在挑戰面前退縮，在責任面前逃避，在困難面前膽怯，在機會面前錯過，在失去之後才追悔莫及，結果一事無成，遺憾抱怨終生。

而自信是對自我的客觀認識和把握，它既不是自卑，也不是自大。自信的人能充分認識到自己的長處，對未來充滿希望；自信的人十分清楚自己的不足，在工作中小心謹慎，揚長避短。

❖培養自己的自信（二）

◎自信是飯店經理人戰勝困難，迎接挑戰的勇氣。

◎自信是飯店經理人創造輝煌，實現夢想的動力。

自信來自於對困難的藐視，對失敗的學習；自信來自於對未來的希望，對現實的肯定；自信來自於大膽的實踐，勇敢的追求。

心態

本節重點：

讓失去變得可愛

成功與失敗的最大區別

正確的工作態度

減壓之道

心態決定成敗

讓失去變得可愛

◎讓失去變得可愛

一位老人在高速行駛的火車上，欣賞自己剛買的新鞋，一不小心把剛買的新鞋從窗口掉了一只，周圍的乘客備感惋惜，不料老人立即把另一只鞋也從窗口扔了下去，這舉動更讓人大吃一驚。老人解釋說：「這一只鞋無論多麼昂貴，對我來說已經沒有什麼用了，如果有誰能撿到這一雙鞋子，說不定他還能穿呢！」

這個故事告訴我們：得與失就在轉念之間，真正懂得取捨之道的人必將受益匪淺。因此人要善於放棄，善於從失去中看到潛在的價值。飯店經理人在飯店經營管理中更要學會放棄，要有一種「拿得起，放得下」的度量，放棄小利益、贏得大收益，放棄小目標、實現大目標，在放棄中發現快樂、在失去中尋找收穫。

成功與失敗的最大區別

◎成功與失敗的區別

成功與失敗最大的區別是什麼？帶著這個疑問我們走進一家裝飾豪華典雅的高檔餐廳，希望能從這裡找到答案。

臨近餐廳打烊時，從門外走進來兩位先生：一位西裝革履，容光煥發；一位衣冠不整，神情頹廢。兩位先生坐下後，服務員非常禮貌地說道：「非常抱歉，尊敬的先生，我們餐廳現在只剩下面包捲可以提供，兩位需要來一點嗎？」這時，我們聽到兩種驚嘆，神情頹廢的先生雙目更加低沉地嘆息道：「上帝啊，我只有吃麵包捲了！」而容光煥發的那位先生，則兩眼放出喜悅的光芒，驚喜地說：「太棒了！我還有面包捲可以吃！」

故事到此為止，我們的疑問也有了答案。成功者與失敗者最大的區別在於：一個人的現狀不完全是由其所生存的環境造成的，更多的是由他的心態決定的。同樣的一件事物和一個現象，用不同的心態去思考會產生不同的結果。成功的人始終用最積極的思考，用最樂觀的精神支配和控制自己的生活和工作，即使是在逆境中他看到的也是希望。而失敗的人則受過去的挫折和外界環境的影響，即使是在機遇中他看到的也是失望。

◎世上沒有失敗，成功在於堅持。

◎成功的人永不放棄，放棄的人永不成功。

飯店經理人要能夠正確地對待失敗和挫折，人生就是不斷地戰勝失敗和挫折，然後創造成功。但凡優秀的企業家和經理人都是在不斷的失敗和挫折中成長、鍛鍊起來的。世上沒有永遠不失敗的人，沒有從未遭受過挫折的企業家。但是，作為飯店經理人要能夠從失敗中學習，在挫折中成長。要知道沒有永遠的失敗，真正的失敗就是絕望與放棄。

正確的工作態度

飯店經理人要具備良好的心態，同時，還必須端正工作態度。那麼，飯店經理人要如何培養自己的工作態度呢？

❖培養正確的工作態度（一）

飯店經理人在處理工作時，要不怕困難、不怕麻煩、不怕挑戰，要有恆心、有耐心、有決心。飯店經理人每天的工作就是不斷解決各種矛盾和問題，並從中學習知識、積累經驗。在工作過程中遇到的各種困難是對飯店經理人的一種自我挑戰，促使其不斷向更高的階梯邁步，因為所有的金字塔都是由無數的石階搭建而成的。如果你想一覽眾山小，領略大好風光，就必須踏踏實實一步一步地登上金字塔的頂端。

❖ 培養正確的工作態度（二）

堅定的信念是實現成功的第一步。飯店經理人要為成功找方法，不要為失敗找理由。目標確定之後，只要精神不滑坡，能夠持之以恆，認真吸取每一次失敗的教訓，總結經驗，相信辦法總是比困難多得多。

古人云：勿以善小而不為，勿以惡小而為之。飯店經理人要始於自律，安於無愧，衷於奉獻。把每一件簡單的事情做好就是一件不簡單的事，任何一位飯店經理人只要能夠堅持不懈地努力做好每一件事，就一定能夠達到事業的高峰。

❖ 培養正確的工作態度（三）

上級的批評、員工的意見和賓客的投訴是一種自我維護的意識，也是一種真實的反映，更是一種希望和期待，同時又是對工作的嚴格要求。飯店經理人在工作中只有樹立「高標準，嚴要求」的理念，將每一項工作細緻、細緻、再細緻，落實、落實、再落實，檢查、檢查、再檢查，才能取得優良的工作業績。

❖ 培養正確的工作態度（四）

◎小女孩的美夢

一天，有個農家小女孩頭頂著一籃雞蛋準備去集市上賣，雖然雞蛋尚未賣掉，但是她心中已經喜不自禁了：太棒了！如果雞蛋賣掉了，就可以買更多的雞，雞會生蛋，雞蛋又會生雞，雞生蛋，蛋生雞，這樣就可換很多很多的錢，換了錢之後，可以買一個農場，買了農場之後就可以養牛、養雞、養羊、種蘋果，成為一個農場的主人……正當她沉浸在對未來美好的憧憬中時，突然「啪」的一聲整筐雞蛋掉在地上，打翻了，也打破了，小女孩哭了，她的一切夢想也都變成了幻想和泡影了。

如果夢想僅僅停留在腦袋裡，那麼，它永遠只可能是無法實現的空想、幻想。

飯店經理人要將夢想寄託於明天，將工作落實在今天。為了實現明天美好的夢想，首先必須認真、仔細地做好今天的每一件工作，不能僅僅停留在想像之中。

減壓之道

◎起死回生的驢子

有個農夫的一頭驢子，不小心掉進了一口枯井裡，任憑農夫絞盡腦汁想救出驢子，可是驢子還在井裡痛苦地哀嚎著。最後，這位農夫決定放棄，準備將驢子埋了，於是，便將泥土鏟進枯井中。當這頭驢子意識到自己的處境時，禁不住哀嚎起來，聲音催人淚下。但出人意料的是，沒過多久這頭驢子就安靜下來了。農夫好奇地探頭往井底看，出現在眼前的景象令他大吃一驚。當鏟進井裡的泥土落在驢子的背部時，驢子的反應令人稱奇——它將泥土抖落在一旁，然後站到泥土堆上。就這樣，這隻驢子很快便上升到了井口。

一場看似要活埋驢子的舉動，反而給它帶來一線生機。這也是由於驢子能夠做到臨危不懼，冷靜處事，才使它的命運發生了徹底的轉變。

❖變壓力為動力

事實上，如同「驢子」的境況，在生命的旅程中，我們難免都會碰到。我們會遇到種種困難和挫折，這些就像是加在我們身上的泥沙，但是，換個角度思考，它們也是一塊塊墊腳石，只要我們能夠鍥而不捨地將它們抖落掉，然後站到上面去，那麼即使是掉落到最深的井中，我們也能安然脫困。所以，無論是在怎樣艱難的環境中，我們都要善於尋找機遇，將來自方方面面的壓力轉化為提高自己的動力，絕不輕言放棄。

❖面對壓力，處之泰然

不經歷風雨，怎麼見彩虹？面對困境，如果我們能夠泰然處之，就會發現困境恰恰能促使我們快速提高，快速成才。動力往往就潛藏在困境中，一切都取決於我們自己，學習放下一切得失，勇往直前邁向理想——不要存有憎恨的念頭，不要讓憂慮沾染你的心，簡單地生活，多分享、少欲求。因此，飯店經理人是否能成功，其實是掌握在自己手中的，只要是正確的，不要害怕，艱難的道路上，有淚水也有歡笑。

心態決定成敗

◎秀才的命運

有位秀才第三次進京趕考，住在一個經常住的旅館裡。考試前兩天他做了三個夢，第一個夢是夢到自己在牆上種樹，第二個夢是夢見下雨天，自己戴了頂鬥笠還打了把雨傘，第三個夢是夢到自己跟心愛的表妹背靠著背躺在床上。

這三個夢似乎有些不同尋常，秀才第二天就趕緊去找算命的解夢。先生一聽，連拍大腿說：「你還是回家吧。你想想，爬到高牆上種樹不是白種嗎？戴鬥笠打雨傘不是多此一舉嗎？跟表妹躺在一張床上，不是白日做夢、痴心妄想嗎？」

秀才一聽，心灰意冷，回店收拾包袱準備回家。旅館老闆非常奇怪，問：「不是明天才考試嗎，你今天怎麼就回鄉了？」秀才如此這般說了一番，旅館老闆樂了：「喲，我也會解夢的。我倒覺得，你這次一定要留下來，大吉大利呀！你想想，牆上種樹不是高種（中）嗎？戴鬥笠打傘不是說明你這次有備無患、冠（官）上加冠（官）嗎？跟你表妹背靠背躺在床上，不是說明你翻身的時候就要到了，背靠大樹好乘涼嗎？你此次赴京趕考，必中！必中！」

秀才一聽，覺得更有道理，於是精神振奮地參加考試，果然中了個探花。

同樣的一件事情，同樣的一個環境，到底是利是弊，取決於你是以一個怎樣的心態去看待它。

❖什麼是心態

心態是人們對一切事物的態度和思維方法，有積極心態和消極心態兩種。積極心態是光明思維，消極心態是黑暗思維。積極的心態像太陽，照到哪裡哪裡亮；消極的心態像月亮，初一、十五不一樣。想法決定我們的生活，有什麼樣的想法，就有什麼樣的未來。一個人的生活質量和工作表現不僅取決於他的能力，更取決於他的心態傾向，我們對待他人和生活的態度也決定了他人對待我們的態度和生活給予我們的回報。

❖飯店經理人要有積極的心態

飯店經理人在工作和生活中，要始終保持積極的心態、陽光的心態，去努力改變現實中存在的一些消極的現狀，要對員工的潛能充滿希望，對飯店的發展充滿希望，對市場前景充滿希望。

對世界充滿希望——世界不是一成不變的，而是快速變化永遠向前發展的。

對飯店充滿希望——我們有豐富的經驗，有雄厚的實力，只要我們能夠不斷完善、提升自我，堅持不懈地努力，我們就一定會成功。

對市場充滿希望——所有的市場都是創造出來的，培育出來的。需求無限，市場無限，關鍵在於我們努力的程度，相信付出多少就能收穫多少。

在任何環境下，競爭都是永遠存在的。沒有競爭，就沒有市場；沒有競爭，就沒有壓力；沒有競爭，就沒有拚搏的樂趣。面對激烈的市場競爭，面對困難和挫折，飯店經理人要能夠不斷進步、不斷成長、追尋成功，要相信心態比任何因素都重要，再強大的競爭對手也無法獨占市場，再優秀的企業也有缺點和不足。市場競爭中，勇者無敵，智者無懼，仁者無憂，有實力就不怕競爭，有個性就敢於挑戰。

第三章 飯店經理人的觀念與意識

本章重點

●職業觀念

●服務意識

●質量意識

●市場意識

●品牌意識

●清潔保養意識

●服從意識

●效益意識

飯店的競爭，從根本上說，就是人的競爭。也就是說，飯店的生存與發展主要取決於飯店經理人的管理水平，而管理水平的高低取決於飯店經理人的觀念和意識。因此，為適應飯店業的激烈競爭和客源市場消費的多變性要求，飯店經理人必須具有相應的管理觀念與意識，包括職業觀念、服務意識、質量意識、市場意識、品牌意識、清潔保養意識、服從意識、效益意識、人本意識、系統意識、創新意識等。本章將重點介紹前八種觀念與意識，對飯店管理中飯店經理人所必需的人本意識、系統意識、創新意識將在以後的章節中作詳細闡述。

職業觀念

本節重點：

飯店職業道德

飯店職業觀念

◎職業無貴賤，行行出狀元。

◎快樂工作每一天。

◎不求最好，但求更好。

◎讓我們為您做得更好些。

◎天下為公，我為人人，人人為我。

◎每個人每天在為別人服務的同時，也在接受別人的服務。

◎台上與台下

舞台上光彩照人的明星，無論是歌唱還是舞蹈，其表現的優與劣，取決於台下聽眾的掌聲，此時，我們是他的客人，他在為我們服務；然而，當他下榻飯店時，無論我們是否喜歡他的表演，都必須給予他VIP的接待，此時，他是我們的客人，我們在為他服務。

飯店的形象通常是由所處的社會來確認的，而職業道德是社會評價一個飯店最為基本的標準之一。飯店經理人是員工的表率，在管理中造成模範作用。因此，飯店經理人必須加強自身的職業道德修養，遵守飯店業特有的職業道德規範，具備一定的職業觀念。

飯店職業道德

飯店職業道德是指飯店從業人員，必須遵循的行為規範和道德準則。良好的飯店職業道德的培養要在不斷提高職業認識的基礎上，逐步加深職業感情，磨煉職業意志，進而堅定信念，養成良好的職業行為和習慣，最終達到具有高尚職業道德的行業要求。

❖職業認識

職業認識就是按照飯店職業道德要求，不斷認識和理解飯店行業的重要性、特殊性，明確飯店服務的對象、目標，以及自己在飯店工作中應承擔的責任和義務，以提高自己熱愛本職工作的自覺性。

❖職業感情

職業感情是在對職業有所認識的基礎上，有意識地從工作中尋找樂趣，培養自己對飯店職業的感情，並以此職業為榮。

❖職業意志

職業意志即要求飯店經理人在工作中能夠妥善解決和克服所遇

到的矛盾和困難，處理好飯店橫向和縱向的人際關係，樹立為賓客及員工服務的理念。

❖職業信念

職業信念要求飯店經理人樂於從事飯店管理工作，並把它當作自己一生的事業去努力做好，而不僅僅把它當作是自己謀生的途徑。

❖行為習慣

飯店經理人還應有意識地透過反覆實踐，使自己養成良好的職業行為習慣，成為一名稱職的飯店經理人。

上述五個方面是培養良好職業道德的基本因素，各因素之間相互關聯、相互促進，飯店經理人應努力全面提高自己的職業道德。

飯店職業觀念

飯店職業觀念是指飯店經理人，在其職業活動過程中，所形成的職業觀和價值觀，是飯店經理人進行職業活動的總的指導思想。

❖組織紀律觀念

（1）飯店因為賓客構成的多樣性和複雜性，所以必須透過嚴格的組織紀律來約束員工的言行，保證飯店的正常運轉。

（2）因為崗位、部門的不同，員工工作內容、規範要求自然也各不相同，嚴格的組織紀律觀念是做好飯店服務工作的保證。

（3）飯店要使眾多不同素質的員工按規範要求進行工作，必須要有嚴格的組織紀律來進行約束。

因此，飯店經理人要有嚴格的組織紀律觀念，自覺遵守飯店的各項規章制度和員工守則，培養自己嚴於職守的工作作風和自覺的服從意識。一絲不苟、認真嚴謹地按所從事的崗位規範要求履行各項職責。

❖團結協作觀念

因此飯店服務質量主要體現在各個環節上、各項細節中，任何一點「微不足道」的過失都會反映出飯店產品質量的缺陷。團結協作、顧全大局就是要求飯店同事之間、部門之間、上下級之間，要相互理解、相互支持、積極合作，提高飯店的服務質量。

❖集體主義觀念

飯店職業道德的核心為集體主義。集體主義原則強調集體利益高於一切，個人利益服從集體利益。員工能夠識大體、顧大局，正確處理個人利益與集體利益、局部利益與整體利益、眼前利益與長遠利益的關係。

❖敬業愛崗觀念

飯店經理人要熱愛自己的本職工作，「幹一行、愛一行」，認真履行自己的崗位職責。把飯店工作作為事業的追求，而不是把它作為謀生的途徑。要以從事飯店事業為榮、以做好本職工作為樂，在工作中找到富有的人生。

❖誠信經營觀念

誠信經營是飯店正確處理飯店與賓客之間實際利益關係的一項行為準則。

（1）真誠公道。飯店服務，要真實誠懇，信守諾言，不弄虛作假，不欺騙賓客，要維護賓客和飯店的利益，做到公平合理、買賣公道。

（2）信譽第一。誠信經營是傳統的商業道德，也是重要的飯店職業道德規範，是飯店的生命，飯店要把信用和聲譽放在第一位，在服務工作中要努力做到「誠」和「信」。只有這樣才能樹立飯店良好的聲譽和形象。

服務意識

本節重點：

飯店服務意識

飯店優質服務

◎服務——態度＋藝術＋過程。

◎服務是飯店的基本產品。

◎服務在客人開口之前。

◎想客人之所想，急客人之所急。

◎客人在我心中，心中裝有客人。

◎客人花錢買享受，飯店服務求生存。

◎一切的努力只為了客人的滿意，客人的滿意是飯店的追求。

服務是飯店的形象之本，是飯店的競爭之道，是飯店的財富之源。飯店服務意識的核心是賓客意識，在對客服務過程中，飯店經理人應具備「賓客至上」的服務管理觀念。目前，很多飯店服務還停留在「任務式」的服務的階段，而沒有去考慮「用心、用情」，缺少服務意識。因此，只有飯店經理人首先樹立「賓客至上」的觀念，並對員工提出要求，員工才有可能做到「賓客至上」。

飯店服務意識

◎怎樣使用火柴

飯店服務員當著賓客的面應該怎樣使用火柴？是向裡劃還是向外劃？

正確的做法是後退兩步將火柴向裡劃。因為飯店是為賓客服務的，飯店員工的頭腦中要始終有為賓客提供最佳服務的意識，要將便捷、安全留給客人，將危險留給自己。

飯店服務意識，就是他人意識，即賓客在我心中，心中裝有他人。

❖賓客是我們的領導和朋友

賓客來飯店消費，是賓客信任飯店或是對飯店抱有期望，飯店員工應該盡可能滿足他們的合理要求。服務是飯店的基本職責，充分尊重賓客的權利是飯店的基本態度。飯店不是以產品為中心，而是以賓客為中心，要把賓客的需求作為工作的內容和中心，無條件滿足賓客的要求，即相信「賓客永遠不會錯」。我們要像尊重領導一樣尊重賓客，關愛朋友一樣關愛賓客，想賓客之所想，急賓客之所急。

❖賓客永遠是對的

「賓客永遠是對的」（The guest is always right）這一飯店業的經典名言，強調的是飯店應站在賓客的角度去考慮問題來贏得客源。因為，賓客是飯店的衣食父母，飯店不能把賓客當作評頭論足的對象，不能把賓客當成比高低、爭輸贏的對象，不能把賓客當成教育、改造的對象，不能把賓客當成說理的對象。飯店要提出「讓」的藝術，將「對」留給賓客，不與賓客爭執，更要從善意的角度理解和諒解賓客，透過自身的規範服務影響一些不自覺賓客的行為。

❖經理人的服務意識

飯店經理人的服務意識是雙重的。一方面，經理人作為飯店的一員要樹立為賓客服務的理念，並透過自身的工作和行動向員工灌輸這種意識；另一方面，經理還要樹立為員工、下屬服務的理念，飯店經理人應該把下屬當作合作的對象，而不是管理的對象。

飯店優質服務

飯店服務的本質是透過自己的勞動為他人創造價值，對賓客來說，這主要是一種經歷。其價值能否實現，關鍵在於飯店能否為賓客提供方便、創造歡樂。所以，真正的優質服務必須是站在賓客的角度加以衡量的，是能打動賓客「心」的服務。

❖理解賓客的需求

賓客的需求具有多樣性、多變性、突發性，但作為消費者，必然有其共同的需求。飯店服務要打動賓客的心，其前提是必須對賓客的需求保持高度的敏感，應準確預見賓客的需求，根據賓客的需求提供相應的服務。

❖讀懂賓客的心態

賓客不僅是追求享受的自由人，而且是具有優越感的愛面子的人，往往以自我為中心，有時有些情緒化，對飯店服務的評價往往帶有很大的主觀性，即以自己的感覺加以判斷。

※給賓客一份親情

於細微處見精神，於善小處見人情，飯店必須做到用心服務，用情服務，注意服務過程中的情感交流，並創造輕鬆自然的氛圍，使賓客感到員工的每一個微笑，每一次問候，每一次服務都是發自肺腑的，真正體現一種獨特的關注。

※給賓客一份理解

有的賓客會有些自以為是、唯我獨尊，對一些事情小題大做、無理指責。對此，飯店應該給予充分理解與包容。

※給賓客一份自豪

只有讓賓客感到有面子，他才會聽從你的「調遷」，只有讓賓客感到愉悅，他才會常到飯店消費。

作為飯店經理人，必須懂得欣賞賓客的「表演」，讓賓客找到尊貴的感覺和當「領導」的快樂。

❖超越賓客的期望

要打動消費者的心，僅有滿意是不夠的，還必須讓消費者驚喜。只有當賓客有驚喜之感時，他們才會真正動心。為此，飯店的優質服務應超越賓客的期望，使賓客感到下榻該飯店備受尊重和關照，從而願意成為飯店的忠誠客戶。

要超越賓客的期望，關鍵是飯店的服務必須做到個性化和超常化，並努力做好延伸服務。同時，飯店的宣傳及廣告必須適度，既應展示飯店的服務特色和優勢，令賓客嚮往並吸引他們光臨，又應忠於客觀實際，不能過度浮誇，以免使賓客的期望值過高。

❖實現飯店的目標

優質服務是對賓客而言的，但如果不能產生優良效益，那對飯店而言則不能算是優質的。讓賓客滿意並不是優質服務的最終目的，只是飯店獲取良好效益的途徑與手段。即使你的服務非常到位，賓客非常滿意，但由於服務成本過高導致虧損，這種服務顯然是不能持久的。飯店的服務目標應該是在賓客滿意最大化的前提下，實現利益最大化。

總之，飯店經理人應樹立賓客至上的觀念，樹立為他人服務的理念，妥善處理好與賓客的關係，在這個過程中，盡量用心去理解賓客，聆聽賓客的建議，並積極為賓客解決問題，用真情打動賓客，用誠意贏得賓客，使之成為飯店的忠誠賓客。

質量意識

本節重點：

服務質量標準的具體內容

提高飯店服務質量的基本途徑

◎質量 = 硬體 + 軟體 + 資訊 + 協調。

◎質量是全體員工的事情。

◎追求卓越，向零缺點的服務努力。

◎質量是飯店的生命線，是飯店參與市場競爭的基礎。

◎任何人在工作中出現了差錯，都可能對飯店的對客服務質量產生消極的影響。

服務質量的競爭是飯店競爭中的關鍵。飯店服務質量不同於其他行業的質量內涵，對飯店服務質量的評價完全依據賓客的個人感受，是飯店生存之本。

服務質量標準的具體內容

飯店員工的質量意識體現為其對飯店服務質量標準的理解與把握。一般而言，飯店服務質量標準的個體內容有：

❖ 質量可靠（Reliability）

質量可靠是指飯店提供給賓客的產品和服務質量要穩定、一致，即飯店的任何部門在任何時候、任何地點對任何一位賓客都應提供優質的服務，不能因人、因事、因地、因時而異。

❖ 反應及時（Responses）

飯店的每位員工都要盡可能地學會善於觀察，對賓客的需求要非常敏感，對賓客提出的要求要及時做出反應，不能不理不睬，要隨時、隨地為賓客提供有針對性的服務，使賓客滿意。

❖ 勝任工作（Competence）

飯店的每位員工都應接受專業培訓，熟悉並能夠靈活掌握做好本職工作所必需的業務知識和業務能力，能夠勝任自己的工作，可以為不同的賓客提供超出賓客期望的產品和服務。

❖ 可聯繫性（Accessibility）

飯店的員工要有責任感，對賓客提出的服務要求，應及時予以滿足。當賓客提出的問題自己無法解答時，要幫助客人找到能夠解決問題的人。當客人提出的要求飯店無法滿足時，也應耐心地向客人解釋，不推諉責任或是應付客人。

❖ 注重禮貌（Courtesy）

飯店所有的員工都要以飽滿的精神面貌和整潔得體的著裝進入工作崗位，都能以謙虛、恭敬的態度和方式為賓客提供服務，隨時、隨地準備好為賓客解決任何問題。

❖ 善於溝通（Communication）

一方面，飯店員工應及時掌握飯店的產品訊息，以便為賓客介紹或推銷，另一方面，飯店各部門之間、各業務環節之間、各崗位之間應及時溝通賓客的需求訊息，以便為賓客提供個性化服務。

❖ 可信任性（Credibility）

飯店員工的服務態度和服務方式應恰到好處，能夠維護賓客的隱私，從而給賓客以信任感，使賓客在飯店消費期間能夠獲得愉悅的經歷和滿足感。

❖ 確保安全（Security）

飯店為賓客提供的所有產品和服務都必須使賓客感到安全可靠，要確保百分之百地維護好賓客的財物安全、人身安全和心理安全。

❖ 理解賓客（Understanding）

飯店員工應在日常工作中注意觀察，仔細揣摩賓客的消費心理，正確掌握賓客的需要，從而能夠在恰當的時候滿足賓客的特殊需求，提高賓客的滿意度。

❖ 有形性（Tangible）

飯店提供的各種產品和服務要讓賓客能夠感受到物有所值，而且確實能給賓客帶來超值的享受，能夠吸引賓客下次再來。

質量標準只是飯店服務質量的基礎要求，因此，每位員工都應在此標準的基礎之上追求卓越，力求將簡單的工作做得出色。

提高飯店服務質量的基本途徑

服務質量不是經理人檢查出來的，而要靠每位員工在平凡的工作中點點滴滴創造出來，而且，創造一定的質量水平容易，但要保持一定的水平就比較困難。

❖第一次就把事情做對

飯店在為賓客提供服務時，最好能夠第一次就把事情做對。飯店經理人不要滿足於99%的滿意率，因為這意味著1%的賓客對我們不滿意。1%不只是一個簡單的數字，而是一個個具體的人，它的影響力如何，也是未知的。也許這是賓客第一次來消費，但這一次的不滿意會讓其不再光臨。

❖需求為導向

飯店在提供服務之前要能夠傾聽賓客意見，預見賓客需求，要讓他們在飯店找到安全、舒適、溫馨的感覺，同時，要傾聽賓客意見，並懂得如何滿足賓客，一切以賓客為中心，對賓客所提出的要求能夠做出快速、準確的反應。

❖及時改進

飯店經理人要培養員工在問題出現後的第一時間內彌補過失。因為如果在第一時間發現問題，其修正的成本也許只要1元，而一週後就需要100元，一個月以後可能就需要1000元，甚至更高。

❖把握服務質量標準

飯店的服務質量標準的制定應追求完美，只有完美的標準，才會有完美的服務。同時，質量標準應該統一，因為賓客評價飯店服務質量通常是根據最弱的一個環節來評價的，即人們常說的100－1＝0的原理。

飯店經理人應透過培訓使員工掌握要做什麼、怎麼做以及做到什麼程度。同時，飯店經理人對於標準的執行應嚴格、公平，其質量意識的核心內容在於：不斷改進，即飯店經理人應根據賓客需求的變化而不斷尋求改進措施，使服務質量趨於零缺點。

市場意識

本節重點：

具備市場意識

實施全員營銷

◎沒有人氣就沒有財氣，先爭人氣，再爭財氣。

◎效益是靠爭出來的——爭聲譽、爭特色、爭質量、爭吸引力。

◎凡是接觸賓客的員工都在營銷，優質服務是最好的營銷。

◎「金毛鼠」風波

一位賓客下榻某四星級飯店，夜裡發現房內有老鼠，嚇得他逃到走廊上大喊大叫。四星級飯店客房內有老鼠，這件事如果被傳出去的話，等於給本來生意就不景氣的飯店判了死刑。飯店總經理認為刻意地隱瞞這件事，不如把它巧妙公布為好。於是，將計就計，飯店公共關係部設計出這樣一條廣告：各位賓客，為了使你們在本飯店停留期間感受到樂趣，本飯店養有兩只珍貴「金毛鼠」作為吉祥物，哪位賓客有幸看到，獎勵1000元，若能將其抓獲，可獎勵5000元。廣告一出來，知道此事的人以為錯過了一次意外發財的好時機，而不知道此事的人開始用心捕捉「金毛鼠」，另外，還有一些好奇者紛紛來投宿。當然，飯店裡根本沒有「金毛鼠」，於是，該飯店又獲得了「無鼠飯店」的美名，真可謂「一箭多雕」啊！

市場經濟作為一種客觀規律，在其特定的發展階段有特定的特徵，認識它、承認它、駕馭它，企業就會興旺發達，反之，企業必定衰敗。飯店只有遵循市場規律，積極參與市場競爭，才能在競爭中求生存，求發展，求興旺。飯店要進入市場成為市場大潮中的強者，樹立明確的市場意識是首要問題。

具備市場意識

❖樹立和發展市場意識

飯店經理人要牢固樹立市場意識。市場在變化，飯店經理人的市場意識也要隨之變化。

（1）樹立市場營銷觀念。市場營銷是指飯店在滿足賓客需求的基礎上實現銷售收入。

（2）樹立社會營銷觀念。社會營銷觀念是指飯店在滿足賓客需求的基礎上還需承擔一定的社會責任，以實現整個社會的可持續發展。

（3）樹立網絡營銷觀念。網絡營銷是指飯店透過電子商務等手段來滿足賓客對本飯店產品的需求，並盡量給消費者提供各種方便。

（4）樹立現代營銷觀念。現代營銷觀念是以賓客需求為中心，即賓客需要什麼，飯店就生產什麼、提供什麼。

❖建立適應市場經濟體制的經營體制

新的經營體制包括：明晰產權關係，嚴格兩權分離，減少行政干預，調整組織結構，把市場營銷放在應有的地位，強化訊息管理，建立起健全的經濟責任制。根據市場經濟的要求選拔管理人員，實行業績考核，建立合理的分配制度。

❖市場是飯店業務決策的依據

飯店的服務作為一種商品提供給賓客，其價值完全是為了滿足賓客的需要。賓客滿意的就是適合賓客需要的，不滿意的就是不適合需要的，不適合賓客需要的使用價值不可能實現市場價值。由此，飯店應強烈地意識到，根據市場規律，飯店要去適應賓客，而不是要賓客適應飯店。飯店產品要適銷對路，就要研究賓客的消費心理，研究市場需求。

❖掌握市場資訊，適應市場變化

要瞭解市場、把握市場靠的是市場訊息。飯店市場更是變幻莫測，如客源市場、餐飲、娛樂、房價、促銷手段等都會在短時間內或一定時期內經常變化，欲知其變，只能依靠資訊。飯店的資訊系統中要明確市場資訊系統，即明確市場資訊收集、處理、輸出的責任部門，因此明確飯店決策和實施決策時要依據市場資訊。

❖確定市場定位，做好促銷工作

飯店市場因有等級和區域之分，任何一家飯店都不可能包攬市場，因為飯店性質不同，其客源對象也不同。飯店應根據自己的情況做出正確的市場定位。市場定位主要來源於對客源類別、客源層次、客源來源、價格的定位。

實施全員營銷

◎服務就是營銷，營銷重在服務。

◎沒有人氣，就沒有財氣，先爭人氣，才會有財氣。

許多員工錯誤地認為營銷是銷售部門的工作，實際上，營銷是一種觀念，而非某種具體的銷售行為。

❖ 做好本職工作

飯店外部營銷主要是飯店營銷部的對客銷售工作，而內部營銷則是飯店所有部門的一項共同職責。市場營銷的觀念要深入到每位員工的心中，使其認識到：透過為賓客提供優質的服務，竭盡所能地留住賓客是自己的本職工作。

❖ 推薦飯店產品

利用一切工作機會向賓客推薦合適的飯店產品。飯店員工由於直接對客接觸，工作中常有許多營銷的機會。因此，員工要善於利用各種機會向賓客推薦飯店的各種產品和服務，如某飯店大廳副理在與賓客聊天中得知其朋友將來本地，希望找一家有電腦出租的飯店，大廳副理告訴這位賓客，本飯店的商務客房配備電腦，可為賓客提供寬頻上網服務。

❖ 樹立全局觀念

全員營銷還要求每位員工都具有全局觀念。員工在向賓客宣傳飯店產品時，不只是要推薦本部門的產品，還應根據賓客的需要，利用各種機會推薦飯店其他部門的產品，以尋求飯店的綜合效益。

❖ 瞭解產品訊息

員工向賓客宣傳飯店產品的前提是要準確瞭解飯店產品的訊息。當賓客需要某項服務或某件產品時，他會向任何一位他所遇見的員工諮詢，所以，飯店員工所掌握的不應只侷限於本部門或本崗位的專業知識技能，還應拓展至飯店服務與管理所需的全方位的知識和能力，以便全面滿足賓客需求。因此，飯店員工要在恰當的時間、恰當的地點把恰當的東西推銷給恰當的人，做好飯店的「服務式的推銷」。

飯店的全員營銷是全員努力的結果。爭取回頭客是飯店營銷的主要目的，而生意是爭出來的——飯店要爭聲譽、爭特色、爭質量、爭吸引力，要保證凡是接觸賓客的員工都在營銷，而優質服務是最好的營銷手段。

總而言之，飯店經理人要具備市場意識，主動瞭解行業的發展趨勢，瞭解競爭對手的情況，掌握市場需求，密切注意市場發展動向，使飯店的產品與市場相適應，並努力開發新的市場需求領域，引導消費，達到提高企業經濟效益和社會效益的目的。

品牌意識

本節重點：

品牌的釋義

品牌的內容

◎偉大的品牌是由內而外打造出來的。

◎優秀的品牌能夠簡潔地表達企業的核心價值觀和承諾。

◎實施服務創新，培養忠誠顧客是飯店品牌的基礎。

◎飯店品牌要以賓客為中心，以質量為基礎。

飯店作為一個特殊的服務性行業，品牌建設尤為重要。是否擁有強勢品牌，決定了飯店在市場上的競爭地位，沒有品牌就意味著沒有市場。如何進行飯店品牌建設，探索適合國情和飯店實際的品牌建設模式，樹立知名品牌飯店形象，走出一條與國際接軌的管理道路，是中國飯店發展的重要戰略之一。

品牌的釋義

品牌作為一種複雜的符號，代表著產品或服務的一貫水準。它是飯店的一種無形資產，能為飯店帶來巨大的競爭力，同時也要求飯店不斷地為顧客提供其認為值得購買的具有利益和附加值的產品。

利益

品牌，即是一種潛在的利益。當產品已經形成為自己的一種品牌時，其產生的將不僅是產品本身所帶來的經濟效益，更多的是一種宣傳效益，一種社會影響力。

❖個性

品牌突出的是產品的個性化特徵，是區別於同類產品，傳達差異化的一種衡量標準。

❖屬性

品牌表達的是產品本身所具有的獨特的，無法被其他產品取代的某種屬性。

❖價值

品牌體現出的是產品製造商的某些價值感，以及無法用具體的數字來量化的潛在的無形的社會價值。

❖文化

品牌是產品的附加值及其象徵的文化。品牌本身就是一種文化，賓客在購買某品牌產品時，所需要的不僅是該產品的使用價值，更多的是其所具有的文化品位。

❖使用者

品牌應體現出購買或使用這種產品的賓客的特徵及文化和價值

取向。

飯店在進行品牌建設時，首先要明確品牌的背後是文化的內涵積累，品牌的周圍是文化的輻射。所以，飯店在加大品牌建設和宣傳力度時，應注重營銷活動的文化性，尋求不同的文化賣點，注重服務和品牌建設中的文化內涵，提高飯店員工的文化涵養。

品牌的內容

❖品牌與廣告

廣告是指由飯店出資，透過大眾傳播媒介向社會傳遞飯店及其產品訊息的方式。其最基本的功能是擴大商品的影響力。成功的廣告能夠完整地表達出該商品所具有的內涵。

品牌作為商品的形象，是賓客識別商品的標誌，能提高商品在市場上的競爭力；而廣告作為對商品的推廣，是賓客認識商品的渠道，刺激賓客的購買慾望。品牌的創立是為了提高產品的競爭力，廣告的目的則是以加強並保護品牌為手段，持續性地刺激顧客的消費需求。

❖品牌與促銷

促銷是指飯店透過各種方式將產品及其訊息告知賓客並說服賓客購買該產品的一種市場營銷活動。促銷旨在招來客人、增加客源，其主要方式有人員推銷和銷售推廣。

※人員推銷

人員推銷是飯店員工採取口頭表達的形式，勸說客人或中間商購買該飯店的產品。

※銷售推廣

銷售推廣是為了刺激市場快速和強烈反應所採取的鼓勵達成交易的促銷方式。

❖品牌與服務

在技術高度同質化、競爭高度集約化的今天，飯店在硬體上的差異越來越小，服務逐漸成為製造差異化競爭和個性化品牌的重要手段。「服務制勝」的理念將是飯店市場今後發展的主要方向，也是飯店市場成熟後的主要表現。

服務對於飯店品牌建設具有重要意義，因為服務是飯店客人滿意之方、飯店形象之本、飯店品牌之基、飯店利益之源。誰贏得了顧客的心，誰就最終贏得了市場。對於任何一個品牌，提供一流的服務和優質的保障是樹立飯店產品品牌形象的前提條件。

❖品牌與公關

公關是指透過雙向溝通、內外結合等方式，改善飯店同社會各方面關係的一項管理活動，其本質是控制賓客的消費意念，幫助飯店化解突如其來的市場及信譽危機，維護飯店的品牌形象。

公關在樹立飯店品牌形象過程中的作用主要是為飯店建立良好的輿論環境，影響和引導賓客的消費意念，擴大飯店的影響力和口碑，為品牌造勢。

※公關的主要任務

飯店公關的主要任務是內求團結，外求發展。

※公關的目的

飯店公關的目的是提高飯店的知名度，消除各種負面影響，樹立飯店良好的社會形象。

※公關的主要策略

☆飯店與政府共呼吸

☆飯店與對手同命運

☆飯店與體育手挽手

☆飯店與文藝心連心

☆飯店與媒體共發展

☆飯店與名人手拉手

☆飯店與網路結親家

品牌遠不止是產品的一個名稱，成功的品牌事實上包括一整套完整的業務流程，而賓客購買的也正是這一完整的過程。此外，品牌的國際化能力，也是衡量一個品牌含金量的重要指標之一。中國飯店企業要創建國際品牌，就必須著眼於國際市場，走集團化發展道路。

清潔保養意識

本節重點：

清潔保養的專業化

清潔保養的全員化

◎「全員動手，美化環境」，飯店應始終保持乾淨、整潔。

◎員工應主動清潔煙蒂、紙屑等雜物。

◎清潔的同時要考慮到保養。

◎養成及時除漬的習慣。

◎飯店清潔保養達到質量標準，是全員共同努力的結果。

◎注重飯店的清潔保養應成為飯店人特有的一種職業習慣。

◎要想讓賓客注重環境內外清潔，應從「我」做起。

賓客在選擇飯店消費時關注的首要問題是飯店的位置，而位置一旦確定後，對賓客而言，飯店清潔保養即成為對飯店感觀評價的一個重要方面。飯店的清潔保養狀況體現了飯店的管理水平，反映了設施設備的完好狀態，它是飯店管理的基礎工作，也是飯店服務質量的重要內容。隨著飯店業的不斷發展，硬體水平的逐步提高，以及數額巨大的投資，飯店經理人也越來越關注清潔保養。

清潔保養的專業化

飯店經理人應認識到隨著清潔保養技術含量的不斷提高，從各部門的「自掃門前雪」到今天的 PA 組「一統天下」，清潔保養專業化是飯店行業的發展趨勢。

❖保養在先，維修在後

飯店經理人要更新觀念，要當「護士」，不要當「醫生」，要培養員工樹立「主人翁」意識，愛惜飯店的設施設備。尤其是飯店的工程部門要加強日常對設施設備的維修保養，對完好狀況的動態檢查，並要把清潔保養作為一項常規工作來抓，不能等到飯店設施設備出現問題，需要大量維修費用之後，才發現清潔保養工作的重要性。

❖保養的及時性

汙漬越早越容易清除，所以除漬應及時，要養成及時除漬的習慣，而一旦形成職業習慣之後，飯店必然受益匪淺。在一些管理出色的飯店中，員工一旦發現地毯上有斑跡，不必吩咐便會很自覺地拿來小刷子和地毯除漬劑將其清除乾淨。所以可以保持地毯十年如新，真正做到無斑無跡，而大多數飯店的地毯三五年便難以入目了。

❖保養的專業性

飯店清潔保養的隊伍、各類設施器材的選用、設備保養方法及措施都要體現專業性，專業化的清潔保養應講究科學的方法。專業化的清潔保養體現著為賓客、為各部門提供服務的內容，飯店經理人應培訓員工在日常工作中善於觀察和思考，為賓客和各部門提供最恰當的服務。如賓客在大廳休息處聊天，清理煙缸後應尊重賓客意願，放回方便賓客使用的地方而非飯店規定的位置。同時，根據各部門的營業時間和客流量制定清潔保養計劃，而不是只考慮自己操作的方便。

❖保養的制度化

飯店應建立規範、明確的清潔保養制度，對飯店的各項設施設備實施標準化的清潔保養，並建立系統的台帳，加強對清潔保養工作的現場巡視管理，保證飯店的所有部門和員工按照制度將清潔保養工作作為一項重要工作來嚴格執行。

清潔保養的全員化

為了使飯店達到清潔保養的質量標準，必須培養全員的主動意識，提高整體的配合度。

❖整體的配合

部門與部門之間相互配合是清潔保養全員化的基本保證。例如某飯店的一間客房，因為連續地下雨導致雨水浸入牆紙，使緊靠窗口處的一塊牆紙發黑發霉，這與飯店的清潔衛生標準所要求的「無斑跡」相差甚遠。即使員工整理房間再徹底，也不能達到標準，不是OK房。怎麼辦？徹底解決的辦法唯有得到飯店工程部的配合，尋找合適的處理方法。

❖全員的觀念

就清潔保養工作本身而言，管家部的PA組是該項工作的專業部門，但清潔保養工作應該是上至飯店總經理，下至飯店每位員工都有責任和義務去履行的。飯店經理人要以身作則，樹立榜樣。也就是說：飯店管理人員的口袋就是垃圾袋！飯店的每位員工都應主動清理煙蒂、紙屑雜物等影響飯店整潔美觀的東西。

❖透過服務環境約束賓客

飯店應透過彬彬有禮的服務，將必須告知賓客的話用委婉的、易聽的方式預先表達，同時以豪華的整體氛圍，輕柔的背景音樂，潔淨無塵的地面，一塵不染的花木，富麗堂皇的裝潢使賓客感受到一種無形的壓力，從而使他們的一些不文明行為受到約束，這就是服務環境的約束。

飯店的這種整體氛圍和潔淨環境的營造，需要全體員工及所有部門的相互配合。約束賓客應從約束自己開始，飯店經理人要向員工灌輸一種理念，使清潔保養成為一種職業習慣。

服從意識

本節重點：

命令統一原則

服從上級

服從賓客

◎你能從30樓跳下去嗎

如果你的上級讓你從30層的高樓上往下跳，你是選擇跳還是不跳？

作為下屬，你的正確做法是服從上級的指示，即要選擇跳。但服從不能盲目，也就是說，你要請上級為你準備一個降落傘，要講究策略。

◎每位員工只有一個上級。

◎下級服從上級，飯店服從賓客。

飯店是個「家」，又是個「軍營」。「飯店就是軍營」，是指飯店紀律及飯店中各級對命令的服從都應該像軍隊一樣，不論對錯與否，都應該不折不扣地執行，絕不允許以任何藉口拒絕執行命令。誰的命令發生失誤，那麼誰就負責。

命令統一原則

命令代表決策者的意志，飯店組織中必須有統一的意志，必須強調服從命令。

❖命令的精神要一致

飯店從最高管理層次到最低管理層次的命令精神應保持一致，每個管理層次發布的命令要與最高決策或上一層次的決策保持一致，各種指令之間不要發生矛盾和衝突。

❖命令要逐級發布

飯店的任何指令，不管要透過多少層次，都應該是發布命令者直屬下級層次發布指令，一級扣一級，逐級進行而不能越級。超級指揮，架空了中間環節，這樣將會使等級鏈發生斷裂，組織會發生混亂。

❖避免多頭指揮

飯店的每個員工只有一位頂頭上司，只聽命於這位直接上級，對其他人的命令可以不予理會。除非在特殊或「例外」的情況下，否則多頭指揮，將會使受命者無所適從。

❖監督不等於命令

要分清命令與監督的不同。非直接上司不可以越級指揮，但可以監督各級。

服從上級

下級服從上級，飯店服從賓客。服從是下級對上級應盡的責任，等級鏈制度是飯店有序、高效運行的保證，無特殊情況不允許越級指揮、越級報告，同時，員工還要學會樂意接受上級任何語氣的指令，無條件服從並執行上級的各項指令，當然有些上級指令可能是不完全正確的，事後你可以向上級委婉地提出你的主觀建議。飯店管理，是飯店經理人透過對下屬下達各種工作指令，使下屬執行，並實現管理目標與要求的活動。

❖命令

命令是程度最高的一種指令，一般情況下，命令是上級在正式場合或以文件形式下發的重要指示，具有嚴肅性和不可變更性。下屬對上級的命令必須無條件服從。

❖要求

要求是程度較輕的一種指令，是上級根據飯店的發展要求或自己的經驗積累對下屬提出的一種期望。下屬對上級的工作要求一般也應服從。

建議

建議是程度最輕的一種指令，是上級根據下屬的表現或工作現狀，結合客觀因素和自己的主觀判斷，對下屬提出的個人看法。下屬對上級的建議可根據具體情況來決定是否服從。

服從賓客

除服從上級以外，飯店經理人還應服從賓客的一切合理而正當的要求。當飯店經理人面對賓客投訴時，應遵循「賓客至上」的服務原則，從解決賓客的實際問題出發，換位思考，以提高賓客的滿意度，培養忠誠客戶。

◎賓客或上級絕對不會錯。

◎如果發現賓客或上級有錯，那一定是我看錯了。

◎如果我沒看錯，一定是因為我的錯導致賓客或上級犯錯。

◎如果是賓客或上級的錯，只要他不認錯，那就是我的錯。

◎如果賓客或上級不認錯，我還堅持他錯，那就是我的錯。

總之，「賓客和上級絕對不會錯」，這句話絕對不會錯。這裡強調的是一種「讓」和「理解」的藝術，並在實際工作中要講究「策略」。

效益意識

本節重點：

效益意識的含義

效益意識的主要內容

◎效益是飯店生存和發展的基礎。

◎開源節流是提高效益的有效途徑。

◎兩個人面前各有一碗葡萄。一個人喜歡先吃大的，每次都是挑最大的一顆葡萄吃，結果，他吃的都是最大的，很開心。另一個人喜歡先吃小的，每次都是挑最小的一顆葡萄吃，把大的留在最後吃，結果他始終充滿希望，也很開心。

對於任何事物、任何想像，存在即是合理的，但如何將已經存在的事物轉化為飯店經營所要獲得的效益，還需要飯店經理人具備靈活的經濟頭腦和強烈的效益意識。

無論哪種類型的飯店，贏得效益都是其最終的目標。因此，飯店經理人應樹立效益意識，不僅要善於開源，取得收入，還應學會透過各種成本控制，達到節流的目的。

效益意識的含義

飯店是一個經濟組織，其經營活動就是要取得經營效益。飯店的經營效益包含社會效益和經濟效益兩個方面。

飯店經理人的效益觀念不僅僅是著眼於效益的目標和結果，更重要的是著眼於達到目標和結果的途徑和方法，因此，飯店經理人不僅要有雄心大志，更要有經營的技巧、藝術、謀略，有經營的思路和靈活性。

效益意識的主要內容

❖ 積極開拓客源和財源

飯店的效益主要靠客源，沒有客源再省還是沒有效益。開源的主要內容是市場的開拓和產品的開發。飯店經理人強化效益意識，重要的是要有經營思路和競爭策略，十分注意策略的變化和銷售的技巧。

❖ 控制成本費用

成本費用對飯店效益是舉足輕重的，效益意識注重必要的勞動和必要的消耗，盡量減少不必要的投入和浪費。飯店的各種勞動消耗都是由各部門經手的，飯店經理人在成本消耗方面要精打細算，盡量減少成本，杜絕浪費，爭取更好的效益。

❖ 有形的勞動投入和潛在的經濟效益

所謂有形的勞動投入和潛在的經濟效益是指飯店的勞動投入是有形的，但是它不直接產生效益，而是為產生效益服務。如飯店對廣告宣傳的投入，公共關係活動的投入，情感聯絡的投入等。這些耗費不像服務產品交換那樣直接見效益，但它具有潛在的效益價值。對此，飯店經理人也要學會算帳，以爭取長遠、持久的超額效益。

總之，效益是飯店生存和發展的基石，飯店管理的最終目的就是獲得良好的經濟效益和社會效益。在飯店經營中，客房出租率是飯店經理人最關心的數據之一。每天早上看飯店經營報表，第一關注即在於此。有人開玩笑說：飯店經理人的臉就是飯店客房出租率的晴雨表。事實上，沒有生意，就沒有效益，失去的生意永遠補不回來。開源節流是飯店提高效益的有效途徑，而員工的工作效率既是成本也是效益。當飯店的產品形成了良好的品牌，創造了良好的社會效益之後，經濟效益自然會隨之而來。

第四章 飯店經理人必備的能力

本章重點

●思維能力

●經營能力

●領導能力

●決策能力

●執行能力

思維能力

本節重點：

飯店經理人的思維模式

飯店經理人的思維模式

❖努力比聰明更重要，方法比努力更重要

◎愛因斯坦有個著名的公式：天才＝99%的汗水＋1%的天賦。

◎美國職業棒球全壘打之王麥奎爾的成功秘訣就是揮棒次數遠遠超過其他打擊手，他的成功在於量的積累。

學習是否有成？除了「質」的提升外更應著重「量」的擴充。成功的飯店經理人不是天生的，而是透過持之以恆的努力練就的，但是，僅僅懂得付出汗水是不夠的，飯店經理人還必須掌握正確、靈活的方法。

❖思考比閱讀更重要，計劃比隨意更重要

學習是否有效，不在讀死書，更不在死讀書，而在於能否就其所學，全方位地思考及活用。學習，要能夠融會貫通，學以致用。飯店經理人要明確目標，並制定具體可行的計劃，學習需要合理安排，工作需要有序開展，這樣才能避免隨意性和盲目性，確保工作更輕鬆、更有效，才不至於太緊張、太疲憊。

❖學習比學歷更重要，技能比智慧更重要

嚴長壽只是高中畢業，23歲從美國運通的傳遞員做起，28歲他已是美國運通總經理，32歲成為亞都飯店的總裁。在談到自己如何成功時，他強調把自己當垃圾桶，把握每一個學習的機會。掌握豐富的專業知識固然重要，但是靈活的頭腦比古板的書本知識更重要，所以，飯店經理人要具備學習知識和運用知識的能力。

❖業績比辛苦更重要，職責比虛榮更重要

勤勞的驢夜以繼日地推磨，卻不懂得抬頭看一下：每天走過了這麼多的路原來只是在原地打轉而已。現今的飯店經理人不能只做「勤勞的笨驢」，而是要「向前看」、「向錢看」，要做出驕人的業績，否則只能是紙上談兵。競爭不相信眼淚，市場不相信苦勞，只相信效益、相信成績。

隨著飯店業的發展，飯店從業人員的地位有了很大程度上的提高，特別是飯店高層管理人員擁有一定的地位和權力，同時也罩上了一層美麗的光環。然而，在職位、權力的背後他們必須肩負著巨大的責任。作為飯店經理人應該明白，職位不是拿來炫耀的，權力是不能濫用的，責任更是無法推卸的，相反，淡泊名利，把飯店當成自己的生命來珍惜，當成自己的家來經營，也許人生才更具價值。

❖成長比收入更重要，價值比價格更重要

飯店經理人應該清楚能力不是天生的，也不是吹出來的，而是在實踐中鍛鍊培養出來的。成功的飯店經理人不應該只注重眼前的得失，不要把薪水的高低看得太重，更不要把它作為檢驗自身能力、衡量自身價值的唯一標準，而應注重鍛鍊的過程，成長的過程。只要把自己馴成一匹千里馬，這世上還愁沒有伯樂嗎？春天的播種能收穫秋天的果實，那麼今天的付出必然會收穫明天的回報，相信付出與回報是成正比的。在職業生涯的道路上沒有誰是一帆風順的，飯店經理人要始終堅信：職位不是別人給的，而是能力發揮所至；薪水不是老闆給的，而是自己創造的價值所得。

❖管理比經營更重要，創新比維持更重要

競技比賽中，進攻永遠是最好的防守。固守現狀意味著退步和被淘汰。飯店經理人應該明白「創業容易守業難」的道理，只有不斷打破現有模式，突破思維定式，才可能獲得新成績，取得新進步。在知識經濟時代，資訊社會瞬息萬變，制勝的關鍵除了要掌握大量的訊息外，更在於創新。管理權威杜拉克說：「沒有創新就意味著死亡。」創新的來源不僅在於專業深度的加強，更在於見識廣度的擴展。

❖未來比現在更重要，過程比結果更重要

飯店經理人要著眼於自身前景的規劃，著眼於未來的發展空間，要認認真真做好每件事，世上沒有永恆的成功，也沒有永恆的失敗。也許你今天微笑了，但是你敢肯定明天你會笑得更燦爛嗎？顯而易見一切都是個未知數。當然，每個人都希望自己明天比今天更輝煌、更燦爛，都希望自己的未來不是夢，但是，只有在今天付出艱辛、加倍努力之後，明天才有可能實現夢想。

台上一分鐘，台下十年功。為贏得觀眾的一片掌聲，所付出的艱辛只有自己最清楚，酸甜苦辣只有自己能體味。有道是：沒有苦就沒有甜；沒有付出就沒有回報。過程遠比結果重要，只有把握現在才可能展望未來。

經營能力

本節重點：

善於經營

關注市場

貼近賓客

◎有一家四星級飯店，2000年以前，主要以接待會議為主，賓客反映良好，客源較為穩定，在本地同類飯店中享有較高的聲譽，取得了良好的效益。2000年初，該飯店對部分硬體進行了改造，使之達到了五星級標準，並對客源結構作了調整，除繼續接待國內大、中、小型會議以外，還接待了相當數量的境外旅遊團和國內外商務散客。同時，房價也提高了25%，餐飲毛利率在原有的45%的基礎上又提高了10%。但是，飯店在軟體上未作調整，既未對飯店的組織結構、營銷體系、服務規程、管理制度等方面作相應的整合和完善，也未對飯店員工進行系統地培訓。自此以後，賓客的投訴率明顯上升，飯店的經濟效益不僅未能達到預期目標，反而呈下降趨勢。

市場是飯店賴以生存的基礎，而市場又是飯店制定、實施各項經營管理措施的依據和檢驗標準。該飯店不做市場調研，盲目調整經營策略，導致未能取得預期效果，究其原因在於飯店目標市場的衝突、市場營銷策略的失誤和軟硬體的不協調。飯店經理人所做的任何經營決策都必須以市場為中心，以賓客需求為導向，提高賓客滿意度，並同步加強飯店軟體建設，使之符合高星級飯店的要求。

善於經營

◎麥當勞是全球最大的以生產銷售漢堡為主的速食公司，不僅在美國的各個州都建立了連鎖店，而且在國外的業務也已經拓展到在60多個國家，建立了1萬多家連鎖店。隨著公司的發展，公司塑造的企業文化也逐漸滲透到各國企業中，被人們形象地稱之為「漢堡文化」。

麥當勞之所以能形成如此強大的一種震撼力，歸根於它明確的經營理念。

❖積極引導消費

市場心理學研究表明，靈活運用瞬間催眠術，讓來店的賓客瞬間進入麻痺狀態，可以促進產品銷售。

在麥當勞公司，其瞬間催眠的靈丹妙藥就是「謝謝光臨」這樣一句話。當賓客在訂購漢堡時，如果聽到服務員說「謝謝光臨」，那麼他們會在瞬間進入麻痺狀態，這時服務員可以趁熱打鐵問一句：「再來一杯可樂怎麼樣？」客人通常會點頭答應：「好的！」結果，麥當勞不僅賣掉了漢堡，而且還成功推銷了飲料，自然提升了銷售業績。

❖狠抓產品質量

再以麥當勞公司為例，麥當勞對產品的要求幾乎到了苛求的程度。為了確保漢堡能夠達到如廣告宣傳一樣的美味，公司採取了一系列嚴格的措施：

（1）肉餅必須由83%的肩肉和17%的五花肉混制而成；

（2）漢堡餅面上若有人工手壓的凹痕，必須丟棄；

（3）所有漢堡的直徑都是17釐米，因為這種規格的面包入口味道最美；

（4）與漢堡一起賣出的可樂必須是4℃，因為該溫度下可樂的味道最可口；

（5）產品製作後超過一定的期限（如漢堡出爐後的時限為10分鐘，薯條炸好後7分鐘），一律不准賣給客人。

❖賓客永遠第一

麥當勞的黃金準則是「賓客至上，賓客永遠第一」。為此麥當勞公司制定了提供服務的最高標準，即QSCV標準：

Q表示「質量」（Quality），麥當勞對食品有極嚴格的標準，確保賓客在任何時間、任何連鎖店品嚐到的食品口味都是相同的。

S表示「服務」（Service），指按照細心、關心、愛心的原則，提供熱情、周到、快捷的服務。

C表示「清潔」（Clean），麥當勞提出員工必須堅決執行清潔衛生工作標準，以確保食品安全可靠，店面乾淨整潔，讓就餐的賓客放心。

V表示「價值」（Value），體現麥當勞的經營理念，目的在於進一步傳達麥當勞「向賓客提供更有價值的高品質」的理念。

飯店經理人要借鑑麥當勞公司的經營理念，以賓客為中心，狠抓服務質量，積極引導賓客消費，增加飯店收入。

關注市場

隨著第三產業的迅猛發展，各級政府對旅遊業的發展日漸關注，各地星級飯店紛紛興起，中國的飯店行業進入買方市場，市場競爭也日漸白熱化，各大飯店均將開發新產品、促進產品銷售作為頭等大事。在此形勢下，飯店經理人要想提高經營決策能力，必須時刻關注市場動態，與市場貼近，分析競爭對手，及時調整經營策略，要瞭解市場、適應市場、創造市場、占有市場，要站在圍牆上面看看市場發生了什麼事情，知道賓客在想些什麼，真正體會到市場和賓客的需求，而不是躲在家裡閉門造車。

貼近賓客

傳統的企業是以產品為中心，透過產品交易實現商業利潤，賓客只是產品銷售的對象。而現代飯店則要求將賓客當作資源來開發和經營。

飯店經營賓客的本質是服務賓客，賓客被納入到飯店的生產環節中去，成為核心生產資源；成為飯店經營的出發點和根本點；成為企業經營服務中最重要的環節。

❖ 開發新客戶

飯店要尋求可持續性發展，就必須不斷地拓展新市場、開發新客源、吸引新客戶。

❖ 鞏固老客戶

飯店經營要建立、健全客史檔案，對曾經在飯店消費和經常來飯店消費的賓客，飯店要保持並加強聯繫和溝通，鞏固賓客關係。

❖找回失去的客戶

飯店要塑造良好的品牌形象，贏得廣大賓客的認可，就要以優質的產品和服務吸引回頭客，尤其是曾經從飯店流失的賓客。

❖培養忠誠客戶

飯店的長期利益建立在賓客滿意和賓客忠誠的基礎上，飯店的營銷活動從滿足賓客需求到讓賓客滿意，再到讓賓客忠誠，每一步都是極為重要的。培養忠誠的賓客，能夠給飯店造成正面宣傳的作用。據有關資料統計，一位忠誠的賓客可以影響大約25位潛在消費者。

因此，飯店要提供賓客偏愛的產品、服務和承諾，取得賓客的高度信任，並建立起長期的合作夥伴關係，使賓客的期望維持在合理的水平並持續不斷地提升。賓客不僅是飯店產品和服務的消費者，更是飯店經營活動的生產資源和核心要素。飯店經理人要善於挖掘賓客多元化的需求，掌握更多的賓客資源，提供更多的產品和服務給賓客。當今的市場競爭，誰掌握了賓客資源誰就擁有了市場發言權。

領導能力

本節重點：

提煉訊息

剖析自我

識別非正式組織

擬定目標

尋找著力點

提煉訊息

飯店經理人要善於綜合大量的訊息，比如市場趨勢、賓客需求以及競爭對手的新的活動方案，並從中提煉出可以利用的有價值的部分。另外，飯店經理人還要掌握員工的心理，瞭解員工對飯店形勢的認識、對飯店管理層制定的決策有何建議、對自己的工作有何看法、對飯店有何要求等。飯店經理人透過對這些訊息的蒐集和提煉，瞭解市場形勢並掌握飯店員工的態度，使自己能夠更加快速、有效地實施飯店管理變革。

剖析自我

很多飯店經理人擁有廣博的專業知識、高超的表達能力，卻無法將其靈活地轉化為高瞻遠矚的領導力。他們為飯店的發展提供了大量的訊息，卻不能為飯店的發展指出明確的方向。究其原因主要是飯店經理人缺乏對自我的一個深層次的認識，對自我的人生觀和價值觀沒有一個清晰的定位。

飯店經理人要能客觀地認識自己，深層次地剖析自我。只有準確地瞭解自己的優劣勢，才能在管理中做到心中有數，才能沉著應對突如其來的各種「襲擊」，做到遊刃有餘。

識別非正式組織

和幾乎所有的企業、單位一樣，飯店內部也存在非正式組織。這些組織中有成員們默認的領導者，並擁有眾多的追隨者。當飯店經理人在飯店管理變革中出現不符合這些組織自身利益的情況時，這些領導者便成為管理變革的主要阻礙，其潛在的影響力可能和正式的領導者一樣。

所以，飯店經理人要善於處理好與這些非正式組織的領導者的關係，牢牢抓住他們的心理動態，透過他們去管理員工，執行飯店的各項規定，落實各項決策。

擬定目標

飯店應設定一個清晰、準確的目標，從而增強員工的凝聚力，集中員工的戰鬥力。目標確立之後，實現目標將是一個艱難而坎坷的過程。所以，設定的目標必須具有強大的情感力量，能夠充分地激發並調動員工的積極性。同時，目標還必須切實可行，否則只能是流於形式，就像水中月、鏡中花一般不切實際，難以實現。

尋找著力點

人與人之間有太多的不同，飯店經理人如果千篇一律地對待所有的員工，顯然是愚蠢的、錯誤的。每位員工、每個團體都有其自身的特點，飯店經理人要留心發現每位員工和每個團體的亮點及軟肋，找出經營管理變革中推動力和阻礙力的真正源頭，「用汝之矛攻汝之盾」，充分利用這個推動力，有的放矢地破解經營管理中存在的阻礙，使飯店的發展和變革能夠順利進行。

決策能力——做正確的事

本節重點：

抓住決策時機

以大局為重

◎用制度約束行為

某一公司規定員工用餐時間為12點，但是員工們經常未到用餐時間就已經早早地來到食堂等候了。雖然各機關科室負責人再三強調不到用餐時間不准提前去食堂用餐，違規者將受處罰，可是這些「恐嚇」並不起作用，員工們依舊我行我素。新領導上任後，針對這一企業管理的薄弱環節，召集管理者們商討，制定了以下條款：

1.食堂不到用餐時間不准開餐；

2.各機關科室不到12點用餐，減人；

3.宣傳部門用攝像機現場拍攝違規者；

4.管理不到位，自己先下崗，管理者先處理自己。

一週之後，員工食堂裡再也看不到三五成群焦灼等待的「閒散人員」了。

對於飯店經理人來講更多的是關注飯店的發展戰略，但凡成功的企業在戰略方向上一定都是到位的，都是正確的。管理就是決策，飯店管理的重點也在於決策。在飯店管理過程中，存在大量需要決策的問題，決策分析是飯店經理人的基本技能。決策的正確可以使飯店沿著正確的方向前進，取得良好的效益；決策的失誤會給飯店帶來巨大的損失，甚至造成負面的影響。因此，講管理就是講決策，也就是說要做正確的事。飯店經理人不但要足智多謀，而且還要在民主的前提下，在訊息充分的基礎上，以高度的責任心果斷地做出決策。

抓住決策時機

飯店經理人做出決策要果斷，當斷不斷可能會錯過執行的最好時機。決策需要把握時機，這是體現飯店經理人眼光和魄力的時刻。時機不到就拍板，可能就犯了急於求成的錯誤；時機到了還猶豫不決、舉棋不定，可能會延誤良機，造成不可挽回的損失。要想成功抓住決策時機就要努力做到：

（1）發揚民主，重視與下屬的溝通；及時掌握訊息。

（2）提高自身素質，培養自己對時機的敏感性。

（3）對待工作要一絲不苟，做決策盡量考慮成熟，時機到來之時應果斷決策。

以大局為重

個人的主觀因素可能會影響決策的科學性。飯店經理人在做決策時，如果過多地考慮個人利益，就會在決策中猶豫不決、舉棋不定。只有杜絕利己主義心理，才可能勝任決策的工作。飯店經理人在決策前，要充分發揚民主、群策群力，在做出決策時，要充分發揮自己的能力，把握時機，該出手時就出手。

執行能力——正確地做事

本節重點：

執行力是什麼

執行力不強的表現

執行力不強的原因

如何提高執行力

◎長褲變成了短褲

有個男孩買了一條新褲子，很開心，但穿上一試，褲子長了一些。於是他就請奶奶幫忙把褲子剪短一寸，奶奶正忙著，讓他先放一放，小男孩就去找媽媽。媽媽也有急事，讓他等一會兒，小男孩就去找姐姐幫忙。於是，姐姐幫他剪了一寸。媽媽的事忙完了，想起兒子的褲子，又剪去了一寸。奶奶的事辦完了，想起孫子的褲子，也剪去了一寸。結果，長褲就這樣變成了短褲，小男孩可怎麼去穿啊？

為什麼長褲會變成短褲？哪個環節出了問題？原因是什麼？該如何去解決？其實，這都是「執行脫節」惹的禍。

執行力是什麼

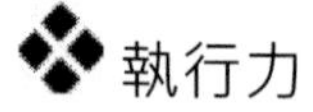

執行力

執行力不是簡單的戰術，而是一套透過提出問題、分析問題、採取行動、解決問題來實現目標的系統流程。執行力是一門關於如何完成任務的學問，幫助我們解決想到哪裡去、怎樣到那裡去、是否能準確而快速地到達想要去的目的地等一系列的問題。

執行力有狹義和廣義之分：狹義的執行力是指一個人的執行能力；廣義的執行力是指一個組織、一個企業的執行能力，即組織、企業在達到目標的過程中，所有影響最終目標完成效果的因素。如果對這些影響效果的因素都進行規範、控制及整合運用的話，那麼企業就可提高執行力。

我們再來看一下對管理的解釋：管理就是透過決策、計劃、組織、協調、指揮、控制等手段，借助他人的力量，透過對組織資源的有效整合與充分運用來實現甚至超越組織目標的行為。根據這一解釋我們知道，管理其實就是一種手段、一種方法，透過利用這一手段或方法實現甚至超越組織目標。

從以上對「執行力」和「管理」的描述中不難發現：「執行力」和「管理」都是實現組織目標的導向。執行力並不是一個新鮮事物，它是從管理學原理中延伸出來的，簡單地說，就是以「執行」為主線把日常的管理工作「串」了起來。

❖飯店經理人的執行力

對於飯店的經營決策層來講，即飯店的總經理、駐店經理、副總經理級，更多的是關注飯店整體的規劃、布局與經營戰略或策略的制定。而對飯店的中層管理人員來講，即飯店的部門總監（經理）級，領悟能力和落實檢查能力顯得更重要，組織、實施之時自己也要心中有數，要讓下屬拿出具體方案。所以，飯店的執行力就集中體現在飯店的基層管理者，即飯店的主管、領班級，理解並組織、實施經營戰略的能力上。他們在執行決策時，要不折不扣，不走樣，並有所發揮。

相對於決策層定位於「做正確的事」來說，作為執行層的飯店經理人的定位應該是「正確地做事」。他們的作用發揮得好，就是聯繫上級管理者和下屬之間的一座橋樑；發揮得不好是橫在上級管理者與下屬之間的一堵牆。

飯店決策層的各種方案是否有效，需要得到下屬的嚴密組織和嚴格執行。飯店發展的速度要加快、規模要擴大、管理要提升，除了要有好的決策團隊、好的發展戰略、好的管理體系外，更重要的是要有出色的執行力。

執行力不強的表現

大部分的飯店經理人都樂於做出決定、布置任務，但對於真正優秀的飯店經理人來說，不僅要能做出決定，布置任務，還要使做出的決定和布置下去的任務得以有效地執行。

若要改善執行部門的執行力，就要把工作重點放在這個部門的管理人員身上。也就是說：一個好的執行部門能夠彌補決策方案的不足；如果飯店管理部門的執行力較弱，不能有效實施，那麼再完善的決策方案也會死在滯後的執行者手中。從這個意義上說，執行力是飯店管理成敗的關鍵。

飯店的執行力不強，主要表現在以下這三個「度」上：

尺度

飯店的決策方案在執行的過程中，因為從決策層到執行層，標準逐漸降低，甚至完全走樣，結果，越到後面離原定的標準越遠。決策失真，執行受阻。

❖速度

飯店決策層制定的計劃在執行的過程中，因為某些執行者經常耽擱、延誤，或者推諉、逃避，有些甚至不了了之，最後，嚴重影響了計劃執行的速度。

❖力度

飯店經理人制定出的一些決策在執行的過程中，從上級到下級，因為檢查、監督不到位，或者是個別管理者的責任心問題，使得執行的力度越來越小，許多工作做得虎頭蛇尾，沒有成效。

執行力不強的原因

❖ 管理過於鬆懈，執行缺乏跟蹤

飯店經理人沒有做到常抓不懈，沒有跟進、跟進、再跟進，具體表現為：在大的方面，對政策的執行不能始終如一地堅持，常常虎頭蛇尾，雷聲大，雨點小；在小的方面，有布置沒檢查，或檢查工作時前緊後松，跟進不力。

❖ 制度不嚴謹，指令不科學

飯店經理人頒布管理制度或下達指令不夠嚴謹，經常朝令夕改，讓員工無所適從，有些方案過於繁瑣不利於執行，有些方案沒有經過充分的論證就頒布了，缺少針對性和可行性，結果導致政策變換比較頻繁，連續性不夠，而好的制度規定、正確的指令卻得不到有效的執行。

❖ 流程不夠合理

飯店經理人在執行決策的過程中，過於注重形式，編寫的業務流程無法與實際運用相結合。當飯店成功發展時，往往更加表面化、更加官僚化、離賓客的距離更遠。有研究顯示，飯店經理人處理一份文件只需幾分鐘，但在中間環節中耽擱的時間卻能多達幾天。

❖ 方法不正確

飯店經理人因為缺少正確的方法，導致在執行過程中產生一系列的問題，如溝通協調不好、員工創造性解決問題的能力較弱、經驗不夠，培訓的有效性、針對性不夠等。

❖ 監督不到位

飯店經理人在工作中缺少科學的監督考核機制，比如沒有人或沒有監督，監督的方法不對，沒有效果等，這些都會影響到執行力兌現的有效性。

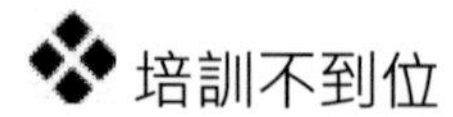
培訓不到位

飯店培訓中存在著執行力的浪費。很多飯店都重視對員工的培訓，但更多的是停留於形式，結果只能是浪費培訓資源，浪費執行力，沒能真正提高服務質量，造成對客服務水平不盡如人意。實際上，任何的服務問題，歸根結底都是管理的問題，沒有切中要害的培訓其實也是對執行力的浪費。

❖ 未形成執行文化

飯店的執行文化還沒有完全形成，或者說飯店的企業文化缺乏凝聚力，沒能完全取得大家的認同。

如何提高執行力

❖ 設立目標，制定目標實施進度表

選定的目標一定要可衡量、可檢查，不能模棱兩可。同時，目標一旦確定之後，要層層分解落實，落實到具體的責任人、檢查人和完成時間。實現目標的過程，本身就是一個艱難的過程，飯店經理人要堅持目標不動搖，透過調整實施方案，確保目標的實現，不能一遇到困難就打退堂鼓或者是不斷修改、變更目標。

❖ 尋找合適的人，並發揮其潛能

執行的首要問題實際上是人的問題，因為最終是人在執行飯店的策略，塑造飯店的文化。飯店經理人要尋找到合適的人，才能正確領悟上級的意圖，並將每一個指令和意圖落實到每一個步驟和細節中去。有的管理者喜歡用自己喜歡的人，這種觀念其實並不完全正確。選人的標準是其能否正確地執行上級的指令。

❖ 選擇有能力的人，培養忠誠下屬

孟子說：「聽其言也，觀其眸子，人焉廋哉。」意思是說：聽一個人講話，要看著他的眼睛，因為一個人心裡在想什麼，他的眼睛是藏不住的。培養一個人首先要考核這個人是否誠信。其次，這個人要的確有能力，願意在你的手下做事。作為一名飯店經理人要培養和提拔有能力的人，就要毫不吝惜地將自己的知識、經驗、技能傳遞給被培養人，使他成為你的忠誠下屬。

❖ 及時撤換不稱職的人

通用汽車的中國地區總經理說過這樣一句話：任何人如果他很樂意裁員，那麼他就沒有資格做企業的領導；但是如果他不敢裁員，那麼他也不夠資格做一個領導。飯店經理人不但要學會正確用人，還要能用正確的人。對無法有效執行上級指令、辦事不力、拖團隊後腿、給飯店造成損失的人，無論是誰，無論其扮演著怎樣的角色，都要及時地撤換掉。

❖ 修改和完善規章，搭建好組織結構

規則是一個組織執行力的保障，對員工的行為造成很好的約束作用。飯店要不斷完善和健全管理規章制度，科學地設置飯店崗位組織結構，實施等級鏈制度。「PDCA循環」理論就是制度制定（Plan）、執行（Do）、檢查（Check）和績效評估（Action）四者間的互動關係。飯店經理人要能夠分析目前現狀、找出存在問題、查明問題原因、制定整改措施，確保提升制度執行力。

❖ 倡導「真誠＋溝通」的合作方式

經有關人士調查研究表明，企業內部存在的問題有70%是由於溝通不力造成的，而70%的問題也可以透過溝通得到解決。我們每個人都應該從自己做起，看到別人的優點，接納或善意地指出

別人的不足，真誠地對待別人，相互尊重，相互激勵，精誠合作，發揮合力。

❖關注細節，跟進、再跟進

在制定戰略時，我們更多的是要發揮「最長的指頭」的優勢，但在具體執行的過程中，我們就要切實地處理好「木桶效應」的問題，要關注每一個環節。飯店經理人對過程、細節一定要關注、要指導、要督促。執行力在很大程度上就是認真、再認真；跟進、再跟進。

❖建立有效的績效激勵體系

摩托羅拉的管理理念是：企業管理＝人事管理；人事管理＝績效管理。為更好地提升執行力，飯店經理人要建立有效的績效激勵體系，並堅定不移地貫徹實施。

❖建立執行文化

飯店的執行力要形成為一種風格、一種氛圍、一種文化。飯店經理人應從以下幾個方面著手建立飯店的執行文化：

※講求速度

言必行，行必果。貫徹執行力，崇尚的是行動，是雷厲風行的行事作風，而不僅僅是喊喊口號就可以了。另外，在執行中允許出現小的失誤，但堅決處罰原則性的錯誤。

※團隊協作

加強團隊協作性，是執行高效、有序的保證。溝通直接，拒絕繁瑣，各司其職，分工合作。

※責任導向

貫徹執行力，要提倡「領導問責」，即對事不對人，誰主管誰負責，出了問題，要查明原因，並能夠分清主次責任，明確責任人，只有這樣才能更好地樹立起執行者的責任心。

※績效導向

執行也不能只求過程，不求結果。執行要見成效，要出成績，要關注結果，拒絕無作為，並根據執行的結果，給予合理、公正的考評，賞罰分明。

※繼承文化

飯店經理人對飯店長期形成的優秀的企業文化、規章制度以及成果要繼承和發揚，並在繼承的基礎上進行創造性的革新，造成事半功倍的效果。

※用人文化

執行的結果始於執行者本身。飯店經理人對執行者要嚴加要求，所以，飯店對於人才引進要嚴格把關，對不認同飯店文化，無法融入飯店的人要拒之門外。

※營造愛心文化

當執行成為一種飯店文化時，執行者在執行的過程中必定能夠相互尊重、相互鼓勵、樂於分享、同舟共濟，共同營造出一種「讓世界充滿愛」的文化氛圍。

第五章 學會運用管理理論

本章重點

●木桶理論

●牽牛理論

●魚缸理論

●觸網理論

●冰山理論

●海豚理論

●熱水爐理論

●作繭自縛理論

木桶理論——團隊建設要合作共贏

本節重點：

木桶原理

木桶的三個弱點

團隊建設要合作共贏

木桶原理

◎一個木桶是由許多塊木板組成的，如果組成木桶的這些木板長短不一，那麼這個木桶的最大容量不是取決於最長的木板，而是取決於最短的那塊木板。

一個飯店就好像是一個大木桶，每一位員工都是組成這個大木桶的不可缺少的一塊木板。飯店的最大競爭力不是取決於某幾個人的才華和能力，而是取決於它的整體實力。

木桶的底板是否堅固牢靠是木桶能否容水的基礎。飯店的安全和衛生工作是飯店的基礎工作，就像是木桶的底板，其影響不可忽視。缺乏安全與衛生保障的飯店產品，不僅無法滿足賓客的基本需求，還會對賓客的人身安全、財產安全、心理安全造成威脅，同時也會給飯店造成損失，對整個飯店的正常運營產生惡劣的影響。

木桶的三個弱點

❖ 木板的長短不一

木桶盛水的高度取決於最短的一塊木板，限制飯店發展的因素在於飯店最薄弱的環節。

❖ 木板之間有縫隙

木板相互之間結合得越緊密，木桶漏水就越少。飯店各部門之間協作得越緊密，配合得越默契，飯店的發展就越快。

❖ 木板有漏洞

不可能每塊木板都是完美無缺的，總會有個別的木板有漏洞。只有當木板的漏洞越小時，木桶漏水才越少。所以，只有當飯店的管理機制的漏洞越小時，飯店發展中可能會出現阻礙的幾率才越小。

隨著社會經濟的飛速發展，人力資源優勢正逐步取代傳統的物質資源優勢，「人本化管理」已逐漸成為飯店管理的共識，人的因素對飯店的經營管理和整體競爭力的影響越來越大。如果要求飯店這個「木桶」的容量增大，那麼每位員工的整體素質就必須提高。飯店員工，尤其是飯店中、高層的管理人員和技術人員更加需要具備必要的人文素養，所以，飯店有必要在對員工培訓時補上這一課。

「問渠哪得清如許，為有源頭活水來」，唯一能使飯店具有持久競爭力的，就是飯店組織每位員工不斷地提高學習能力，任何因素都不可能搶走你的團隊所具有的這個優勢。即使其他飯店想模仿你，也只能是永遠落後於你，無法超越你。因為在他們模仿你的時候，你又超越了他們一步。所以，只有讓員工不間斷地加強學習，縮短最長的木板和最短的木板之間的差距，飯店才有創新的源泉、變革的動力，才可能取得持久而穩定的發展。

團隊建設要合作共贏

◎是天堂還是地獄

有一個人很想知道天堂和地獄究竟有何差別，於是，他決定去看一看。

首先，他來到了地獄，看到的是一副悽慘的景象：地獄裡的人個個都是面黃肌瘦、奄奄一息。但是奇怪的是地獄裡的食物很豐富，只是湯勺有3米長，每個人都拿著長勺子拚命地往自己嘴裡送食物，可就是吃不著。

接著，他來到了天堂，發現天堂裡每個人都是面色紅潤，其樂融融，而天堂和地獄的食物是一模一樣的，湯勺也有3米長。這是什麼原因呢？原來只不過是人們的做法不同而已。地獄裡的人是拿著長勺子往自己嘴裡送食物，而天堂裡的人卻是拿著長勺子往別人嘴裡送食物。

後來，這個人感嘆地說：地獄很恐怖，還是天堂好啊！

其實，天堂與地獄之間的差別僅僅存在於人的意念之中，如果大家都能用一個合作共贏的心態去做好每件事，不就生活在天堂中了嗎？團隊的優勢在於團隊中的每一分子都是這個團隊有力的組成部分，只有團隊協作，才能發揮優勢，實現共贏。

牽牛理論——把握問題的關鍵

本節重點：

解決問題要分析問題

解決問題要抓住核心

解決問題要找到切入點

解決問題要分析問題

◎袋鼠和籠子

有一天動物園管理員們發現袋鼠從籠子裡跑出來了，於是開會討論，一致認為是籠子的高度過低所致。所以他們決定將籠子的高度由原來的10米加到20米。結果第二天他們發現袋鼠還是跑到外面來了，所以他們又決定再將高度加到30米。

沒想到隔天后居然又看到袋鼠跑到外面，於是管理員們大為緊張，決定一不做二不休，將籠子的高度加到100米。

一天長頸鹿和幾隻袋鼠在閒聊。長頸鹿問：「你們說，這些人會不會再加高你們的籠子？」

「很難說，」袋鼠說：「如果他們繼續忘記關門的話！」

如果解決問題不分析原因、不抓住重點，沒有從出現問題的根源著手，那麼再多的努力也是徒勞的。

解決問題要抓住核心

◎特殊的遺囑

有一個富翁得了重病，已經無藥可救，而唯一的兒子此刻又遠在異鄉。他知道自己死期將近，但又害怕貪婪的僕人侵占財產，便立下了一份令人不解的遺囑：「我的兒子僅可從財產中先選擇一項，其餘的皆送給我的僕人。」富翁死後，僕人便歡歡喜喜地拿著遺囑去尋找主人的兒子。

富翁的兒子看完了遺囑，想了一想，對僕人說：「我決定選擇一樣，就是你。」這位聰明的兒子立刻得到了父親所有的財產。

處理危機的關鍵在於能夠破解病因，只要能把握住制勝的關鍵往往會收到事半功倍的效果。

◎某飯店大廳副理接待了一位抱著孩子來投訴的年輕媽媽，指責餐廳早餐的牛奶中有玻璃碴。如果按照慣例，首先考慮「怎麼辦」，那麼，不外乎是向投訴者賠禮道歉、賠償損失。但是，如果僅僅這樣處理，就不會給投訴的賓客一個滿意的答覆。該大廳副理抓住了賓客的這個心理，在聽完賓客的投訴後，立刻站起來焦急地詢問：「哎呀，那您的孩子有沒有喝過牛奶？」說著就要派專車陪孩子的媽媽去醫院為孩子做檢查。

這樣處理就取得了非常好的效果，因為做媽媽的來投訴不光是因為產品的質量有問題，更主要的是為了自己孩子的健康著想。這位大廳副理的做法，正是抓住了問題的核心，對症下藥。

有很多人都是這樣：只知道有問題，卻不能抓住問題的核心和根基。其實，在處理任何事情之前，先仔細分析一下事情的原委，提了粽子的繩頭就可以拎起一長串的粽子，你就會更加的輕鬆。如果話說了一籮筐，原因分析了幾十頁，計劃列了一條條，結果事情該怎樣還怎樣，問題依然沒能解決，那麼說再多的話也都只是空話、廢話。

解決問題要找到切入點

◎機智的卯木肇

日本索尼彩電在剛剛進入美國市場時銷售狀況相當慘淡，並且多次啟動營銷策略也未有明顯好轉。為什麼會出現這種情況呢？當時擔任索尼公司國外部部長的卯木肇經過調查後發現：以前的負責人多次在美國當地的媒體上發布削價銷售索尼彩電的廣告，嚴重糟蹋公司形象。面對這種現狀該如何挽救？

在一次散步的途中，卯木肇發現：一個牧童趕著一頭大公牛進牛欄，後面跟著一大群的牛，溫順地魚貫而入……一群龐然大物為什麼能被一個三四歲的牧童管得服服帖帖呢？原來，牧童牽的是一只帶頭牛！卯木肇茅塞頓開：索尼若能夠在芝加哥找到一個像「帶頭牛」一樣的商店來率先銷售的話，豈不是很快就能打開局面？

於是，卯木肇想到了芝加哥市最大的電器零售商馬歇爾公司。經過幾番交涉，索尼和馬歇爾最終達成了協議，並在雙方的合作中獲得了雙贏。有了馬歇爾的開路，芝加哥市的家電市場終於對索尼彩電敞開了大門。

牧童的力氣很小，但能牽著牛走；牛的力氣比人大，卻被人牽著走。作為一名飯店經理人，在經營和管理飯店時，不僅要善於發現問題，還要分析問題的原因所在，找出解決問題的關鍵環節，即所謂的「帶頭牛」，從而使問題能夠從根本上得到解決。

魚缸理論——環境影響潛能

本節重點：

要有危機意識

要有危機意識

◎無法飛行的野雁

在一個靠海的小村莊裡住著一位老人。老人每天傍晚都要到海邊去散步，而且每次去的時候，都不忘記帶一些食物分給那些路過海邊的野雁。轉眼冬天就要來臨了，通常野雁都會從北方飛往氣候溫暖的南方去過冬，等到第二年春暖花開的時候，再從南方臨時的棲息之地飛回北方。但是因為這位老人不斷地施捨食物，所以，這裡的野雁都留了下來。

就這樣，老人每天如約而至，野雁們也快樂地天天圍著老人轉。到了第二年的春天，一批批野雁陸續從南方飛回，看見海邊的夥伴們，就在空中盤旋鳴叫，招呼它們一起飛往北方的故鄉。可是這些被喂肥的野雁再也無法展翅高飛了，它們已經失去了飛行的能力。

「生於憂患，死於安樂。」雖然現今的社會競爭不需要拿生命去做賭注，但是要時時刻刻都有憂患與危機意識。一個有壓力的人會想著要不斷超越現實，突破自我，這樣才能不斷取得進步，拓展生存與發展的空間；而一個安於現狀、太過自滿的人，會因為社會的不斷發展，對手的不斷進步，而逐漸落伍，最終被淘汰出局。

環境影響潛能

一個人的能力能發揮多少，往往和他所生活的環境有很大關係。養在魚缸裡的魚能長多大，取決於魚缸的大小。而飯店的組織如何壯大，員工如何成長，關鍵在於飯店為他們創造了一個什麼樣的環境。

飯店經理人如果不懂得領導的科學與藝術，只憑著傳統的控制方式來管理員工，飯店的發展將會因為環境的制約而止步不前甚至倒退。只有不斷加強與員工之間的溝通、理解和尊重，樹立「二線服務一線，管理者服務員工」的理念，飯店經理人才能使下屬自主、自願地發揮其潛在的積極性和創造性，並使其樹立主人翁的意識和責任感，忠於職業也忠於飯店，盡可能地為飯店創造最大的效益。

觸網理論——解決問題要有方法

本節重點：

遇到問題要冷靜

解決問題要系統

遇到問題要冷靜

◎預訂的「1208」沒有了

某飯店接待了一對已經預訂過客房的新婚夫婦，預訂確認書上註明了房號、保留期限、預付訂金，但櫃台卻告知他們該房，即1208房，現已出租，為此客人大為惱火，要求飯店給予解釋。

大廳副理小王接到投訴後立即著手調查。原來，兩天前一位商務常客入住飯店也指定要1208房，預期停留兩天，因為他每次來都住該房，所以，接待員滿足了他的要求。可是，今天早晨，客人打電話到櫃台，說要延期再住一天。接待員已經告訴該客人此房間已被預訂，但是客人好說歹說，接待員終於做出讓步，現在客人外出，不在飯店。

在得知事情的原委之後，飯店該如何安排這對夫婦呢？小王沉思片刻後想到了解決問題的方法。他立刻通知服務員重新布置一間喜氣洋洋的新婚房，並擺放了紅玫瑰、巧克力，還特別在房門上黏上大紅紙，註明房號「1208B」。無疑，這些舉措給客人帶來了意外的驚喜和滿足。

在處理這起賓客投訴中，飯店大廳副理透過靈活、變通的方式，兼顧了飯店、預訂客人、原住客人三方的利益：首先，過失在飯店。飯店不能滿足賓客的預訂要求，應當給予一定的補償。其次，飯店既然已經答應讓原住客人繼續住1208房一天，就不能要求客人換房，以免破壞了與常客的良好關係。第三，最好的措施是讓賓客接受新房，那麼，怎樣才能讓客人接受新房呢？關鍵是要給賓客一份意外的驚喜。所以，飯店大廳副理抓住瞭解決問題的關鍵，透過巧妙布置新房1208B，充分滿足了賓客求尊重、求補償的心理，贏得了賓客的讚賞，同時，也提高了飯店客房的利用率，增加了營業收入，實現了利益「共贏」。

解決問題要系統

飯店管理是由各個環節組成的一張大網，飯店經理人不要為瞭解決一個錯誤而犯下一百個錯誤，解決問題要具備系統的思考能力，要有解決問題的勇氣。在遇到類似賓客投訴等突發事件時，飯店經理人要能夠在第一時間理清思路，每一步都要認真思考，冷靜分析，掌握問題的內在規律，並尋找出解決問題的對策，而不是質問員工，向賓客做出各種解釋，因為那樣只會給客人造成一種推卸責任的感覺。

冰山理論——挖掘潛力

本節重點：

什麼是「冰山理論」

挖掘員工的潛力

什麼是「冰山理論」

1895年，心理學家弗洛伊德與布羅伊爾合作發表了《歇斯底里研究》，提出了著名的「冰山理論」。弗洛伊德認為：人的有意識的層面只是冰山的尖角，而人的絕大部分的心理行為是冰山下面那個巨大的、看不見的三角形的底部。正是這些看不見的部分決定著人的行為。

弗洛伊德把人的心靈比作一座冰山：浮出水面的是少部分，代表意識；而埋藏在水面之下的大部分，則是潛意識。他認為人的言談舉止，只有少部分是由意識在控制，而其他的大部分都是被潛意識所主宰。潛意識具有能動作用，它能主動地對人的性格和行為施加壓力和影響，這一點是人所無法覺察到的。

弗洛伊德還認為事出必有因，看起來微不足道的事情，如做夢、口誤、筆誤等，其實都是由大腦中潛在的意識所引起的；還有那些無法解釋的焦慮、違反理性的慾望、超越常情的恐懼等，都可以從過去的人生經歷中找出根由。從中可以發現意識的力量是如此的微弱，而潛意識的力量則像颶風一般無法阻擋。

挖掘員工的潛力

在飯店管理中，所謂的「冰山理論」就是根據每位員工個體素質的不同表現形式，將其分為可見的水上部分和深藏的水下部分。其中，水上部分包括員工的基本知識、基本技能。在人力資源管理中，飯店經理人一般比較重視這方面的內容，它們相對來說比較容易改變和發展，培訓起來也比較容易見成效。而水下部分則包括員工的社會角色、自我意識、特質和動機。這些方面處於冰山的下層，是比較難以評估和改進的，但也是對員工的考核中最具有預測價值的部分，同時它也是冰山理論的核心內容。潛意識具有神奇的力量，可以透過學習轉化為意識來運用。一個人的發展程度，與他運用潛意識的能力成正比。

❖提高人才——注重人才培訓

飯店經理人要注重對員工的培訓，不僅包括業務知識和業務技能方面的培訓，還包括企業文化、職業道德、職業素養等方面的培訓，以求盡可能全面地提高員工的素質，挖掘員工的潛能。

❖管理人才——實施績效考核

飯店經理人要透過實施績效考核，及時測驗並指出員工的成績、不足以及下階段努力的方向，從而激發員工潛在的積極性、主動性和創造性。

❖留住人才——合理調整薪酬

薪酬往往與人的價值和能力掛鉤，員工流失的一個重要原因也就是薪酬的不合理。要留住人才，就要給予人才合理的薪酬。薪酬的高低不僅僅是相對於員工原來的薪酬，也相對於飯店整體的薪酬標準以及同行業相同崗位的薪酬水平。

❖善用人才——飯店成功之道

◎縣令買飯

南宋嘉熙年間（1237—1240），江西一帶山民叛亂，吉州萬安縣令黃炳，調集大批人馬，嚴加守備。一日黎明前，探子來報說，叛軍即將殺到，黃炳立即派巡尉率兵迎敵。巡尉問道：「士兵還沒吃飯怎麼打仗？」黃炳胸有成竹地回答說：「你們儘管出發，早飯隨後送到。」黃炳沒有開「空頭支票」，他立刻帶上一些差役，抬著竹籮木桶，沿著街市挨家挨戶地叫道：「知縣老爺買飯來啦！」當時城內居民正在做早飯，聽說知縣親自帶人來買飯，便趕緊將剛燒好的飯端出來。黃炳命手下付足飯錢，將熱氣騰騰的米飯裝進木桶，送往前線。這樣，士兵們既吃飽了肚子，又不耽誤行軍，打了一個大勝仗。

這個縣令黃炳，既沒有親自捋袖做飯，也沒有興師動眾勞民傷財，他只是借別人的力，燒自己的飯。縣令買飯之舉，雖說算不上高明，但卻取得了很好的效果。

以四兩撥千斤，聰明的人總是會利用別人的力量為自己的成功創造機會。

「冰山理論」闡述了這樣一個道理：看不見的部分比看得見的部分更可怕。作為一名飯店經理人，站在哪個角度想問題不是一件困難的事情，但是要將問題完整、系統地分析透徹卻不是任何人都能做到的。因為飯店經理人要管理的不僅是日常所看到的冰山的上部——遠景目標、策略，還要用更深的眼光看到冰山的下部——文化、熱情、學習、共識的部分。

一位優秀的飯店經理人，不在於自己多麼會做事，因為個人的力量總是有限的，而是要瞭解在什麼時候該借助什麼力量，充分發揮每位員工的最大潛能，知人善任，才能戰無不勝，攻無不克，才是成功的用人之道。

海豚理論——及時獎勵

本節重點：

海豚理論

及時獎勵員工

「一分鐘經理人」

海豚理論

◎海豚訓練

海豚是一種性格複雜、情感細膩的群居動物，它們以獨特的語言進行溝通。在看海豚表演時，你會發現：訓練員會拿出一個圈教海豚跳過去，他只要做一個動作，吹一個口哨，海豚就跳過去了。隨後，訓練員就會從旁邊的水桶裡抓起一條魚，扔給海豚，表示對它的表現給予肯定和獎賞。接著，訓練員拿出兩個圈，給海豚打了個招呼，於是海豚跳過去，再跳過去。海豚明白這次是兩條魚，果然，訓練員馬上就甩給它兩條魚。假如這次還是一條魚呢？也許海豚就會想下次絕對不跳兩個圈。所以說，海豚表演能夠成功，訓練員扮演著十分重要的角色。

「海豚理論」給了飯店經理人這樣一個啟示：一旦員工有了成績，工作表現優秀之後，就要及時地給予獎賞。

◎朝三暮四的故事

大家可能都聽過「朝三暮四」的故事：有一個人養了幾隻猴子，每天分給每隻猴子7顆栗子。起初的時候，這個人告訴猴子每天早上三個栗子，晚上四個栗子，猴子不高興；後來，這個人又說，那每天早上四個栗子，晚上三個栗子，猴子都很開心。

大家可能覺得猴子就是猴子，太傻了！怎麼分不都一樣嘛，反正最後都是七個栗子。如果這麼想，那你就錯了！早上分四個，晚上分三個，說明先得到多的。因為，猴子想萬一中午自己被打死了，那麼它不就可以多得一個了嗎？

這只「被打死的猴子」就好像是飯店裡跳槽的員工。如果員工開始的時候得到的多，那麼中途離職的時候不就拿得多了嗎？有的飯店正是考慮到這一點，所以才在每年年底時把「栗子」一次性發給員工。可是這些人忽略了人是會思考的，並且是有感情的。如果飯店像對待猴子一樣對待員工的話，員工會忠誠於飯店嗎？會盡心盡力為飯店賣力工作嗎？有的員工心裡會想：飯店不是怕我會走嗎？那我可以先不走，等到了年底，拿了錢就馬上走。

及時獎勵員工

現在很多飯店都是選擇在年底以年終獎的形式給員工發放績效獎金。這樣做確實有它的好處：快過年了嘛，除了工資之外，再給員工發一筆額外的獎金，既有喜慶之意，也可以對員工一年來的辛苦工作表示慰問，同時，還是對員工來年工作的一種激勵，可謂「一箭三雕」。

可是，如果一家飯店的年終獎是2000元／人，那麼這和每半年1000元／人、每季度500元／人的獎勵是一樣的概念嗎？答案肯定是「不一樣」。對於人員流動率較高的飯店行業來說，一年僅有一次的年終獎對於員工來說似乎太遙遠了，誘惑力不足，激勵作用也不大。如果取消年終獎，改為月度獎、季度獎，那麼員工每天都會因為有一個目標在激勵而把手頭上的事情做到最好，而不是每天都在盼著這一年快點結束。

很多時候，人員的過度流失可能是因為飯店自身體制的不完善造成的。如果留不住人，飯店是不是應該考慮一下到底有沒有真正為員工考慮，還是只為了自身的利益？沒有人喜歡被束縛，你越想套住別人，別人就越想離開。所以，要培養員工的忠誠度，保持並提高員工的工作積極性，飯店經理人起著舉足輕重的作用。

總之，在實際管理中，飯店經理人要能夠科學地掌握並運用「海豚理論」。正如趕驢人會在驢子前面掛一根胡蘿蔔一樣，驢子盯著近在咫尺的胡蘿蔔就會不停地往前走。飯店經理人也要在第一時間、第一地點給予員工適時的激勵：當飯店盈利時，要馬上給予員工一定的物質獎勵；當員工表現好時，不忘記鼓舞士氣。

「一分鐘經理人」

什麼是「一分鐘經理人」？

當員工表現好時，要及時地給予「一分鐘的表揚」。並在一分鐘的「前30秒」告訴員工他哪裡做得對，為什麼對；在一分鐘的「後30秒」告訴他你因為他出色的表現而感到高興。

當員工犯錯誤時，要及時地給予「一分鐘的批評」。並在一分鐘的「前30秒」告訴員工他哪裡做錯了，為什麼錯；在一分鐘的「後30秒」告訴他你因為他的過錯很生氣，很失望。你也可以透過選擇沉默讓他知道你很生氣，但是不要忘記，在最後的幾秒鐘告訴他，儘管他這次犯了錯誤，但是，你還是相信他以後能做好的。

熱火爐理論——制度是高壓線

本節重點：

熱火爐原理

制度是嚴肅的

熱火爐原理

管理學專家道格拉斯·麥格雷戈曾經提出一套施加懲罰的「熱火爐原則」，希望企業的管理者們在對員工施加懲罰時，都能以熱火爐為師。我們知道，熱火爐是不允許人們碰它的，誰敢碰它，它就燙誰。「燙」就是熱火爐對那些膽敢「以身試法」的人所施加的一種懲罰。

❖你碰它，它就燙你，而且當時就燙你

熱火爐的懲罰是很及時的，你今天碰了它，它絕不會等到明天才燙你。飯店經理人要向熱火爐學習，當員工做錯事時，要及時地懲罰，才能使受罰的員工把自己所受到的懲罰和自己所做的錯事聯繫在一起，才能讓他明白，只是因為做錯了事，他才受到懲罰的。

❖第一次就燙得很厲害

熱火爐從來不會說「姑念其初犯」或「下不為例」這類的話。如果你確實犯了錯誤，那麼它會在第一次就把你燙得很厲害。

❖只燙你碰它的部分，而不會燙你的全身

熱火爐只燙你碰到它的那部分。飯店經理人在批評下屬時，是不是也應該這樣呢？當員工某件事做錯了，告訴他這件事他做錯了，就事論事，絕不能因為他有了一點缺點，做錯了一件事，就把他批評得一無是處。

❖對誰都一樣，誰碰它，它就燙誰

熱火爐和誰都沒有「私交」，所以它才能夠做到「對事不對人」。作為一名飯店經理人，懲罰員工要公正，必須嚴格根據規章制度，而不是憑「個人感情」來行使自己手中的「賞罰大權」。

❖你不碰它，它絕不會燙你

熱火爐是因為你碰了它，它才燙你的，而決不會故意跑過來燙你。所以，飯店經理人只有當員工確實犯了錯誤時，才可以懲罰員工，絕不能因為哪天看這位員工不爽了，冠以「莫須有」的罪名，把他批評一頓。

賞罰要與尊重相結合：飯店經理人在給予員工獎賞時，要體現出對員工的尊重；在給予員工懲罰時，也要體現出對員工的尊重。懲罰中的尊重，絕不是對員工所犯錯誤的尊重，也不是對那些問題行為的尊重，而是對犯了錯誤的、有問題行為的人的尊重。

制度是嚴肅的

❖權威性

硬性管理，強制執行。制度是嚴肅的，任何人不能違反，一旦違反就要受到懲罰。

❖無情性

不問原因，不徇私情。無論是有意還是無意，只要違反了制度，結果都要受到懲罰。

❖公平性

制度面前人人平等。制度是不認人的，任何人違反了，都要受到懲罰。

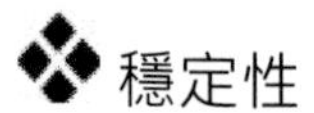

穩定性

注重連續，相對穩定。制度的制定要建立在科學的基礎之上，一般來說要保持相對穩定，如有不適，也要視實際情況有待進一步地完善。

懲罰的技巧

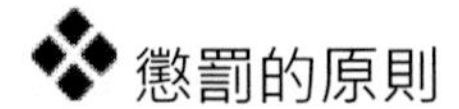

懲罰的原則

麥格雷戈在提出「熱火爐原則」的同時也指出了懲罰必須遵循的原則：

（1）預先示禁。懲罰應合乎情理，使受懲罰的人不會因為被懲罰而懷恨在心。也就是說，飯店經理人要使員工心甘情願地接受懲罰，就必須事先清楚地告訴員工哪些行為可能導致懲罰；什麼樣的行為會導致什麼程度的懲罰。

（2）及時懲罰。飯店經理人對於員工的違規行為，要及時懲罰。否則，員工便會產生僥倖心理，認為上級未曾注意到他的違規行為或是上級有意「放他一馬」。

（3）懲罰一致。只要是同樣的違規行為，不管是誰違規，原則上都應受到同樣的懲罰。懲罰一致的目的是給違規員工的行為制定了一個可接受、可衡量的界限。如果界限不清，會使員工感到不公。

（4）對事不對人。要使違規的員工甘心受罰，飯店經理人在實施懲罰時要以員工在特定時間、特定地點的行為作為懲罰的依據，不能涉及員工的人格，並且，在懲罰前後，對待違規員工的態度應一致。

❖懲罰時應注意的事項

飯店經理人在對違規員工實施懲罰時需注意以下幾點：

（1）懲罰一般由違規員工的直接上級執行。

（2）飯店經理人應避免在員工面前懲罰下屬，否則受罰的管理者會在其下屬前喪失威信。

（3）盡量不要當眾懲罰員工。飯店經理人應改變「殺雞儆猴」的傳統觀念，因為當眾懲罰會傷及到人的自尊。

（4）應告知員工受罰的原因和避免將來再次受罰的方法，這樣，才能使受罰的員工心服口服。

（5）飯店經理人在執行懲罰時應避免使用嘲諷或威脅的方式。

（6）飯店經理人應避免在盛怒或衝動之下執行懲罰。因為此時的懲罰往往會從嚴、從重，缺乏公正。

作繭自縛理論——做張網而不是做條帶

本節重點：

作繭真的自縛了嗎

「做網」非「做帶」

作繭真的自縛了嗎

「作繭自縛」是大家熟知的一個成語，往往用來比喻某人做了某件事後，反而使自己受困。那麼作繭真的自縛了嗎？事實似乎並非如此。蟻蠶吐絲作繭，是為了防禦天敵，它吐出來的絲，可以使捉食它們的鳥類和其他大一些的昆蟲受到困擾，不能輕易得手；而當它自己快要出來的時候，只要往蠶繭上分泌一點「唾液」，就可以脫網而出。所以說，蟻蠶作繭非但沒有給自己造成任何的困擾，反而很好地保護了自己。

「做網」非「做帶」

在飯店管理中，飯店經理人要制定全面、系統的規章制度，如飯店服務應知應會、新員工入職須知、員工守則、獎勵條例、失職違紀處罰條例等。飯店的這些規章制度就像是一張「法網」，並非「作繭自縛」，束縛管理人員和員工的手腳，而是憑藉完善的管理機制和管理體系幫助飯店經理人實施有效管理，從而使飯店能夠有條不紊地應對市場的變幻以及競爭對手的挑戰。

飯店經理人應以「蟻蠶」為榜樣，學習其「作繭以防天敵」，努力完善飯店的各項規章制度，使飯店能夠有計劃、有步驟地開展各項工作，同時，能在自己的行業領域、市場領域、管理領域、技術領域、資本領域等建立起自己的網狀聯繫，促進各方面的協調與發展。

第三部分 統率好部下

第六章 飯店經理人的情商與智商

本章重點

●情商和智商

●情商和智商對飯店經理人的影響

◎法庭上，律師拿出一封信問洛克菲勒先生：「你收到我寄給你的信了嗎？你回信了嗎？」

洛克菲勒先生回答：「收到了，沒有回信！」

律師又拿出許多信，一一詢問，而洛克菲勒先生都以同樣的表情，同一種姿態，給予相同的回答。

最後，律師實在無法容忍，盛怒之下，暴跳如雷。法官判定洛克菲勒先生勝訴，因為律師無法控制情緒，亂了章法。

每個人都曾有過這樣的經歷，因為碰到許多無法預料的不如意的事情而大動肝火，即便事情的發生是在意料之中，我們也會因為無法控制自己的情緒而做出過度激烈的行為。結果，使事情發展得越來越糟。

事實上，每一位飯店經理人無時無刻不被各種各樣的情緒所包圍，這些情緒既有積極的，也有消極的，它們左右著人們的思想和行為。如果能夠恰到好處地處理、調動它們，將有助於飯店經理人對環境的掌控，反之，則可能成為行事中的阻礙和負擔。一位飯店經理人在工作和生活中能否成功和順心，取決於他的智慧，更重要的是他對自己情緒的駕馭能力往往起著重要的作用。

情商和智商

本節重點：

什麼是情商和智商

情商與智商的關係

◎如果你不懂EQ，從現在起，我們宣布——你落伍了！

——美國《時代週刊》

什麼是情商和智商

情商（EQ）一詞近年來頻繁出現，成為一個時髦的名詞，與智商（IQ）一起不斷出現在管理領域和人們的言談話語中。

幾乎每一位飯店經理人都知道從事服務行業的管理工作不但要有高智商，更要有高情商，但是，對於這兩者的概念和內涵，可能還不是很清楚，只是停留在一個模糊混沌的理解中。在這裡，我們透過實踐經驗和理論研究，作一個簡單的解釋。

❖智商

對於智商（IQ）這個詞大家都不陌生。智商是衡量一個人智力高低的一種數量指標，主要反映一個人的智力發展水平以及認識、解決問題的能力。這個能力包含的因素很多：自學能力、觀察能力、記憶能力、想像能力、表達能力、創造能力、分析問題和解決問題的能力等。放到飯店管理中，具體可以理解為飯店經理人對知識的掌握程度，以及創造性地認知事物的一種能力。影響智商的因素不完全是先天的，很多是需要後天培養的，比如在人的記憶活動中，記憶的速度、質量、程度都是要經過一定的教育、引導、訓練之後形成並提高的。

情商

1991年，美國耶魯大學心理學家彼得·薩洛維和新罕布夏大學的約翰·梅爾首次提出「情商」。1995年，丹尼爾·高爾曼，即《紐約時報》的專欄作家，推出《情商》一書，使「EQ」一詞風靡世界。

對於「情商」的理解，目前還沒有明確統一的定義，我們暫且可以對其做如下的理解：情商是指個人能夠準確地評價、表達、調整和發洩自己情緒的一種能力，它是人的一種後天素質的形成。根據高爾曼的「情商說」，情商包括對自我的認識和控制、激勵自我的能力、對他人情緒識別的能力、轉移情緒及適度反應的能力四個方面的內容。比如某位飯店經理人剛剛被上級指責，那麼他回來之後是對下屬大發雷霆呢？還是能夠像往常一樣表現自若，能夠用一種合理的方式安排下屬的工作，從中尋求改進？這就涉及其情商的表現。

情商與智商的關係

在瞭解了「情商」和「智商」的概念之後，我們再來思考一下這兩者之間存在著怎樣的關係。

❖情商決定智商

◎達爾文在他的日記中寫道：「老師和家人都認為我是一個平庸無奇的兒童，智力比一般的孩子低。」但是，這個看起來有些愚笨的兒童成為了偉大的科學家。

許多有卓越成就的偉人，曾經都被認為智商並不高，但是他們因為充分發揮了自己的情商，最終獲得了成功。情商因素能夠極大地影響智商因素，也就是說情商決定了智商。人的情商因素，如性格、意志、情感、社交與人的智商因素，如記憶、觀察、想像、思考、判斷，存在著既對應又交叉的關係。

在人的成長過程中，如果沒有良好的情商，再高的智商也沒有多大用。離開了情商因素，智商因素就成了無源之水或無本之木。智商只有與情商聯袂登台時，才能淋漓盡致地發揮它的作用。所以，一個人發展的不平衡，並不完全是因為智商的不平衡，而更多的是由其情商的不平衡所致。

❖智商促進情商

情商對智商的作用並不是絕對的，在情商得到一定發展的條件下，智商又對情商的發展起著促進作用。在同等情商的條件下，智商高的人要優於智商一般的人。比如，在一個人的發展過程中，如果影響其情商修養的背景和環境與其他人沒有根本的區別，但是其智商較高，那麼，最終發展的結果是智商高的人情商也高。同時，情商是以智商為基礎的，一個人要有高智商，才能有高領悟力，才可能提高情商。

另一方面，智商並不是一成不變的，它可以透過後天的學習和進行有針對性的訓練得到開發和增長。飯店經理人要不斷地學習，例如從書本中學習，向社會學習，向周圍的同事和自己的上級學習，向有競爭力的對手學習，以不斷提高自己的智商。同樣，情商較高的人能夠適應環境、抓住機遇，更重要的是善於把握自己的情緒，妥善地處理好自己和周圍人的關係。面對快節奏的生活、高負荷的工作壓力和複雜的人際關係，沒有高情商，只顧埋頭工作，也是難以獲得成功的。

情商和智商對飯店經理人的影響

本節重點：

四種不同經理人的命運

情商重於智商

如何提高個人情商

飯店經理人的成功不僅要有廣博的專業知識和嫻熟的專業技能，還要有較高的情商。「智商決定錄用，情商決定提升。」知識、技能和經驗可以為你提供一份工作，而情商則會使你得到晉升和發展的機遇。

四種不同經理人的命運

作為一名飯店經理人，如果你的IQ不夠高，則說明你自身的知識水平和學習能力比較弱，解決問題的能力不是很強，需要不斷完善自己的知識結構和專業技能。

如果你的IQ夠高，但EQ很低，則說明你不能很好地掌控自己的情緒和周圍環境的氛圍，這時就要學會調節自己的情緒，調節組織的情緒，創造輕鬆、良好的工作環境。

❖智商高，情商也高

智商高，情商也高的飯店經理人，上司會不會賞識和重用呢？如果你是一位管理者，碰到這樣的下屬，你會不會用他呢？肯定要用。如果不用，那只能有一種解釋，就是你擔心這樣的下屬有一天會取代你的位置，否則的話就應該重用這樣的人才。

如果用一個成語來形容這種智商高、情商也高的人在工作發展中的情況就是「春風得意」。這樣的人才即使到了其他的部門、其他的單位同樣也會受到賞識，因為他有能力，有良好的心理素質。

❖智商高，情商低

智商高、情商低的人擁有某些專業領域的才能，但是這樣的人比較麻煩的一點就是很難駕馭自己的情緒。雖然自己有一身的才氣，但是容易情緒化，脾氣可能很壞，碰到點麻煩的事情，臉色馬上就會陰沉下來，員工就會在底下竊竊私語：「今天是陰天，小心點，老大心情不太好。」這樣的人在飯店中會是怎麼的狀況呢？雖然有滿腹經綸，但是到頭來卻「鬱鬱不得志」，為其情商不足付出了慘痛的代價。這種類型的人該不該受到重用呢？現實中，這種智商高、情商低的人，用起來往往不容易。如果把一個重要的部門交給他去管理，那麼一會兒和顏悅色，一會兒大發雷霆，這樣的人是帶不好團隊的，也不能令下屬心悅誠服。

如果也用一個成語來反映這種類型的人在工作中的表現就是「懷才不遇」。歷史上那些才華橫溢、剛正不阿、恃才傲物的人，諸如李白、杜甫、陸游等縱使稱霸文壇，叱吒風雲，但是做官卻並非一帆風順，仕途屢遭坎坷，甚至到晚年時，窮困潦倒。這不能不說他們可能缺乏必要的情商。如果像紀曉嵐那樣，既為人正直又表現出相當高的情商，皇帝怎麼能不欣賞呢？

❖智商低，情商也低

智商低、情商也低的人顯然在從事飯店管理中沒有什麼大的發展潛力。哪天能夠坐到經理人的位置上，本身就是天賜恩惠了。如果後天仍然不思進取，不注意提升自己的智力商數和情感商數，那麼到頭來只可能成為被淘汰的對象。

像這樣的人就其職業生涯來說，只能用「平凡一生」這個詞來表達了。他們對生活和事業並沒有什麼過高的奢求。

❖智商低，情商高

智商低，但是情商較高的人，就其才能來說可能是平凡無常，沒有什麼過人的表現，也沒有什麼特別的創造。但是在飯店管理過程中，情商高的人往往比智商高的人具備更多的優勢。

管理的本質就是用人，就是借他人之力完成自己的目標的一門藝術。智商低、情商高的飯店經理人雖然自身才幹平平，但是他可以利用比自己有才華的人。這樣的人不僅善於跟上級溝通，也善於跟下屬溝通、跟同級合作，能夠將各個層面的關節打通，能夠透過他人的才華來加強自身的領導績效，這樣的人自然會受到下屬的擁戴和上級的青睞，在飯店管理中也容易取得成功。

如果同樣用一個成語來表述這種類型的人就叫做「貴人相助」。過去，人們總認為這類人自己沒什麼本事，藉著別人拍拍吹吹就上去了。現在，人們要從一種新的角度來重新審視：如果能夠把自己的情感掌控得很好，能夠做到利用高情商來統率一支隊伍，這本身就是一種能力，是一種領導藝術的體現。

情商重於智商

❖你更欣賞誰

◎你更欣賞誰

有一家著名的公司刊登出招聘簡章，許多應聘者前來參加面試。而考官對所有的應試者只說了同樣一句話：「請把你的外套掛在衣帽架上，然後坐下。」實際上，當時並沒有衣帽架和椅子，這只是考官故意出的一道難題，想就此來看看每一位應試者的反應。

第一位應聘者規規矩矩地站在一旁，等著考官辦完事情；第二位有禮貌地回答考官說：「對不起先生，這兒沒有衣帽架和椅子。」第三位回答完「好的」之後，就手足無措地站在一邊；而第四位則走出辦公室，找了一把椅子搬進來，然後坐下。

這幾位應聘者都已經把自己的性格表現出來了，如果你是考官，你會如何評價這四個人的表現呢？

長期以來，許多單位的招聘都十分中規中矩：先看應聘者的學歷、經歷，然後再從中挑選。無形之中，學歷、經歷成了一道不可踰越的「坎兒」，將許多有膽識、有發展潛能的人才擋在了門外。所以飯店經理人要打破固有的以學歷為標準的擇人模式，在吸納高智商人才的同時，更應注重對高情商人才的引進，並將情商作為擇人的新標準。

❖情商不足，功敗垂成

◎一個女孩子因為沒有鞋子而一直哭泣，直到她看到一個沒有腳的人時，才停止了哭泣。

◎當你的情緒很低落的時候，不妨去訪問一下孤兒院、敬老院、醫院等，看一看世界上除了自己的痛苦之外還存在著多少不幸。

飯店經理人要學會控制自己的情緒，檢討自身的不足。麥當勞公司提出一句口號：你希望你的員工如何對待顧客，那麼你就要如何對待你的員工。顧客是你的顧客，員工也是你的顧客，只不過一個是外部的，另一個是內部的。既然想做到讓賓客滿意，那就要讓內部和外部的賓客都滿意。

◎韓信與林則徐

歷史上不乏輝煌的生涯得益於高情商的典型事例：一位是韓信，他能夠承受胯下之辱，沒有感情用事，這就是大丈夫能屈能伸。另一位是林則徐，其實林則徐本人的脾氣很不好，但是他明白盛怒之下容易誤事，於是他就在自己的屋裡懸掛一個制怒的條幅，以此來警示自己，在情緒激動的時候能夠控制住自己的脾氣。

可惜並不是所有的人都懂得如何去制怒。有很多飯店經理人，在受到上級的批評之後轉臉就去責罵他的下屬。而下屬也依葫蘆畫瓢去苛責更基層的員工。員工怎麼辦呢？員工就只能把這股氣撒在賓客的身上。到頭來得到的結果是什麼？本來的目的是要讓賓客滿意，但結果卻形成了一條領導對下屬、下屬對員工、員工對賓客的懲罰鏈。當賓客莫名其妙地遭遇到這些不公平待遇時，他們便會向飯店更高的管理層去反映、去投訴，這樣一來就形成了惡性循環，一連串的問題就此暴露出來。其實，這些都是飯店管理者情商不足惹的禍。

❖情商更重要

從「情商」這個詞被提出開始，關於它和智商哪個更重要的爭論似乎從未中斷過。但是目前情商的作用及其重要性似乎更被人認可。

◎阿甘的故事

在《阿甘正傳》裡，男主角阿甘的智商很低，但是他誠實、守信、認真、勇敢且重感情，對人只懂付出不求回報，也從不介意別人的拒絕，只是豁達、坦蕩地面對生活。

所以說，阿甘雖然智商不高，但是情商不低，他也正是憑藉著高情商得到了自己幸福的人生。

◎狀元與乞丐

有這樣一個故事：兩個男孩子，還在很小的時候，父母為他們算命。結果是愚鈍的老大乞丐命，聰明的老二狀元命。結果，乞丐命的老大雖然遭遇了人生極其悲慘的經歷，卻不屈不撓，堅持不懈，最終考取了狀元；狀元命的老二在享受了人生的美好生活後，狂妄自大，任意橫行，最終淪為乞丐。

這個故事同樣說明了一個道理：僅靠完美的智商是無法左右一個人的發展方向和發展前景的，而情商在一個人的發展中所起的作用，卻越來越受到重視。高智商是一種優勢，但高情商則更利於拓展空間，並且在很大程度上決定了一位飯店經理人最終能否獲得成功。

◎高爾曼認為，在人成功的要素中，智力因素是重要的，但更為重要的是情感因素，前者占了20%，而後者則占了80%。

由此可見，情商對人的成功非常重要。「得道者多助，失道者寡助」也恰恰說明了情商的重要性。情商高的人會得到更多人的擁護，也就更容易取得成功。而對於飯店經理人來說，智商略遜的人如果擁有更高的情商指數，就會得到下屬更多的支持和配合，同樣能夠取得成功。

以往較多的人相信智商是個人成功的關鍵，有所謂的「智商決定論」，現在演變為「情商即命運」。情商更重要的聲浪似乎逐漸蓋過了智商。

如何提高個人情商

❖智商不足，情商補

情商決定了怎樣才能充分發揮自己的各種能力，包括天賦的能力。也就是說，情商高的人在工作中會占據優勢，智商要透過情商才可能起作用。就像一張全部優秀的成績單，雖然說明了這個人的成績很好，但是並不代表他日後的工作就一定能夠取得成功。同樣，一名飯店經理人如果擁有很多的技能、很高的智商，並不代表他就一定能夠一帆風順。如果沒有高情商作保障，這些技能也發揮不出來，別人也不會認同。

另外，如果飯店經理人的個人才華確實不夠，不一定非要花大量的時間來提升自己的智商。提升智商當然有一定的必要，但是更重要的是怎樣在情商方面來彌補自己的不足。所以，飯店經理人必須高度重視對自我情商的培養。

❖評估個人情商

飯店經理人同時還要注重評估自己的情商缺欠在哪裡。情商，其實更多的是反映別人如何看你、社會或市場對你是否認同。有一種「360 度」意見調查法，每位員工都要受到上級、下屬、同事等各方面的評估，最後得到的若干份評估應該是一個別人眼中真實的你。因為評估是以匿名的形式進行的，所以往往能獲得最真誠的意見。

❖情商訓練

情商作為新生事物，其理論與實踐均有待完善。那麼，飯店經理人究竟如何才能提高自身的情商呢？

◎EQ訓練

美國某公司舉辦了一個EQ訓練班，課程的設計專門是為了提高情商，包括：面對自己成長的挑戰、規劃成功的途徑、設定目標、解決問題、擁有富有生命力的人際關係。學員清早起來就面對鏡子自語：我愛我自己，我喜歡我自己；今天會有很棒很棒的事情發生；反正今天不會死……

◎史蒂夫·巴爾默，微軟的CEO，曾經是一位非常果斷的老闆，凡事喜歡一手操辦。但是在做了CEO後，他放權給公司各部門的負責人，不再做每件大事的最後決定人，而是支持各部門負責人的想法和決策。

◎原微軟全球副總裁李開復說，情商意味著有足夠的勇氣面對可以克服的挑戰、有足夠的度量接受難以克服的挑戰、有足夠的智慧來分辨兩者的不同。

關於如何提高個人的情商，李開復開出了培養「情商」的藥方。他十分認同「要建立由品德、知識、能力等要素構成的各類人才評價指標體系」，同時，他還指出人要善於與他人交流，要富有自覺心和同理心。自覺心就是中國人常說的「有自知之明」，指對自己的素質、潛能、特長、缺陷、經驗等有一個全面而又清醒的認識，對自己在社會工作生活中可能扮演的角色有一個明確的定位；而同理心，就是將心比心，在相同的情形下，站在對方的立場上，考慮同一個問題。

所以，若要成為一名優秀的飯店經理人，有能力領導好員工實現高效管理，不但要有高智商，要設法提高自身的知識、技能和素養，更要有高情商，能夠靈活調適自己的情緒，改善人際關係。因為人是一種情感性的動物，人的一切行為，包括智力狀態，都會受到情緒商數的影響。能夠清醒地瞭解自己、把握自己的人，能夠敏銳地感受到他人情緒變化的人才能夠適時地對工作中的各種環境和情況作出有效的反應，才能不斷提高自己的管理能力和管理技巧，才能有謀略天下之智，統領大局之能。

智商之外多了情商，飯店經理人在殘酷的市場競爭中，在沒有確切方向的市場探索中，似乎多了一條蹊徑。而若要能夠掌控他人，首先要能掌控自己，飯店經理人在通向自我認知的道路上，艱辛地付出之後必然會創造出輝煌的成就。

第七章 學做時間的主人

本章重點

●時間哪去了

●時間運用原理

●培養良好的習慣

●管理好自己的時間

時間哪去了

大多數的飯店經理人都很忙碌，一個接一個的會議，電話鈴聲不斷，經常要加班加點，沒有週末、沒有休息，整天像只「陀螺」一樣，被一大堆似乎永遠也做不完的工作圍得團團轉。

◎時間哪去了

今天是星期一，雖然8點才上班，但飯店管家部的潘經理已經早早來到飯店，開始今天的工作，以下是潘經理這一天的工作情況：

7：45 am—8：00 am 對飯店外圍區域的衛生狀況及PA員工的工作情況進行簡單地檢查。

8：00 am—8：30 am 查看飯店經營分析報表、大廳副理報表、值班經理報表、飯店及部門質檢日報、值班領班報表、安全部夜間值班表等飯店各類報表，對其中的問題進行摘錄、分析，準備飯店早會的彙報資料。

8：30 am—9：00 am 參加飯店部門經理早會。其間，飯店總經理就近期飯店人員流動率較高的現象，要求各部門經理對本部門人員的流動情況作詳盡分析，並將分析報告以書面形式上交飯店。

9：00 am—9：30 am 進行飯店內公共區域巡視，對員工工作情況進行抽查，並對早會內容進行補充說明。

9：30 am—10：00 am 進行部門早會工作布置，對本週內計劃工作和重點工作做初步安排。

10：00 am—10：30 am 就今日重要工作與相關班組的領班、主管進行溝通，發現布置下去的工作，基層管理人員執行、落實的力度不夠。

10：30 am—11：30 am 對部門各班組提交的相關單據進行審核簽字，並對部門早會中各班組提出的涉及部門之間協作的問題，與其他部門進行溝通協調。人力資源部發來通知要求各部門將下月度培訓計劃表上交。

11：30 am—14：00 pm 飯店午餐及午休時間，因為是退房高峰期，受理了一起賓客投訴事件。

14：00 pm—15：00 pm 查看當天重要客人接待情況並抽查客房，並對飯店各報表中提到的重要問題中涉及班組管理人員的，與其進行溝通，提出處理意見供其參考。

15：00 pm—16：00 pm 與前廳部就近期客房出租率較高，工作如何有效開展召開部門協調會，但是因為兩部門之間員工總是抱怨對方工作存在問題，導致會議延遲，也未達到預期效果。

16：00 pm—17：00 pm 處理辦公室各類文件報告，中間不斷有人過來彙報工作或辦理新員工面試、老員工離職等事，還有一些文件未批閱。

17：00 pm—18：00 pm 解決辦公室一些瑣碎的事情，如與員工談話、與上級溝通、處理客人投訴等。

未發覺已經到下班時間了，總經理布置的人員流動分析報告還未寫，下個月的培訓計劃還未擬定，忙碌的潘經理嘆了一口氣，看來只有晚上去加班寫了。

分析

回顧這一天，潘經理也是忙忙碌碌地在工作，可是為什麼時間還是不夠用呢？時間到底哪去了呢？

（1）與上級、下屬的溝通隨意性很大，條理不清晰，耽誤了很多時間。

（2）會議安排過多、沒有計劃，且未對會議實施有效控制，延誤了時間。

（3）給下屬布置工作時不能一次性交代清楚。

（4）事必躬親。對文件不會篩選、過濾，為許多不需要處理的文件耽誤時間。

（5）工作無目標，缺乏主動性。

（6）工作沒有輕重緩急和主次之分，甚至本末倒置。

（7）不會說「不」，對隨機的事件不加控制，浪費了許多時間。

（8）只做自己熟悉的、喜歡的事情，對複雜的、棘手的工作過於拖延，只有透過加班來完成。

時間運用原理

本節重點：

80／20原則

「四象限」原理

80/20原則

19世紀義大利經濟學家帕雷托（Pareto）研究發現，80%的財富掌握在20%的人手中。從此這種80／20規則在許多情況下得到廣泛應用。一般表述為：在一個特定的組群或團體內，其中一個較小的部分往往比較大的部分擁有更多的價值。

在時間管理中，也有一個Pareto時間原則，即80／20 原則。假定工作項目是按某價值序列排定的，那麼80%的價值來自於20%的項目。

◎顧客與業績

有一位企業家，他在最初從事銷售工作時，業績並不是非常理想，雖然他很努力，但是始終無法改善，一個月下來只賺了100美金。他有點灰心喪氣，甚至想打退堂鼓，但冷靜下來分析之後，他發現這些業績中有80%的收益來自於20%的顧客，可是他卻對所有的客戶花費同樣多的時間。於是他馬上調整策略，在接下來的銷售中把精力重點放在那20%的顧客上。果然，那20%的顧客給予了他更多的回報。不久，他一個月就賺到了1000美金。在以後的商海中，他始終堅持這個原則，並不懈努力，他最終成為了這家公司的董事會主席，因為他掌握了80／20原則，明白了20%的顧客掌握著80%的業績。

時間管理的重要意義在於能經常以20%的付出取得80%的成果。因此，飯店經理人在日常的工作或生活中，應該把十分重要的項目挑選出來，專心致志地去完成，即把時間用在更有意義的事情上（如表7-1）。

表7-1 Pareto時間原則（80／20原則）

Pareto 時間原則(80/20原則)		
投入	造成	產出
使用時間的80% (次要的)	造成	成果的20%
使用時間的20% (重要的)		成果的80%

透過這張表我們不難明白，使用或準備的時間占了80%，即次要的問題占了80%，但由此產生的成果只占所有成果的20%；而使用或投入的時間僅占20%，即重要的問題占了20%，但是造成的成果卻占了80%。

◎作為飯店的銷售部經理在跟客戶聯繫時，打了20個電話，也許只有4個客戶會相約見面，就是說花了80%的時間在約見客戶，但是只有20%的客戶跟你見面。作為一名飯店經理人，可能你花了兩個小時的時間在做會議前的準備，但是會議進行的時間可能不到30分鐘，也就是說用80%的時間做準備，而因此產生的結果只有20%。

所以飯店經理人若想最大限度地利用時間，取得成績，就應該把精力用在最見成效的地方。

「四象限」原理

◎美國汽車公司總裁莫端要求秘書呈遞給他的文件放在各種不同顏色的公文夾中。紅色的代表特急，綠色的代表要立即批閱，橘色的代表這是今天必須注意的文件，黃色的則表示必須在一週內批閱，白色的表示週末時須批閱，黑色的則表示是必須他簽名的文件。

時間管理的本質其實就是做決策，決定哪些事情重要，哪些事情不重要；決定哪些事情緊急，哪些事情不緊急。

❖工作的兩種劃分

※按照工作的重要程度劃分

重要的工作需要花費較多的時間和精力去做，不太重要或不重要的工作只需花費較少時間去做。

※按照工作的緊急程度劃分

有些工作特別緊急的，需要馬上處理。有些事不太緊急或不緊急的，可以往後推一推。

「四象限」原理

所有的工作都既有緊急程度的不同，又有重要程度的不同，飯店經理人要根據這兩個方面，將工作分成四類，如下圖7-1所示：

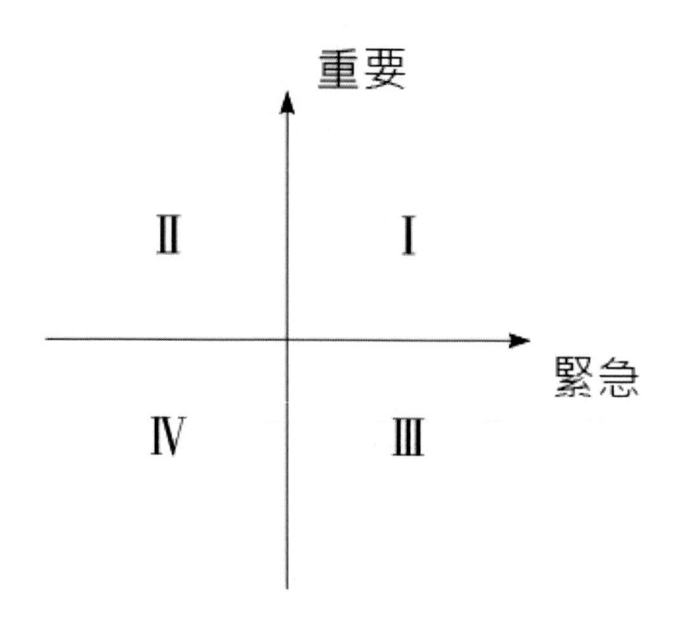

圖7-1「四象限」的工作分類

※第Ⅰ象限：很重要、很緊急的事項

重要事項是指對飯店、部門或者個人有重大影響的事項；緊急事項是指必須馬上做的事項。例如飯店銷售部突然接到通知，說馬上有VIP 客人到達，銷售部經理要臨「急」不亂，合理安排好各項接待事宜，大廳副理要迅速啟動VIP接待程序，確保接待質量。

※第Ⅱ象限：很重要、不緊急的事項

例如飯店的人力資源部經理要制定員工工資發放規定、新聘基層管理人員培訓計劃等，這些工作雖然非常重要，但是不緊急，可以暫放處理。但是，如果重要的事項沒有在限定的時間內完成，等到要上交或要實施時才著急去做，這時就變成既重要又緊急的事了。

※第Ⅲ象限：很緊急、不重要的事項

飯店經理人經常會遇到比如上級要瞭解工作或下屬來請示工作

等情況，還有電話、會議、來訪等，這些都是很緊急，但是不重要的事項。有些飯店經理人經常會主次顛倒，把一些緊急的事當成重要的事來處理。

※第IV象限：不緊急、不重要的事項

飯店經理人不要為既不緊急也不重要的事浪費寶貴的時間與精力。

◎格拉特的時間分配

前任惠普公司的總裁格拉特把自己的時間劃分得清清楚楚，他花20%的時間和顧客溝通，35%的時間用在會議上，10%的時間在電話上，5%的時間看公司的文件，剩下的時間用在和公司沒有直接或間接關係，但卻有利於公司發展的活動上。例如接待記者採訪、參加業界共同開發的技術專案討論會、參加有關貿易協商的諮詢委員會等，當然每天還要留下一些空閒時間來處理那些突發事件。

分清工作的輕重緩急，才能合理有序地安排工作，使你在有效的時間內，創造出更大的價值，也使你的工作遊刃有餘、事半功倍，但過於注重細節，恰恰是對時間的浪費。

透過「四象限」原理分析，飯店經理人應根據事情的重要和緊急程度處理各項事務，重要並且緊急的事情要先做，這個大家都知道。但重要不緊急的事情往往也是大家容易忽視的地方，所以飯店經理人要將重心放在第Ⅱ象限，絕不可掉以輕心。

培養良好的習慣

本節重點：

改變壞習慣

培養好習慣

時間是一種心態、心境的表現，飯店經理人如何看待時間，如何運用時間，其實是其心態和心境的一種表現。良好的時間管理，是一種習慣的養成。有的人重視身體健康，每天早晨起來鍛鍊；有的人安排固定的休息時間，讓自己的身心充分放鬆......這些都是合理運用時間的良好習慣。有效的時間管理是一種良好習慣的有意識的培養，不良的習慣是在無意識中形成的，管理好時間是一種心態也是一種可以改變的習慣。

改變壞習慣

❖飯店經理人的不良習慣

有的飯店經理人把大量時間浪費在不良習慣上。例如，有些人喜歡在桌面上堆放一大堆的文件材料，用的時候就得花時間去找；有些人對辦公環境特別敏感，必須在一定的環境中才能靜心工作；有些人在某些時段的工作效率不高。對於這些不良習慣，可能自己沒有意識到，但實際上浪費了很多時間。作為飯店經理人，要和下屬進行交流，不良習慣就會影響到很多人，甚至影響到部門的工作。

※工作效率低，缺乏條理性

做事情拖拖拉拉，不講究效率，工作缺乏系統性、條理性，做事情就像腳踩西瓜皮，滑到哪裡算哪裡，沒有條理。

※工作無主次，眉毛鬍子一把抓

對待處理的各類事情沒有輕重緩急、主次之分。

※工作無目標、無計劃

有些飯店經理人覺得計劃不如變化快，於是乾脆不制定計劃，不設定目標，工作缺乏計劃性。

※事情無過濾，工作不授權

對各項工作沒有篩選，重要的、不重要的事情都自己親自去做，沒有充分授權給下屬去處理，這樣加重了自己的負擔，也浪費了時間。

※允許外來事件干擾，工作經常被延誤

飯店經理人對外來的事情，如電話、外部人員來訪、其他同事來訪、下級越級彙報工作等都不予拒絕，結果把自己的工作計劃打亂了，耽誤了寶貴的工作時間。

※時間沒有充分利用，安排不合理

時間是擠出來的，飯店經理人往往會重複做事，沒有合理地安排好自己的時間，對零碎的時間也不會合理地利用。

※喜歡忙碌，自我膨脹

有的飯店經理人認為工作就是要忙碌，喜歡讓別人覺得自己是一個忙碌的人、重要的人，一天到晚只會說我忙死了、累死了。

※無效的溝通

很多飯店經理人花了大量的時間與下屬或上級進行溝通，卻往往沒有達成有效溝通，也就是用於溝通的時間沒有成效，尤其是飯店經理人在工作時間閒聊，這更是無效的溝通，往往容易製造是非，不利於團結。

❖壞習慣必須改變

※職業化的要求

飯店經理人必須具備職業化的素質，有效的時間管理是職業化的一項要求。

※你的習慣會影響團隊的工作效率

飯店經理人要管理一批人，不良習慣不僅影響個人的工作效率，也會對下屬產生負面的影響。

培養好習慣

飯店經理人如果存在不良習慣，就要想辦法消除，修正自己的習慣、性格以及某些習以為常的觀念，痛下決心加以改正，逐漸養成好習慣。

※工作要有目標

每項事務的處理都為一定的目標服務，明確目標，少走彎路，減少無謂的時間消耗。

※工作要有計劃

飯店經理人要制定詳細的書面工作計劃，包括日計劃、週計劃和月計劃，並嚴格按照計劃行事才能更為有效地利用時間。

※工作要分主次

工作總有主要與次要的差別，由於飯店經理人的很多工作會影響到其他人，因而在工作中，必須分清楚哪些事情是必須馬上處理的，哪些事情可以慢一點處理，哪些事情不必親力親為，不要在不重要的事情上浪費很多時間，影響到自己及整個部門的工作。

※工作要乾脆俐落

提高效率的解決方法就是先處理比較棘手的、最緊急的、最重要的，而且要強迫自己定下一個期限。還有就是要明白什麼事情是既緊急又重要的，就要優先地把它完成。

※工作要充分授權

作為一名飯店經理人必須學會將能夠授權的工作盡量授權出去，透過下屬去實現目標，而你永遠充分利用時間在做最有價值的工作。把時間用錯了地方，上級和下屬也不覺得你好，上司認為你的工作效率低，下屬也認為你不認可他的工作能力。

※拒絕干擾

飯店經理人要集中精力完成重要工作，不允許外來干擾，提高工作效率的有效解決方法就是過濾干擾，保證在不被別人打擾的時段來完成工作。

※文件歸檔

保持文件櫃或辦公桌整潔、條理清楚，將飯店文件及部門文件分類、分期放置，清除無用文件。

※日事日畢，日清日高

凡事不能拖延，辦事效率高，今天的事今天做，並且要比昨天更上一個台階。

※善始善終

飯店經理人要養成良好的工作習慣，確保對每件工作都不間斷，能夠善始善終，避免頭緒多而亂。

※形成氛圍

飯店經理人要使下屬形成一些習慣和程序，讓他們知道什麼事該做，什麼事不該做，什麼時候該做什麼事情，以及不做的後果，不需要再催促，要形成齊抓共管的氛圍。

※避免重複

飯店經理人在日常工作中不要去處理重複出現的問題，對重複出現的問題應該總結原因，吸取教訓，並予以杜絕。

※學會說「不」

無謂的應酬和會議可能浪費你大量的時間，對此，飯店經理人要學會說「不」，要充分利用好自己的點滴時間，不要造成不必要的浪費。

※學會利用工具

飯店經理人要學會有效利用管理工具，可以高效得到所需的訊息或減少重複的文字工作，有助於有計劃地利用時間。

管理好自己的時間

本節重點：

時間的價值

時間管理的重要性

時間管理策略

時間管理策略的運用

有效的時間管理

現代管理學之父彼得·杜拉克說過：不會管理時間你就不能管理一切。時間不能存儲，不能留下來，贏得時間，就可以贏得一切。因為時間管理的關鍵就是對事情的控制，所以能夠把事情控制得很好，就能夠贏得時間。時間就是生命，飯店經理人如果連生命都管理不好，還能管理些什麼呢？

時間的價值

◎孔子說：逝者如斯夫，不舍晝夜。

◎莎士比亞在詩中寫道：時間的無聲腳步是不會因為我們有許多的事情要處理而稍停片刻的。

◎朱自清在其《匆匆》一文中如此感嘆時間流逝之快：洗手的時候，日子從水盆裡過去；吃飯的時候，日子從飯碗裡過去；默默時，便從凝然的雙眼前過去。我覺察他去的匆匆了，伸出手遮挽時，他又從遮挽著的手邊過去，天黑時，我躺在床上，他便伶伶俐俐地從我身上跨過，從我的腳邊飛去了。等我睜開眼睛和太陽再見，這又算溜走了一日。我掩面嘆息，但是新來的日子的影兒又開始在嘆息裡閃過了。

我們常說時間就是生命，時間就是金錢，然而時間卻是無價的，其價值是無法用金錢來衡量的。時間是最有價值的資源，也是最難以有效利用、最經不起浪費的資源。

◎我們只有176個小時來完成每個月的目標，只有2112個小時來完成每年的目標，只要時間一流逝，我們便一無所獲。

◎時間是不能儲存，無法轉讓的。

◎時間是租不到，買不到，也借不到的。

時間不會停止，也不可能增加，但時間又是公平的，每個人擁有的時間是相同的，但時間在每個人手裡的價值卻是不同的。

❖無形價值

時間的無形價值是將時間投資於你的工作、睡眠、鍛鍊、社交等方面，獲得充實的生活、健康的體魄、偉大的友誼、崇高的愛情......你為此花掉了時間，但它帶給你的收穫可能是無法用金錢來衡量的，這就叫做無形價值。

❖有形價值

時間的有形價值是指在你辛勤地工作之後，所獲得的有形的報酬。例如你獲得的薪金、獎金和各種福利等。

時間管理的重要性

由於飯店經理人的多維角色，使其在工作中表現出來的忙亂與普通的員工有很大的差異。但是，飯店經理人是否有效地提高時間利用率，是影響其工作繁忙程度的重要因素。

◎裝不滿的罐子

在一次時間管理課上，教授拿出一個罐子，然後又拿出一些剛好可以從罐口放進罐子裡的鵝卵石。當教授把石塊放完後問他的學生：「你們說這罐子有沒有裝滿呢？」

「裝滿了。」所有的學生異口同聲地回答道。

教授又拿出一袋碎石子從罐口倒下去，搖一搖，再加一些，然後問學生：「你們說這罐子現在是不是滿的？」

班上有位學生小心翼翼地回答道：「也許還沒滿。」

「很好！」教授說完又拿出一袋沙子，慢慢地倒進罐子裡，之後再問學生：「現在你們說這個罐子是不是滿的呢？」

「沒有滿！」同學們信心十足地回答道。

「好極了！」教授又拿出一大瓶水，倒在看起來已經被鵝卵石、碎石子、沙子填滿了的罐子裡。當這些事情都做完之後，教授問同學們：「我們從這件事中得到什麼啟發呢？」

一陣沉默之後，一位學生回答說：「無論我們有多忙，時間排得有多滿，如果再緊一下的話，還是可以再多做些事的。」教授聽後點點頭，微笑道：「不錯，但我想告訴大家的還有更重要的一點。如果你不先將大的『鵝卵石』放進罐子裡去，也許你以後再沒有機會把它們放進去了。」

分析

對於工作中零零散散的事情可以根據重要性和緊急性的不同組合確定處理的先後順序，做到鵝卵石、碎石子、沙子、水都能放到罐子裡去。而對於人生旅途中出現的事情也應如此處理。也就是平常所說的處在哪一年齡段就要完成哪一年齡段應完成的事。否則，時過境遷，到了下一年齡段就很難再有機會補救。

◎只要跑得比你快

有兩個人結伴去野外旅遊，不幸迷路了，正當他們在想該怎麼辦時，突然看到一只猛虎朝著他們跑過來。其中一個人立刻從自己的旅行袋裡拿出運動鞋穿上，另外一個人看到同伴在穿運動鞋搖搖頭說：「沒用啊，你再怎麼跑也跑不過老虎啊！」同伴說：「你當然不知道，在這個時候我只要跑得比你快就行了。」

這個故事告訴我們一個道理：人們處在一個競爭激烈的環境中，你必須參與一場人生的競賽，而這場競賽的對手可能是你的同事，也可能是你的同行。

但是，不管是怎樣的競爭，最讓人感到束手無策的一樣東西就是時間。時間就好比故事裡的猛虎一樣，無論你怎麼跑，也不可能跑得比它快。當你試圖走在時間的前面時，無論你是披星戴月、廢寢忘食，還是忙到不顧家庭、沒有休閒，甚至希望工作的時間再延長一點，一天能有48個小時……可是，最後還是會有很多事情沒有做。回過頭來再看，你仍感到沮喪、無奈甚至焦慮，為什麼時間總是不夠用？

飯店經理人既要有長遠的眼光思考飯店的宏觀調控，又要能聚精會神地盯著飯店的營運瑣事，那麼如何才能在兩者之間尋求到平衡點，有效地管理好自己的時間呢？

時間管理策略

◎浪費自己的時間，等於是慢性自殺。

◎浪費別人的時間，等於是謀財害命。

每一分，每一秒過去了，就不可能再回頭。研究時間管理，首先你必須知道，一個小時沒有60分鐘，事實上一個小時你真正能利用到的時間可能只有幾分鐘而已。因此如何有效地利用一天24小時的時間，要注重時間管理的策略。

❖時間管理的特徵

成功的飯店經理人在時間管理方面，都存在一些共同的特徵。

※明確的目標

世界上沒有懶惰的人，只是沒有足夠吸引他的目標而已。也就是說，沒有目標的話，生活一定是屬於那種茫茫然的狀態，而最終也不會有什麼成就。

※積極的心態

一個積極的人能創造一個富有的人生，他敢想，敢做，即使遇到高山險阻也能奮勇攀登。而一個消極頹廢的人，總是對自己持懷疑態度，抱否定認識，即使在順境面前也會望而止步。所以，只有積極地面對生活，積極地行動，你才可能把事情做得更好。

※善於自我激勵

自信的人總是對自己說：我行，我能做好。這其實就是一種自我激勵的方式。一個善於自我激勵的人不會怨天尤人，不會在等待中浪費時間，而是不斷激勵自己，充分利用時間，相信自己可以做得更好。

※高度重視時間管理

時間是管理之道中最重要的一環，時間管理能有效提高時間的利用效率，促進工作的有效開展，是飯店經理人必須掌握的管理工具。因此，飯店經理人必須高度重視，杜絕浪費現象。浪費時間就意味著慢性自殺直至死亡。

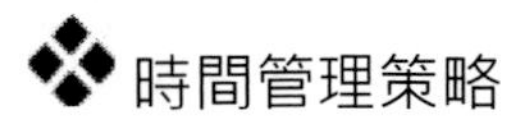

※目標與價值吻合

飯店經理人所設定的任何一個目標一定要與價值觀吻合，如果目標不能夠與你的價值觀吻合，你就是一個失敗的時間管理者。

※明確計劃

要制定明確詳細的計劃，必須白紙黑字地寫下來。飯店經理人如果沒有計劃，很多事情就不太容易完成。一個有成就的人，永遠知道應該怎樣做計劃，有了計劃要去執行，即管理循環裡的「PDCA原則」。

※日事日清

海爾有一套成功的管理模式叫做「OEC」（「O」代表Overall；「E」代表Everyone，Everything，Everyday；「C」代表Control and Clear），即要求對每位員工每一天所做的每件事進行全方位的控制和清理，做到「日事日清，日清日高」。每天的工作每天做完，而且每天的工作質量都有一點兒提高。現代飯店經理人對於時間的管理，要認真借鑑海爾的管理模式。

※固定時間做計劃

一天的計劃在於昨天，也就是說每天的工作安排都應該在前一天晚上就計劃好。飯店經理人要養成一個良好的習慣，即每天晚上休息前，必須習慣性地安排好第二天的工作。

※每件事情設定期限

在設定目標的時候，有一個「SMART原則」（「S」代表Specific，明確性；「M」代表Measurable，可衡量性；「A」代表Attainable，可達性；「R」代表Relevant，相關性；「T」代表Time-bound，時間性），即設定的目標是具體合理的，可以計量的，可以達到的，同時又具有時間性。飯店經理人對每件事情都要設定一個完成期限，如果目標沒有期限，那就不叫做目標。

※立即行動

積極的人，頭腦裡面永遠有四個字：馬上行動。所有成功的飯店經理人，他們的思路都非常清晰，永遠知道一件事情：把時間用在最有價值的地方，或者是把時間用在具有高效益的事情上面。

※專注每件事情

在每一段時間裡要專心處理每一件事情。飯店經理人在工作的時候，要培養自己一種專注的狀態。工作的時候，要集中精力做好工作；思考的時候，要集中精神理清頭緒；甚至在休息的時候，也要專注地放鬆自己。

※第一次就把事情做對

飯店經理人在工作中，頭腦裡面要時刻保持一種意識：第一次就要把它做好。從很簡單的事情開始，養成第一次就把事情做好的習慣，之後就可以把重要、複雜的事情一次性做好。

※快樂工作每一天

時間管理的基本目的就是有意識地掌控自己，時間管理的基本思路就是讓自己更快樂，這叫做自己做決定。

◎有個人每天都是笑臉迎人，別人問他為什麼每天都那麼開心。他說：「每天早晨醒來的時候，我都對自己說，『今天我可以有兩種選擇，一種選擇好心情，一種選擇壞心情。』我選擇好心情，所以我每天都快樂。」

同樣，飯店經理人在工作的時候，也會有兩種選擇：選擇做或是不做；選擇做好或是做不好。凡事選擇積極的一方，可以有效地幫助自己高效率地完成工作。

時間管理策略的運用

◎某飯店的企業文化中有兩句話：

快速反應。不管對任何事情，強調的是積極行動，以最快的速度做出自己的反應。

精益求精。不管在任何時間，處理任何事情，都要求自己做得更好。認真地對待自己，對待賓客，對待身邊的每一個人，也要認真地對待自己的工作。

❖動作快——快速反應

「快」是指飯店經理人制定計劃要快，行動要快，工作速度要加快，它是飯店經理人高效利用時間的一種秘訣。當今的市場環境，訊息高度發達，行情瞬息萬變，任何一點變化都將影響到商業活動，因此，飯店經理人要搶在時間前面，抓住最新動態，不斷更新觀念，改進產品和服務，改進工作質量。

❖目標準——瞄準目標

作為飯店經理人要瞄準你的目標。

※對準目標

工作目標不是唯一的，也不是單一的。因此，在眾多目標面前，你必須瞄準主要的、緊急的、重要的目標。目標有長遠的，也有短期的，你必須合理安排時間，以實現當前必須完成的目標。所以，每做一件事情，你都必須去思考這件事能否幫助你實現目標。這樣，才能使你瞄準目標並盡快實現目標。

※每週有一天可以無計劃

每天都有計劃、有安排，都有緊急的事情需要處理，而忽視了思考。思考意味著要用全面發展的觀點看問題，只有這樣才能反省自我、總結經驗。因此，不妨在週末某一天回顧一下本週工作的開展情況，並找出存在的問題。也可在相對輕鬆的某一天擺脫事物性工作的干擾，作一些策略調整上的思考。

❖清頭腦——清空頭腦

清空頭腦就是要求飯店經理人能夠拋棄頭腦中的頑固想法，引進新的思維與觀念，學習新知識。因為人們在接受新鮮事物時，思維的框框就會被打破，一個人本身特有的優越感和滿足感也就消失了，思維的光芒也會因此而出現。對於飯店經理人來說，有時候要讓自己暫時地把腦袋清空，去接受一些無關的新鮮事物，這樣才能引發更多想像和創造的空間，同時也能夠獲得競爭對手更多的訊息。

❖明思路——分清主次

飯店經理人每天要處理的計劃內和計劃外的事情很繁多，但是對於任何事情，要能夠辨清其重要性和緊迫性。根據「四象限」分析法，要能辨清什麼事情是重要的，什麼事情是緊急的，什麼事情是既重要又緊急的，什麼事情是不重要不緊急的。對重要且緊急的事情，要在第一時間內處理；重要但不緊急的事情，應該安排適當的時間去處理；緊急但不重要的事情，必須盡快處理。所以，飯店經理人在處理各項事情時要分清楚輕重緩急，明晰主次關係，作為飯店經理人，應專門做重要和緊急的事情，其他的事情就可能透過授權的方式進行。

❖找差距——自我檢查

找差距就是要多學習，多思考，多與人溝通，多反省自己，多找找不足。如果沒有經常地反省自己，如果沒有經常地去接受新的事物，如果沒有經常地去跟別人溝通，那麼，你只可能是一個集體大環境下的「孤家寡人」。

飯店經理人要學會空出時間休息，使心境處在最佳狀態，讓自己有更多獨立思考的空間做自我檢查，及時查找自身還存在的差距。

❖練內功——提高效率

練內功就是要不斷學習業務知識，強化專業技能，提高職業素養。作為一名飯店經理人，如果能夠熟悉業務知識，熟練掌握處理方法和技巧，會極大地提高自己的工作效率。

如何讓自己過得更有意義，如何讓自己的工作更具有生產效益，如何讓你自己有更多的時間來思考未來的事情，甚至去做更正確的決策，如何去快、準、清、明、找、練，關鍵就在於你怎樣去利用時間。

有效的時間管理

每個人都很想成功，美國一位名人保羅說過：成功是什麼，成功就是逐步實現預先決定好的計劃。成功等於目標，把你的目標實現了，你就成功了。

❖飯店經理人時間管理的原則

※一致性

目標工作重點與計劃，個人價值與長遠規劃，慾望與自制力都應該是和諧一致的，飯店經理人要明白自己所做的每一件事情不是靠近目標就是遠離目標，所以，對時間的管理要能夠使目標、工作重點和計劃前後一致。

※協調性

如果你的工作能力很強，但是人際關係處理不好，也不利於你的個人發展。工作能力和人際關係同等重要，在一個關係緊張、對立情緒嚴重的工作環境中，即使有再好的才華也無法施展。所以，飯店經理人要確保工作能力與人際關係的協調發展，對時間的管理要能夠保證在工作與工作之間、工作與生活之間求得平衡。

※側重點

對時間的管理要有側重點，其秘訣在於要就事件本身的重要性來安排工作，要在自己精力最好的時候做重要且不容易做的事。

※人性化

個人管理的重點在於人，不在於事。做事情固然要講究效率，但是更要重視人際關係的得失，人性化的個人管理有時會犧牲效率。

※靈活性

管理方法是為人所用，而不是一成不變的，需要根據個人的作風與需要加以調整。但是任何管理方法，都要為你的人生目標服務。

※及時性

飯店經理人在檢查工作中要及時記錄，可隨身攜帶記事本記錄要點，並在回辦公室的第一時間整理成文。如果沒有記錄，就要花費時間去回憶。如果忘記了，就失去了檢查的意義而且浪費了時間。

❖飯店經理人時間管理的步驟

※選擇目標

每一位飯店經理人都有工作目標，但需要注意的是這些短期目標應當同中期目標有聯繫。每週達成的目標要跟每月目標有聯繫，每月達成的目標要跟年度目標有聯繫。而且在每週的目標中，要有一些是真正重要但是並不緊迫的事情。

※安排進度

飯店經理人工作進度的安排可以根據所列的目標來安排。每天合理地安排工作項目，確保安排的事情都能做完。

※逐日調整

每天調整，依據事情的變化調整你的計劃。世界是不斷變化的，常常會發生許多未曾預料的事情，因此要對計劃及時地進行調整。

❖飯店經理人管理好自己的時間

要成為一名高效率的現代飯店經理人，就必須能夠管理好自己的時間。

※要設定目標

飯店經理人要設定明確的目標，一個人只有在目標明確的前提下，才能明確方向。工作有方向，才知道自己該做什麼，避免浪費時間做無用功。

※要規劃

確定目標之後，飯店經理人還要為實現目標制定具體詳細的規劃。這樣才能做到心中有數，使自己做的每件事情都始終圍繞著目標而開展，並且朝著目標靠近。

※要決策

飯店經理人要有決策頭腦，須加強決策能力的培養，使自己在處理突發事件時能做出快速準確的反應。同時，在處理複雜事件時，能做出準確判斷。

※要準備

飯店經理人無論做任何事都要提前做好充分的準備工作，同時，還要分析可能出現的意外情況，並作出相應的對策。

※要檢查

飯店經理人不能盲目開展工作，必須以目標為中心有序開展。同時，在工作的進行過程中還必須檢查每個環節是否脫離目標。

※要諮詢

飯店經理人要及時與上級、同事和下屬溝通，徵詢他們的意見，保證每項工作都是遵循計劃，並根據目標來安排的。

飯店經理人應該掌握如何管理好自己的時間，可能方式有所不同，但其目的都是一樣的。就是要讓自己有更多的時間去思考全局，使每天的工作都是高效的，更重要的是所有的目標實現都在於兩個字——行動，沒有行動就沒有結果。飯店經理人如果能夠掌握和靈活運用時間管理規劃，進行有效的個人時間管理，成功就離你很近。

第八章 樹立確切目標

本章重點

●什麼是目標管理

●什麼是好目標

●目標管理的步驟

●如何為下屬制定目標

●對下屬實施績效評估

◎獅子的捕獵藝術

清晨，當第一抹曙光投在遼闊的非洲大草原上時，羚羊已經認識到：新一輪的競賽開始了。如果今天它跑不過最快的獅子，就要成為獅子的午餐；另一方面，獅子也在思量著：如果今天它跑不過最慢的羚羊，就會被餓死。

獅子在捕獵時有四個步驟：

明確目標。獅子看著遠處的一群羚羊，它正在尋找著捕獵的目標。它所確定的目標並不是羚羊群中最肥胖的，也不是最好看的，更不是最強壯的，而是那些老弱病殘的，也就是最容易捕捉的。

接近目標。獅子會充分利用草叢的掩護，悄悄地接近目標，盡量不讓獵物發現，它隱藏得越好，成功的幾率就越大，花費的力氣就越小。

快速出擊。到了一定的距離之後，獅子就會全力出擊，以最快的速度衝向目標。它要在盡可能短的距離內捕捉到獵物，否則，它就可能會失去目標。

排除干擾。在獅子捕獵的過程中，羚羊群會產生極大的恐慌，會四處奔跑逃命，有不少羚羊會因為慌亂而跑到獅子周圍，但獅子不為所動，只認準原來確定的目標，緊追不放，直到捉到獵物為止。

在動物的世界裡尚存在著目標競爭的意識，所以在同樣殘酷的飯店競爭環境中，更要樹立目標競爭的意識。飯店只有樹立起明確的目標才能有生存的動力、發展的方向。而且，目標一旦確立，就要緊追不放，不可動搖。否則，就會像「猴子下山」裡的小猴子一樣：丟了桃子要玉米，丟了玉米要西瓜，丟了西瓜追兔子，最後兩手空空，一無所獲。

什麼是目標管理

本節重點：

什麼是目標管理

目標管理的特徵

目標管理的好處

◎瘦子與胖子的比賽

有一位瘦子和一位胖子在一段廢棄的鐵軌上比賽走枕木，看誰走得更遠。

瘦子心想：我的耐力比胖子好得多，這場比賽一定是我贏。開始也確實如此，瘦子走得很快，不久就將胖子拉下了一大截。可是走著走著，瘦子漸漸走不動了，眼睜睜地看著胖子穩健向前，逐漸從後面趕上來，並且超過了他。瘦子想繼續加力，但終究因為精疲力竭跌倒了。

瘦子想知道其中的原委，就問胖子為什麼還能堅持下去。胖子說：「你走枕木時只看著自己的腳，所以走不多遠就跌倒了。而我太胖了，以至於看不到自己的腳，只能選擇鐵軌上稍遠處的一個目標，朝著目標走。當接近目標時，我又會選擇另一個目標，然後走向新目標。如果只看自己的腳下，你見到的只是鐵銹和發出異味的植物而已；但是當你看到鐵軌上某一個目標時，你就能在心中看到目標的完成，就會有更大的動力。」

飯店經理人從事飯店管理也一樣，一定要有一個明確的目標，就像你無法從一個你從未去過的地方返回一樣，沒有目的地，你也就永遠無法到達。

什麼是目標管理

❖目標管理的概念

目標管理是以目標的設置、分解，目標的實施及對完成情況的檢查、獎懲為手段，透過員工的自我管理來實現經營目的的一種管理方法，目標管理的過程往往是透過上級分權和授權來實施控制的。

管理大師杜拉克曾說：「目標管理改變了過去經理人監督下屬工作的傳統方式，取而代之的是經理人與下屬共同協商具體的工作目標，事先設立績效衡量標準，並且放手讓下屬努力去達成既定目標。這種經雙方協商形成的彼此認可的績效衡量模式，自然會形成目標管理與自我控制。」

一個優秀的管理團隊，必然有一個合理的目標，同時能夠將這個目標分解成一系列的子目標，進而將這個目標滲透到每位員工的心裡去，落實到每位員工的行為中去。

❖目標管理的核心

飯店目標管理的核心是：讓員工自己管理自己，變「要我幹」為「我要幹」。

飯店內部建立的目標體系，使全體員工各司其職、各盡其能，推進飯店總目標的完成。在這個目標體系中，總經理的目標、各部門經理的目標、基層管理人員及員工的目標，是各不相同的，但他們的目標都和飯店的總目標息息相關。飯店總目標的實現，有賴於各個部門目標的順利實現。

目標管理的特徵

❖共同參與制定

飯店發展的目標應該由上下級共同參與制定，並且下級在目標制定中應享有充分的自主權。透過共同參與制定目標，上級與下級之間可以瞭解相互的期望，下屬能夠充分認知、認同飯店的組織目標，進而最大限度地增進工作積極性。

❖可衡量性

目標的設定要符合「SMART原則」。不僅定量的目標要可以衡量，定性的目標也要可以衡量。目標可衡量的關鍵，在於擬定目標的雙方事先約定好衡量的標準，這個標準也是事後對目標完成情況進行評估的依據。

❖關注結果

目標管理就是透過及時的檢查、監督、反饋使結果對準目標。不論是對於飯店經理人，還是對於下屬，目標管理關注的都是結果，而不是工作的本身。在目標管理過程中，飯店經理人要不斷向下屬提供建議和訊息，與下屬共商對策，幫助下屬調整行動方案，實現目標。

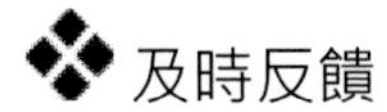

及時反饋

及時反饋就是要將下屬的工作情況與既定的目標進行比較，並將比較的結果告訴下屬，使下屬能夠及時糾正偏離的行為。反饋就是要幫助下屬糾正，而糾正的最終目的是讓下屬能夠自發地、主動實現目標。如果沒有反饋，目標管理就不可能完全。

與績效考核相關聯

在目標管理中，事先設定的目標是什麼？績效考核的標準是什麼？按照上下級共同參與制定的評價標準和目標，飯店經理人要對下屬工作目標完成的多少和完成的質量進行客觀、公正的考核，計算出下屬做到了什麼程度，該得到什麼樣的評價，並實施相應的獎懲。

目標管理的好處

勁往一處使

飯店的每個部門、每位員工如果不能「勁往一處使」的話，將會像一盤散沙一樣，沒有凝聚力，這是很可怕的。對於飯店的發展來說，各部門可能會出現各自為政的現象，所做的工作與實現飯店總目標無關或沒有幫助。而目標管理的好處就是要盡量減少和消除這種扭曲和偏離，透過上下級的溝通，使個人目標、部門目標和飯店總目標融為一體，促進全員參與，增進團結，在避免本位主義的同時又能集思廣益，凝聚人心，使飯店這個大集體堅如磐石。

各司其職

透過目標管理體系使個人和部門的責、權、利明確具體，消除了管理中的死角，促進了團隊的分工與協作。上級做上級的工作，下屬做下屬的工作。上級的工作職責集中在計劃、決策、監督、激勵、領導以及對重要事務的處理上；下屬的工作職責主要集中在計劃的執行、業務的開展、具體事務的處理上。每個人都在各自的崗位職責內工作，對於提高工作效率、實現工作目標是十分必要的。

只有各司其職，才能有較高的工作效率和工作績效。有了目標管理，上級以目標為標準，對下屬實施管理。下屬以目標為方向，自主地開展工作。沒有目標管理，下屬只能從上級那裡接受任務安排，處於被動地位，像機器人一樣只是執行命令而已。而上級則時時擔心下屬會出錯，只有時刻跟著去指點，甚至親自去「擺平」。

❖挖掘潛能

◎摸高試驗

管理學家曾經做過一次摸高試驗。試驗內容是把20個學生分成兩組進行摸高比賽，看哪一組摸得更高。第一組的10個學生，不規定任何目標，由他們自己隨意決定摸高的高度；第二組事先對每個人定一個標準，比如要摸到1.60米或1.80米。試驗結束後，將兩組的成績進行比較，結果發現第二組的平均成績要高於沒有設定目標的第一組。

摸高試驗說明了一個道理：目標對於激發人的潛力具有很大的作用。

因為飯店的目標是上級與下屬共同制定的，也是共同認同的，因此下屬在執行目標的過程中無牴觸或很少牴觸。同時，為確保目標的實現，下屬也會盡最大的努力，投入更多的熱情到工作中。而上級也會透過授權、分權等方式把完成目標的選擇權交給下屬，增加下屬工作的主動性，使下屬的潛能得到挖掘和發揮。過去下屬按照上級的指示辦事，只要把指示做對就行了。現在不同了，不管上級贊不贊同，也不管中間是否做錯，只要最終完成既定的目標就可以了，甚至可以按照自己的想法去嘗試。

❖抓住重點

每位飯店經理人和下屬都要面對大量的工作，在這些工作中，可以根據「80 / 20原則」來具體安排，分清楚哪些重要，哪些不重要，哪些緊急，哪些不緊急，哪些對於實現飯店總目標的貢獻最大，哪些貢獻不大……目標管理強調在每個階段的工作中只設定有限的目標，並且這有限的目標對於實現飯店的總目標來說貢獻最大。

總之，目標管理在提高工作效率的同時，又提升了員工的素質，增進了飯店的內部團結。

什麼是好目標

本節重點：

保持高度一致

SMART原則

具有挑戰性

保持高度一致

目標管理強調個人目標、部門目標和飯店目標的統一，個人和部門的利益的實現必須以飯店的整體利益為基礎。下屬的目標必須與上級的目標保持一致，而且必須是根據上級的目標直接分解而來，所有下級的目標綜合起來應等於或大於上級的目標。

部門所制定的工作目標必須與飯店的總目標保持一致，並且要服務、服從於飯店總的短期目標和長期目標。所以，部門開展的各項工作必須同飯店的整體運作與發展相協調，如果沒有目標管理的制約，就可能會出現以下情況。

❖盲目制定部門目標

飯店部門不知道飯店到底要向什麼方向發展，如果僅僅是為了制定目標而制定目標，實際上則是在浪費部門經理和員工的時間和精力。

❖過多考慮自身利益

飯店經理人為了突顯自己部門在飯店中的地位、形象以及自己的業績，在制定部門目標的過程中，容易只考慮自己部門和個人的利益，盡可能多地利用飯店資源。

❖目標分歧造成資源浪費

飯店各部門如果各自為政，就算花費大量的人力、物力、財力，最後還是達不到預期的目的。如果整個飯店沒有好的盈利，作為機體中的一個器官的部門及成員就不能夠得到期望的收穫。

因此，各部門在制定目標時，一定要與飯店總的發展目標保持一致。若要做到這一點，飯店經理人需要準確把握飯店的總目標，同時，還要注意與其他相關部門保持有效的接觸，協同一致，將整個飯店看成一個共同前進的團隊。

SMART原則

◎某飯店為更進一步深化內部管理，提升對客服務質量，對客房、前廳、餐飲的部分服務項目作出如下具體規定：

◆客房服務員清理完一間客房所用時間不超過30分鐘。

◆做夜床服務所用時間不超過5分鐘。

◆ 賓客借用物品時，正常情況下，服務員要在5分鐘內送到客人房間。

◆ 櫃台為賓客辦理登記入住手續和結帳離店手續均不超過3分鐘。

◆ 中餐菜式要求冷菜不少於30道，熱菜不少於90道，面點不少於12道，湯類不少於10道，並且要提供不少於10道綠色、低糖或高纖維的健康菜餚。

◆出菜的速度要求冷菜在廚房接單後10分鐘內出菜，首道熱菜在客人點菜完畢後15分鐘內出菜。

◆客房送餐服務中，早餐規定20分鐘內送到，午餐30分鐘內送到，晚餐25分鐘內送到，並且VIP房間要提供餐桌等等。

根據案例可知，飯店經理人在制定飯店各項目標時，應該遵循SMART原則。

制定目標應該符合SMART原則。SMART是由五個英文單詞的首寫字母構成：

※S——明確具體的（Specific）

飯店制定的目標必須是具體的、明確的。所謂具體，是指目標執行者的工作職責必須與本部門的工作職能相對應；所謂明確，是指目標的工作量、完成日期、責任人、質量標準等是確定的。

※M——可衡量的（Measurable）

如果目標無法衡量，就無法為下屬指明方向，也無法確定工作是否達到了目標。如果沒有一個具體的衡量標準，員工就會少做事，盡量減少自己的工作量和為此付出的努力，因為他們認為沒有具體的指標要求來約束他們的工作必須做到什麼程度。這種問題容易在一些工作量化起來比較困難的部門出現。

※A——可達性（Attainable）

飯店目標必須適中、可行，是執行目標者認同並發自內心地願意接受的。既不能脫離飯店實際定得過高，也不妄自菲薄定得過低。如果制定的目標僅僅是上級的一廂情願，下屬或員工的內心並不認同，只是覺得上級的指示，願不願意都得接受。這種目標，員工執行起來，效果會大打折扣。

※R——相關性（Relevant）

相關性是指飯店各個層次的目標是為達到飯店企業使命和總體目標服務的。飯店總體目標與企業使命相互關聯，而子目標與總目標相互關聯，企業的總目標應圍繞企業使命展開，下層次的子目標應圍繞高層次的總目標展開。因此，在飯店總目標的設計與分解過程中，必須體現多層次、多部門的目標之間的相互關聯性，從而形成一個「相互支撐的目標矩陣」體系。

※T——時間性（Time-bound）

飯店目標表述必須有完成時間期限，表明起止時間。如果沒有事先規定好目標達成的時間，就難以區分各項目標的相對重要性與緊迫性。上級認為下屬應該早點完成，下屬卻認為有的是時間，不用著急。等上級要下屬上交任務時，下屬沒有完成，這個時候，上級指責下屬辦事不力，而下屬也覺得非常委屈，認為上級處理問題不公。

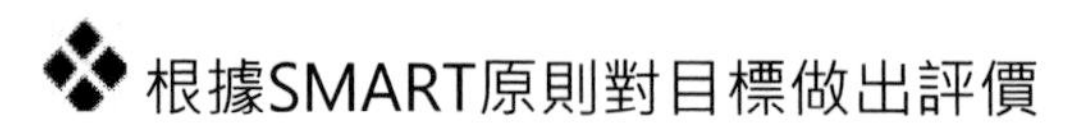

根據SMART原則對目標做出評價

在具體應用「SMART原則」的過程中，要充分考慮所研究問題的具體情況，制定出現實可行的工作目標，特別是要注意區分一些概念。例如可能只有餐飲部、管家部等經營性部門才能制定出符合這一原則的工作目標，因為這些部門工作的好壞本身就必須用量化的數字加以限定和考核，其制定出的工作目標就具有可衡量性。但是，對於諸如人力資源、財務、工程等部門的工作，用數字來限定並不是一件容易的事，而且也不太現實。所以應當明確「SMART原則」中可衡量的目標並不一定是可以量化的目標。

具有挑戰性

❖制定出的目標不能太高或太低

飯店經理人為下屬制定的目標不能太高也不能太低。否則，不但不會造成激勵員工更加努力工作的效果，還會適得其反，打擊員工的積極性。過高的工作目標有時會成為一紙空文，使員工感到無論怎麼努力，也完成不了目標，根本無法得到允諾的獎勵，也就沒有信心去實現目標；目標太低會讓下屬覺得工作很輕鬆，缺乏挑戰性，時間長了，下屬就容易形成惰性，對工作失去激情。

❖制定出的目標要有挑戰性

如何制定具有適當挑戰性的目標是飯店管理中常見的問題。這需要飯店經理人充分瞭解自己的下屬，並根據其能力、興趣和性格特徵進行區分，掌握適當的分寸，區別對待。目標要有挑戰性並不是說去年如何，那麼今年就要和去年一樣，或者就要比去年高。

目標應該視實際情況而定，根據市場的環境、飯店的發展戰略、總體目標，以及對各種人力、物力、財力的分析來制定。飯店經理人給下屬制定目標時，一般都會根據過去的經驗確定一定的增長率。而這個增長率應該是多少才算合適？用句形象的話來說，就是要讓下屬「跳一跳腳就能夠得著」。也就是說，目標要具有一定的難度，但是這個難度係數也不能太大，否則也不利於目標的實現，制定出的目標也不是好目標，而只是一張空頭支票。

目標管理的步驟

本節重點：

制定目標

分解目標

實施目標

訊息反饋及處理

檢查結果及獎懲

形成書面形式

◎非洲豹追羊，盯著一只追。如果丟下那只跑累了的羊，去改追一頭不累的羊，以自己之累去追不累，最後一定是一只也追不到。

◎麥當勞為何不去生產服裝？

◎齊白石盯著畫蝦成了大名家。

◎徐悲鴻盯著畫馬成了大名家。

◎鄭板橋盯著畫竹成了大名家。

他們都成功了，其成功的秘訣有三個：第一是絕不放棄；第二是絕不，絕不放棄；第三是絕不，絕不，絕不放棄！有一個確切的目標，並朝著目標不懈努力。而那些東一榔頭西一棒槌，十個指頭想按十隻跳蚤的人，是很難成功的。因此，作為飯店經理人應該好好地想一想，集中精力，集中時間，認準一個目標做好每一件事情。

制定目標

制定目標包括制定飯店的總目標、部門目標和個人目標，同時還要制定完成目標的標準，以及達到目標的方法和完成這些目標所需要的條件等多方面的內容。

飯店經理人只有站在飯店高層領導的角度才能正確理解飯店總的經營發展目標，並在此前提下，圍繞著這一目標，制定出既符合飯店總目標、又符合本部門實際情況的部門目標。在制定部門目標時，要讓下屬瞭解飯店的目標，而這往往是飯店經理人容易忽視的地方。

分解目標

建立飯店的目標網絡，形成目標體系，透過目標體系把各個部門的目標訊息顯示出來，就像看地圖一樣，任何人看到目標網絡圖就知道工作目標是什麼，遇到問題時需要哪個部門來支持。

◎某飯店對餐飲的粗加工間和廚房的食品衛生與安全的管理制定了相關的目標管理制度，並對其中的各項環節進行了更進一步的細分。

❖粗加工間

◆ 環境。保持整潔，無雜物，定期消毒。

◆驗收。有食品衛生標準驗收制度，食品及原料符合食品衛生標準和要求，實行食品及原料採購索證、蔬菜農藥殘留自測制度，有驗收記錄和肉、豆製品、蔬菜索證台帳。

◆ 水池。分設肉類、水產品、蔬菜原料洗滌池，操作台分開，水池應有明顯的標誌。

◆ 粗加工。加工食品原料、半成品無交叉感染，切配肉、水產品、蔬菜等食品有專用的刀具和砧板，砧板以顏色或標籤區分。

◆ 器具。用後清洗，定點存放，擺放整齊有序，定期消毒。

◆ 垃圾處理。垃圾及各種遺棄物全部倒入垃圾桶內，不積壓，不暴露。

❖ 廚房

◆ 通風。爐灶上應設置通風罩，安裝排氣扇和換氣扇（前高後低，排氣搧風力大於換氣扇），通風設備保持清潔衛生，通風良好。

◆ 溫度。通風系統具備溫度調節功能。

◆ 灶台。清潔，保持各類工具及抹布等的衛生，且擺放整齊規範。

◆ 調味品。調味品擺放整齊，不用時加蓋或用保鮮膜覆蓋。

◆ 地面。保持地面及各類設施設備的清潔衛生，保證無積水、無汙跡。

◆ 垃圾處理。垃圾桶擺放合理（防止汙染其他用品），各種遺棄物全部倒入垃圾桶內，垃圾桶加蓋，外圍清潔，保持每日一清。

飯店經理人在制定工作目標時，要盡量避免目標過於籠統或者有模糊歧義，對飯店的總目標要不斷分解、細化，確保目標清晰、明確、有針對性。

實施目標

由於目標是從上至下、層層分解形成的，因而，自己的目標必須與上級的目標保持一致，這是確定無疑的。所以，在目標制定和執行過程中，一方面要明確與誰保持一致，另一方面針對目標的計劃在具體執行中也要保持一致，要經常檢查和控制目標的執行情況和完成情況，看看在實施過程中有沒有出現偏差。

訊息反饋及處理

在實施目標控制的過程中往往會出現一些不可預測的問題，因此，飯店經理人在制定目標時應該具備風險意識，也就是對目標實現過程中可能出現的問題、障礙制定應急方案，即所謂的「有備無患」。這一步驟容易被忽略，但對於目標的順利完成卻很重要。

檢查結果及獎懲

對目標實施和完成的情況，按照事先制定好的標準進行考核，目標完成的質量可以與員工的獎金和晉升掛鉤。

◎某飯店制定的銷售部經理工作目標考核細則：

◆ 每月提供飯店同行經營訊息，未完成者扣2分。

◆ 做好客戶資料收集和客戶檔案建設，每月收集客戶資料100家以上和50間客房以上的會議資料，並做好建檔工作，未完成者扣2分。

◆ 做好銷售工作的統計和工作業績的統計（每月一次），未完成者扣2分。

- 做好銷售培訓工作（每月一次），未完成者扣2分。
- 做好月度、年度的銷售預測工作，未完成者扣2分。
- 做好月度、年度銷售拜訪計劃，未完成者扣2分。

飯店要建立詳細、明確的績效考核制度，能夠對飯店經理人的工作情況及目標完成情況及時跟蹤、檢查。

◎某飯店關於下達2007年各部門提獎比率和計劃指標的規定：

根據飯店2006年下達的經營計劃指標，經飯店店務會議討論透過2007年各部門經營計劃指標和提獎比率，下達給各部門。希望各部門對照經營計劃指標，落實內部經濟責任，進一步提高管理水平，提升服務質量，充分挖掘自身潛力，發揮各自優勢，嚴格控制和使用部門的經營費用，力爭完成和超額完成各項計劃指標。

某飯店2007年度各部門提獎比率

<table>
<tr><th colspan="2">項目</th><th>管家部</th><th>餐飲部</th><th>康樂部</th></tr>
<tr><td colspan="2">獎金基數</td><td>300 元</td><td>0</td><td>0</td></tr>
<tr><td rowspan="2">營業額</td><td>每月基數</td><td>200 萬元</td><td>100 萬元</td><td>40 萬元</td></tr>
<tr><td>提獎率</td><td>2%</td><td>4%</td><td>4%</td></tr>
<tr><td rowspan="2">GOP值</td><td>每月基數</td><td>150 萬元</td><td>20 萬元</td><td>20 萬元</td></tr>
<tr><td>提獎率</td><td>1%</td><td>8%</td><td>4%</td></tr>
<tr><td colspan="2">人數</td><td>128</td><td>220</td><td>90</td></tr>
</table>

提獎比率說明：

1.完成基數不提獎，超出基數部分按提獎率提獎。

2.以上提獎不包括30%服務質量獎，服務質量獎根據《服務質量評審細則》按每分28元從部門獎金總額中扣除。

3.行政獎金按管家部的60% 、餐飲部的20% 、康樂部的20%的月人均獎之和的95%發放，工程部、安全部按人均獎之和的100%發放，櫃台人員的獎金按管家部平均獎的110%發放，財務部採購組人員獎金按餐飲部人均獎50%和行政後勤人員月平均獎的50%之和發放。

4.各部門的收入核算口徑按飯店規定的收入績效考核口徑執行，各部門柴油、水、電、氣、郵電費等按實列支。

同時，另行制定飯店部門財務計劃表和部門營業收入計劃表（略）。

明晰的計劃指標是員工工作的方向，同時，以此建立飯店的獎金制度，根據指標的完成情況，給予員工不同程度的獎懲，這也極大地激發了員工的工作熱情，保證了飯店工作目標的順利完成。如此形成良性循環，飯店經理人何樂而不為呢？

形成書面形式

目標制定的關鍵之一就是要確定目標實施的細節及其完成的日期，並以書面的形式確定下來，這也是目標管理規範化的一個重要表現。將目標形成書面形式，不僅能夠使執行者有據可循，避免引起不必要的疑慮和爭論，也有利於飯店經理人對下屬目標完成情況的檢查和考核，同時，也便於對目標的修訂。

如何為下屬制定目標

本節重點：

為下屬制定哪些目標

是什麼阻礙了目標的制定

克服障礙的技巧

◎獵狗與兔子

一條獵狗在追趕一只兔子，追了很久仍沒有抓到。

獵人看到此種情景，譏笑獵狗道：「你們兩個，小的反而跑得比大的快。」

獵狗回答說：「你不知道我們兩個奔跑的動力是什麼。我僅僅是為了一頓飯而跑，而它卻是為了性命而跑。」

因為目標不同，由此而產生的動力也就不同。兔子奔跑的目標是為了保全自己的性命，而獵狗的目標只是為了一餐飯而已，所以，同樣是奔跑，它們的積極性當然會不一樣。換句話說，奔跑只是實現目標的過程，即使有相同的過程，但是因為目標不一樣，動力不一樣，結果自然也就不相同。

一個沒有目標的人就像一艘沒有舵的船，永遠漂流不定，只會在茫茫汪洋中迷失方向，最終被吞沒。而一個沒有目標的團隊，則更缺乏凝聚力和向心力。

為下屬制定哪些目標

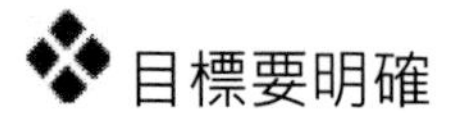

目標要明確

◎目標要明確

飯店前廳部總機服務標準如下：

- 在正常情況下，電話鈴響10秒內必須回答。
- 接電話時正確問候賓客，同時報出酒店名稱。
- 轉接電話準確、及時、無差錯。
- 熟練掌握崗位英語或崗位專業用語。
- 接電話的背景沒有嘈雜聲和其他干擾聲。
- 語音清晰、態度親切。

資料來源：

《中華人民共和國旅遊行業標準LB/T006-2006 星級飯店訪查規範》

◎目標要能夠看得見

1952年7月4日清晨，美國加利福尼亞海岸籠罩在濃霧中。在海岸以西21英里的卡塔林納島上，一位34歲的婦女躍入太平洋海水中，開始向加州海岸游去，要是成功的話，她就是第一位游過這個海峽的婦女。早晨的海水凍得她全身發麻，霧很大，她連護送她的船都幾乎看不到。

15個小時之後，因為又累又冷，她知道自己不能再游了，就叫人拉她上船。她的母親和教練叫她不要放棄，但她朝加州海岸望去，除了濃霧什麼也看不到。幾十分鐘後（從她出發算起是15個小時55分鐘之後）人們把她拉上船，但這時她卻開始感到失敗的打擊。

她對記者說：「我不是為自己找藉口，但如果當時我能看見陸地，也許我能堅持下來。」

我們常聽到飯店經理人開會時要求下屬們各司其職、各盡所能。可是如果經理人都不清楚自己的目標，又怎麼能要求下屬堅持目標，各司其職、各盡其能呢？

❖目標要可行

拿破崙曾經說過：「不想當將軍的士兵不是好士兵。」士兵有雄心壯志當然是好事，可是一個總想著當將軍的士兵未必是長官需要的好部下。在飯店，自我期望過高的員工，通常很難融入團隊，也很難充分施展才能。同理，飯店經理人在給下屬和員工擬定目標時必須充分考慮到飯店的客觀條件和員工所具備的能力，使制定出的目標切實可行。

❖讓員工參與制定目標

飯店的目標必須是由員工共同參與制定、自願執行並完成的，這是目標管理的起點，也是實現目標管理的基石。如果目標由上級硬性規定好，強行讓下屬和員工去完成，就違背了目標管理的基本宗旨，那麼目標管理就不可能得以有效地實施並取得成效。

是什麼阻礙了目標的制定

❖目標不固定

蒙牛的創始人牛根生說：「一個人一生只做一件事，比三年做東、四年做西要來得容易。」

商場如戰場，對於明天的情況我們始終難以預料，今天剛和下屬制定一個目標，明天又要去適應新的變化。這種變化往往是由於飯店賴以生存的社會和市場大環境的變化造成的。飯店如果不能根據市場形勢迅速調整自己的經營策略，就將面臨被淘汰的局面。

❖不能達成共識

制定的目標一旦得到了上級的確認，就很難再更改，但是因為下屬的共同參與，往往又會引發爭論。下屬只瞭解他們熟悉的情況，而對於飯店的目標、可能的變化、資源的支持等情況都不知道，因此，他們會根據自身的利益或是工作、市場的環境對上級制定的目標產生異議。

❖目標難以量化

從工作性質的角度來看，飯店的二線部門，諸如人力資源部、財務部、工程部、市場部等，因為工作缺少具體的指標，上級又不十分瞭解具體的業務，無法對工作進行有效的控制，因此，這些部門確實難以像餐飲部、管家部等一線部門那樣，能夠制定出可以用具體數字反映的如營銷額、淨盈利額等指標將工作進行量化。

表8-1 關於員工要求與應變能力的量化細則

項目:員工要求					
	標準要求	優	良	中	差
1	員工的工服整潔，熨燙平整，鞋襪整潔一致	2	1	0.5	0
2	所有員工配戴名牌	2	1	0.5	0
3	員工儀容、儀表得體	2	1	0.5	0
4	員工保持微笑，舉止熱情、友好	2	1	0.5	0
5	員工具有組織紀律性、富有團隊精神	2	1	0.5	0
6	員工和賓客對話時保持目光交流	4	3	2	1
7	一線員工熟練掌握崗位英語和專業用語	4	3	2	1
8	員工和其他同事交流時關注到賓客的存在	4	3	2	1

項目:員工要求					
	標準要求	優	良	中	差
9	員工隨時準備滿足賓客合理需求	4	3	2	1
員工素質總評價					
小計:		26分			
實際得分:					

資料來源：《中華人民共和國旅遊行業標準LB/T006-2006 星級飯店訪查規範》

飯店經理人要盡可能地將目標細化、量化，這樣既方便下屬和員工對飯店目標的認識和實施，也有助於上級對下屬和員工的目標完成情況進行考核與評估。

❖下屬工作被動

有些下屬的工作思想是「上級叫我幹什麼，我就幹什麼」，自己不積極、不主動。還有一些員工本身就在「混日子」，對自己的工作內容糊里糊塗，更別說讓其在部門的目標管理中發揮什麼作用了。上級同他們討論工作目標時，他們只是回答「是」或透過點頭表示同意，從不表露真正的想法。目標管理對於他們而言，並未造成實質性的作用。對於這類下屬，飯店經理人要不斷地督促、檢查他們，要對他們進行培訓和指導，使他們能夠學會自我管理，並自覺地工作。

❖目標衝突

員工的個人目標與部門的目標、飯店的總目標有衝突是客觀現實，出於對自身利益的考慮，員工不願承擔上級制定的工作目標，原因可能是：

（1）這個目標超出了自己的能力，不是自己的長項，要完成這個目標需要付出很大的努力。

（2）對現在所從事的工作早已厭倦。

克服障礙的技巧

◎不要放棄

湯姆·鄧普生下來的時候，只有半只腳和一只畸形的右手。你認為這種人可以打橄欖球嗎？看起來好像是不可能的，然而湯姆·鄧普並沒有放棄，他要人為自己專門設計了一只鞋子，參加了踢球測驗，並且得到了衝鋒隊的一份合約。在以後的比賽中，湯姆·鄧普不斷地創造奇蹟，終於成為一名著名的職業橄欖球運動員。

永遠也不要消極地認定什麼事情是不可能的，首先你要相信自己能夠做到，不要放棄，然後努力去嘗試、再嘗試，最後你就會發現你確實能夠做到。

◎變不可能為可能

年輕的時候，拿破崙·希爾夢想著當一名作家。要達到這個目標，他知道自己必須精於遣詞造句，字詞將是他的工具。但由於他小時候家裡很窮，所接受的教育並不完整，因此，「善意的朋友」就告訴他，他的雄心是「不可能」實現的。

年輕的希爾存錢買了一本最好的、最完全的、最漂亮的字典。他所需要的字都在這本字典裡面，而他的想法是要完全瞭解並掌握這些字。他做了一件奇特的事，他找到「不可能（impossible）」這個詞，用小剪刀把它剪下來，然後丟掉。於是他有了一本沒有「不可能」的字典。以後他把他的整個事業都建立在這個前提之上——對於一個想要成長、而且要成長得超過別人的人來說，沒有任何事情是不可能的。

不要輕易地認為「這是不可能的」、「這是無法做到的」，面對具有挑戰性的目標時，飯店經理人首先要從心理上突破自己，告訴自己「沒有什麼是不可能」的，然後將複雜的目標分解，盡可能地簡單化，再逐步實施。

❖分步實施

◎憑智慧戰勝對手

1984年，在東京國際馬拉松邀請賽中，名不見經傳的日本選手山田本一出人意料地奪得了世界冠軍。兩年後，在義大利國際馬拉松邀請賽上，山田本一又獲得了冠軍。當記者問他憑什麼取得如此驚人的成績時，他說：「憑智慧戰勝對手。」這個回答讓記者感到很迷惑。

直到十年後，這個謎團才被解開。山田本一在他的自傳中這麼說：「每次比賽之前，我都要乘車把比賽的線路仔細看一遍，並把沿途比較醒目的標誌畫下來，比如第一個標誌是銀行，第二個標誌是一棵大樹，第三個標誌是一座紅房子，這樣一直畫到賽程的終點。比賽開始後，我就以百米衝刺的速度奮力向第一個目標衝去，等到達第一個目標，我又以同樣的速度向第二個目標衝去。四十幾公里的賽程，就被我分解成這麼幾個小目標輕鬆地跑完了。」

當行動有了明確的目標之後，目標執行者要能夠把大目標細化為一個個具體的小目標，並不斷地將把自己的行動與目標加以對照，進而能夠清楚地知道自己完成目標的進度，以及與終點目標之間的距離。這樣一來，目標執行者實現目標的動機就會得到維持和加強，就會自覺地克服一切困難，努力達到終點目標。

❖闡明好處

為下屬制定工作目標時，為了消除下屬擔心壓力過重、不願意承擔更多責任的心理障礙，飯店經理人可以向下屬詳細解釋某項目標能夠帶給飯店、部門的利益是什麼，下屬可以從中得到什麼，因為下屬最終關心的還是自身的利益。只有使下屬明確自己前進的方向，才能激發其前進的動力。

❖鼓勵下屬設定目標

對於本崗位的工作，下屬一般會比上級瞭解得更多。飯店經理人在詳細介紹了本部門的工作目標之後，可以鼓勵下屬制定適合其崗位特徵的工作目標。這樣的話，一方面，下屬會感到更有責任感，對問題的考慮更為實際，制定出的目標也更加切實可行；另一方面，讓下屬制定目標也可以培養下屬獨立思考和解決問題的能力。

❖循序漸進

剛剛實行目標管理時，下屬可能還不習慣，飯店經理人要先對下屬進行引導，根據目標達成的難易程度進行設定，可以按照先易後難，近期目標較詳細、遠期目標較概括等方式，循序漸進，逐步推行，使下屬從過去的只會機械地聽從上級的指令、被動地接受任務的思維模式中調整過來。

❖目標與績效標準相統一

有什麼樣的目標就要有什麼樣的績效評估標準，不同的目標應有不同的評估和獎勵標準。飯店經理人在制定目標時，下屬一般會選擇追求更高一級的目標，以期實現更高的工作績效，獲得更多的獎勵。所以，飯店經理人需要注意在制定了目標之後要同步推出目標完成的績效評估標準。

❖給下屬提供支持

下屬如果知道在達到目標的過程中能夠得到支持，對於其樹立完成目標的信心很重要，因為他知道你並非對他的工作袖手旁觀，而是隨時準備為他提供幫助和支持。

※授權

飯店經理人要充分授予下屬為達到目標所必需的職權，幫助他們在實現目標計劃的過程中更具自主性。

※條件

飯店經理人應明確告訴下屬達到目標所必需的條件是什麼，以及下屬目前的能力與目標條件的差距是什麼，幫助下屬客觀地認識自我，認清目標。

※支持

由於工作能力、經驗方面的原因，下屬在制定目標以及達到目標的過程中，很可能會遇到各種困難。飯店經理人要對下屬進行輔導，為他們提供盡可能多的支持。

飯店經理人在充分掌握各種訊息的基礎上，依照所處環境的資源、工作難度、經驗和個人能力為下屬制定工作目標。最理想的情況就是，飯店經理人既對本部門可以動用的各種資源，比如人員、獎勵權限等瞭如指掌，同時又非常瞭解各種具體的業務情況、自己下屬的個人情況，把每一個下屬放在最適合的位置上，以確保下屬能夠或者透過一定的努力之後能夠實現既定的各項目標。

對下屬實施績效評估

本節重點：

績效評估評什麼

績效評估遵循哪些原則

評估組織結構如何設置

評估有哪些方法

績效評估評什麼

績效就是成績和效果。培訓告訴員工該做什麼，評估檢驗員工做得怎麼樣。績效評估是按照一定的標準，採用科學的辦法，考核評定飯店員工對職務所規定的職責的履行程度，以確定其工作成績的管理辦法。評估是飯店文化理念在管理中的集中體現，公正、公開、公平是評估中的重要原則，評估面前人人平等，不允許任何人享有特權。而飯店經理人只有透過評估才能瞭解員工的工作績效和工作態度。可以說，沒有績效評估就不存在管理。

❖一般人員評估

※德

德，即員工的精神境界、道德品質和思想追求的一種綜合體現。

※能

能，即員工的能力素質。如一般溝通技巧、對事件資訊的分析、創造能力、判斷能力、自我目標設定、個人時間管理、決策、工作的授權與督導、駕馭下屬、衝突處理、問題解決、綜合協調、激勵下屬能力等。

※勤

勤，指員工的工作態度，如愛崗敬業、主動積極；敢於負責、忠於職守；刻苦勤奮、勇於革新；遵守紀律、以身作則等。

※績

績，即員工的工作業績。這是員工績效評估的核心內容。

（1）工作的質量。包括工作過程的正確性、工作結果的有效性、工作結果的時限性、工作方法選擇的正確性。

（2）工作的數量。包括工作效率、工作總量。

❖ 行政人員評估

（1）工作量；

（2）工作進度；

（3）滿意度調查；

（4）內部服務投訴次數；

（5）及時完成任務情況。

❖ 考核權重

員工績效評估的主要目的在於透過對員工全面綜合的評價，判斷他們是否稱職，並以此作為飯店人力資源管理的基本依據，切實保證員工培訓、報酬、晉升、調動、辭退等工作的科學性。

表8-2 考核權重

值級層次	工作業績	工作態度	工作能力
決策層	65%	10%	25%
管理層	70%	15%	15%
督導層	75%	15%	10%
員工層	80%	10%	10%

績效評估遵循哪些原則

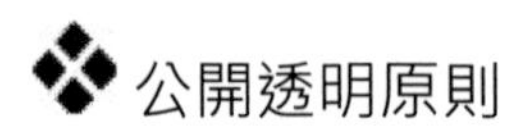

公開透明原則

公開透明原則包括三個方面要求。

（1）公開評價目標、標準和方法。人力資源管理部門在績效評估之初就要把這些訊息公開地傳送給每一位評價對象。

（2）評價的過程要公開。績效評價的每一個環節都應接受來自人力資源部門以外的人員的參與和監督，防止出現暗箱操作。

（3）評價結果要公開。即在績效評價結束後，人力資源管理部門應把評價結果通報給每一位評價對象，使他們瞭解自己和其他人的業績訊息。但考慮到年終評估的特殊性，一般飯店都對評價對象外的其他人員實施保密。

❖ 客觀公正原則

在制定績效評價標準時應從客觀公正的原則出發，堅持定量與定性相結合的方法，建立科學適用的績效指標評價體系。這就要求制定績效評價標準時多採用可以量化的客觀尺度，盡量減少個人主觀意願的影響，要用事實來說話，切忌主觀武斷或領導意見。

❖ 多層次、全方位評價原則

員工在不同的時間、不同的場合往往有不同的行為表現。為此，人力資源管理部門在進行績效評價時，應多方收集訊息，建立起多層次、多渠道、全方位的評價體系。這一評價體系包括上級考核、同級評定、下級評議、員工自評等幾個方面。

❖ 長期化、制度化的原則

由於飯店的業務經營活動是連續的過程，員工的工作也是持續不斷的行為，因此，飯店績效評價工作也必須作為一項長期化、制度化的工作來抓，這樣才能最大限度地發揮出績效評價的各項功能。

❖ 彈性原則

員工的績效評估細則（尤其是量化指標）應該根據飯店的實際情況定期進行調查，使之更加合理，更加科學，調整的期限一般為一年。

評估組織結構如何設置

實施績效評估辦法前，要成立績效評估組織結構，以便更好地實施績效評估。

❖ 績效評估組織結構（見圖8-1）

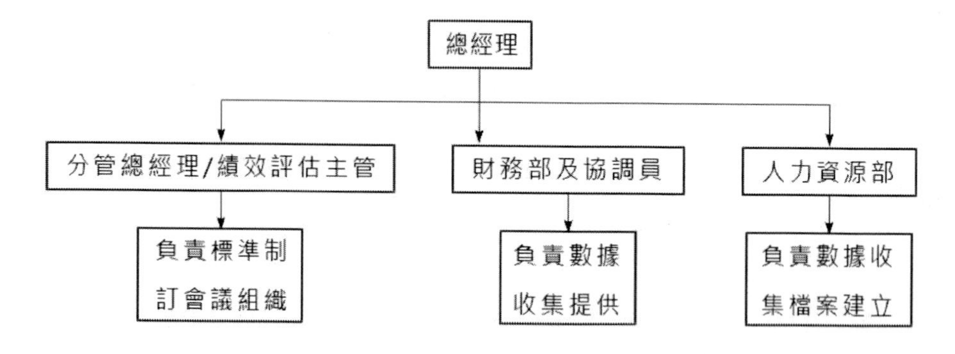

圖8-1 績效評估組織結構

❖ 績效評估管理小組

※績效評估管理小組主要成員

（1）由總經理、副總經理（或總助）、績效評估主管（行政主管兼）及財務會計主管等組成；

（2）總經理擔任組長；

（3）副總經理（或總助）負責具體的考核工作；

（4）績效評估主管（行政主管）具體負責數據收集、日常行為記錄和績效評估檔案管理工作。

※績效評估管理小組主要職能

（1）負責組織召開評估會議；

（2）對各部門的評估結果負責，並具有最終評估權；

（3）負責平衡各部門績效分數；

（4）確定各績效等級的薪酬係數；

（5）對被評估人的行為及結果進行測定，並確認；

（6）負責評估工作的布置、實施、培訓和檢查指導。

❖績效角色分配

績效角色按下屬方案進行分配。

（1）人力資源部。人力資源部下屬績效管理崗位負責落實績效管理的具體工作；運用績效管理結果，制定人力資源開發計劃。

（2）部門協調員。由部門文員兼任，為人力資源績效管理工作提供支持；主要負責按時收集績效考核表，並提供、收集績效考核所需的數據和參考意見。

（3）部門總監。根據部門需要進一步細化評估方案，並實施對本部門各級管理人員的月/年度績效考核；負責組織召開部門評估覆核會議，對本部門的評估結果負責。

評估有哪些方法

❖關鍵績效指標評估（KPI）

關鍵績效指標（KPI）是用來衡量員工工作績效表現的具體量化指標，是對工作完成效果的最直接的衡量方式，是績效考核的基礎。設立關鍵績效指標的價值在於使飯店經理人將精力集中在對績效有最大驅動力的經營行為上，及時診斷經營活動中的問題並採取提高績效水平的措施。

關鍵績效指標具備如下幾項特點：

※KPI來自於對飯店戰略目標的分解

作為衡量各職位工作績效的指標，KPI的衡量內容取決於飯店的戰略目標，是對飯店戰略目標的進一步細化和發展。同時，KPI隨飯店戰略目標的發展演變而調整，當飯店戰略側重點轉移時，KPI必須隨之修正，以反映飯店戰略新的內容。

※KPI是對績效構成中可控部分的衡量

KPI應盡量反映員工工作的直接可控效果，剔除他人或環境造成的影響。例如，銷售量與市場份額都是衡量銷售部門市場開發能力的標準，而銷售量是市場總規模與市場份額相乘的結果，其中市場總規模則是不可控變量。兩者相比，市場份額更體現了職位績效的核心內容，更適於作為關鍵績效指標。

※KPI是對重點經營活動的衡量

KPI是對重點經營活動的衡量而不是對所有操作過程的反映。每個職位的工作內容都涉及不同的方面，但KPI只是衡量那些對飯店的整體戰略目標影響較大，對戰略目標實現起關鍵作用的工作。

※KPI是組織上下認同的

KPI不是由上級強行確定下發的，也不是由職位本身自行決定的，它的制定是由上級與員工共同參與完成，是雙方所達成的一致意見的體現。它不是以上壓下的工具，而是組織中相關人員對職位工作績效要求的共同認識。

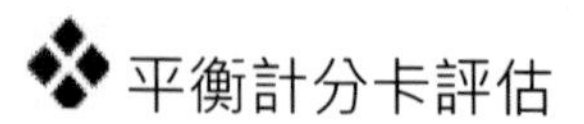

平衡計分卡是根據飯店組織的戰略要求而精心設計的指標體系。它從財務維度、客戶維度、內部流程維度、學習與發展維度四個不同的角度衡量飯店的業績，以尋求各指標之間的平衡，從而幫助飯店解決有效的飯店績效評價和戰略實施兩個關鍵問題。

※財務維度

包括飯店經營收入、GOP 值、各項盈利指標、資產運營、償債能力、增長能力、投資回報率、收入成長率、儲蓄服務、成本降低額和各項服務收入百分比等。

※客戶維度

包括成本、質量、及時性、顧客忠誠度、吸引新顧客能力、市場成本、市場占有率、與顧客的關係、現有顧客保留率、顧客投訴率和顧客滿意度等。

※內部流程維度

包括創新過程、研發設計週期、飯店各部門運作過程、飯店管理水平、採購時間、飯店安全管理事故率和服務效率等。

※學習與發展維度

包括員工素質、員工生產力、員工忠誠度、員工滿意度、組織結構能力、訊息系統、員工流動率、團隊工作有效性和人均在崗培訓費用等。

平衡記分卡評估在設計詳細指標的時候往往採用的是KPI評估的方法（見表8-3）。

表8-3 人力資源部經理月度績效考核表（例）

<table>
<tr><td colspan="10">人力資源部經理月度績效考核表</td></tr>
<tr><td rowspan="2">被考評人員</td><td>姓名</td><td></td><td rowspan="2">直接上級</td><td>姓名</td><td colspan="2"></td><td colspan="2" rowspan="2">考評周期</td></tr>
<tr><td>部門/職務</td><td>經理</td><td>職務</td><td colspan="2"></td></tr>
<tr><td>關鍵要素</td><td>關鍵績效指標</td><td>績效測評</td><td>實際完成</td><td>綜合得分p</td><td>權數i</td><td>項目得分pi</td><td>評估</td></tr>
<tr><td>財務管理
30 –</td><td>飯店營業收入 GOP</td><td>實績:__</td><td>完成百分比:____
5 =95.0% ~100%
4 =90.0% ~94.9%
3 =85.0% ~89.9%
2 =80.0% ~84.9%
1 =79.9% 及以下</td><td></td><td>30</td><td></td><td></td></tr>
<tr><td rowspan="2">客戶管理
15 –</td><td>賓客拜訪</td><td>共__人數</td><td>5 =5 人以上
4 =4 人
3 =3 人
2 =2 人
1 =1 人及以下</td><td></td><td>10</td><td></td><td></td></tr>
<tr><td>賓客投訴</td><td>共__人數</td><td>5 =0
4 =1
3 =2
2 =3
1 =4</td><td></td><td>5</td><td></td><td></td></tr>
<tr><td rowspan="4">內部過程
管理40 –</td><td>員工動態管理</td><td>基礎資料建設與分析</td><td>5 =2(員工訪談)
+2(有專題報告)
+1(市場人力分析)</td><td></td><td>15</td><td></td><td></td></tr>
<tr><td>任務執行</td><td>布置工作(早會)任務未完成:__起</td><td>5 =0 起未完成
4 =1
3 =2
4 =3
5 =4</td><td></td><td>15</td><td></td><td></td></tr>
<tr><td>其他/安全事故</td><td></td><td>5 =0 起</td><td></td><td>5</td><td></td><td></td></tr>
<tr><td>人事/人會建設</td><td>基礎建設完整性</td><td>5 =2(召開月度會議)
+2(有月度活動)
+1(有台賬建設)</td><td></td><td>5</td><td></td><td></td></tr>
</table>

<table>
<tr><td colspan="9">人力資源部經理月度績效考核表</td></tr>
<tr><td rowspan="2">被考評
人員</td><td>姓名</td><td></td><td rowspan="2">直接
上級</td><td>姓名</td><td colspan="2"></td><td colspan="2" rowspan="2">考評周期</td></tr>
<tr><td>部門/職務</td><td>經理</td><td>職務</td><td colspan="2"></td></tr>
<tr><td>關鍵要素</td><td>關鍵績效
指標</td><td>績效測評</td><td colspan="2">實際完成</td><td>綜合
得分p</td><td>權數i</td><td>項目
得分pi</td><td>評估</td></tr>
<tr><td rowspan="3">學習與
發展 －15－</td><td>培訓情況</td><td></td><td colspan="2">5 ＝2(完成培訓計劃)
＋2(培訓滿意率達85%)
＋1(部門經理授課一次)</td><td></td><td>5</td><td></td><td></td></tr>
<tr><td>員工成長</td><td>指根據
接班人計劃
完成情況</td><td colspan="2">5 ＝2(人才庫建設)
＋2(接班人培養)
＋1(接班人計劃)</td><td></td><td>5</td><td></td><td></td></tr>
<tr><td>員工
流動率</td><td></td><td colspan="2">5 ＝3%
4 ＝4%</td><td></td><td>5</td><td></td><td></td></tr>
<tr><td>考評成績</td><td>總分
($\sum$ pi)</td><td></td><td colspan="2"></td><td colspan="2">月度
總評等級</td><td></td><td></td></tr>
<tr><td colspan="2">折算成100分制</td><td colspan="2"></td><td colspan="3">月度獎金系數</td><td colspan="2"></td></tr>
<tr><td colspan="4">直接上司簽名:</td><td colspan="5">考評組長簽名:</td></tr>
</table>

❖ 360度評估

360度評估，也稱為全方位反饋評價或多源反饋評價，是由與被評價者有密切關係的人，包括被評價者的上級、同事、下屬和賓客等以匿名形式對被評價者進行評價，被評價者自己也對自己進行評價，然後，根據評價結果對比被評價者的自我評價向其提供反饋，以幫助其提高（見表8-4、表8-5）。

360度考核的優點是比較全面，但工作量比一般評估要大得多，因此，360度評估往往被用於年終評估，同時，參加評估的往往也不是全部人員，而是採用隨機抽查的方式，根據一定的比例確定參加人數。實施360度考察要確保每個環節都要做到公正、公平、真實，才能造成評估的作用。

※由誰來充當評價者

在進行360度考核時，一般都是由多名評價者匿名進行評價。這雖然保證了訊息蒐集的範圍，卻不能保證所獲得的訊息就是準確的、公正的。

因為訊息層面、認知層面和情感層面因素的影響，可能會導致評價的結果不準確、不公正。比如，評價者可能會給關係好的被評價者以較高的評價，給關係不好的被評價者以較低的評價。為了避免這種情況，在進行360　度考核之前，應對評價者進行指導和培訓，同時，最好能讓評價者進行模擬評價，然後根據評價的結果指出評價者所犯的錯誤，以提高評價者實際評價時的準確性和公正性。

※如何正確使用評價結果

360度評估能不能改善被評價者的業績，在很大程度上取決於評價結果的反饋。反饋的目的在於幫助被評價者提高能力水平和業績水平。

一般由被評價者的上級或人力資源部的負責人，根據評價結果，面對面地向被評價者提供反饋，幫助被評價者分析哪些方面比較好、哪些方面還有待改進、如何改進等。如果被評價者對某些評價結果有異議，可作進一步的瞭解，然後向被評價者提供反饋。同時，反饋時要遵循保密原則，以免因為被評價者之間的差異引起部分被評價者的不滿或自尊心受到傷害。

表8-4 員工績效評估表（同級測驗）（例）

姓名:　　　　部門:　　　　崗位:　　　　評價日期:

評價項目	對評價期間工作成績的評價要點	評價尺度				
		優	良	中	可	差
敬業態度	A.嚴格遵守工作制度，有效利用工作時間;	5	4	3	2	1
	B.對工作持積極態度;	5	4	3	2	1
	C.忠於職守，堅守崗位;	5	4	3	2	1
	D.以團隊精神工作，協助上級，配合同事。	5	4	3	2	1
業務工作	A.正確理解工作內容，制訂適當的工作計劃;	5	4	3	2	1
	B.不需要上級詳細的指示和指導	5	4	3	2	1
	C.及時與同事合作溝通，使工順利進行;	5	4	3	2	1
	D.迅速處理工作中的失敗及臨時追加任務	5	4	3	2	1
監督管理	A.以主人翁精神與同事同心協力努力工作	5	4	3	2	1
	B.正確認識工作目的，正確處理業務;	5	4	3	2	1
	C.積極努力改善工作方法;	5	4	3	2	1
	D.根據流程操作，不妨礙他人工作。	5	4	3	2	1
指導協調	A.工作速度快;	5	4	3	2	1
	B.業務處理得當，經常保持良好業績;	5	4	3	2	1
	C.工作方法正確，時間安排十分有效;	5	4	3	2	1
	D.工作中沒有半途而廢或造成不良後果。	5	4	3	2	1

評價項目	對評價期間工作成績的評價要點	評價尺度				
		優	良	中	可	差
工作效果	A.工作成果達到預期目的或計劃要求;	5	4	3	2	1
	B.及時整理工作成果，為以後的工作創造條件;	5	4	3	2	1
	C.工作總結和匯報準確真實;	5	4	3	2	1
	D.工作熟練程度和技能提高能力	5	4	3	2	1

1.通過以上各項的評分，該員工的綜合得分是: ________ 分

2.你認為該員工處於的等級是:(選擇其一)[ ]A[ ]B[ ]C[ ]D

A.60 以下 B.60-75分 C.75-90分 D.90分以上

3.評價者意見: ________

4.評價者簽字: ________ 日期: ____年__月__日

人力資源部評定:

1.評語: ________

2.依據本次評價，特決定該員工:

[ ]轉正: 在____任____職 [ ]升職至____任____

[ ]續簽勞動合同 自____年__月__日至____年__月__日

[ ]降職為________ [ ]提薪/降薪為________

[ ]辭退________

表8-5 員工績效評價表（上級測驗）（例）

主管的意見

差(1-25) ☐ 一般 (26-50) ☐ 良(51-75) ☐ 優(76-100) ☐

主要缺點: ________

主要優點: ________

何種培訓對員工有益?

____

該員工是否適合本工作? ☐是☐否

該員工工作之餘是否在校進修充實自己?如否，什麼工作較適合?

____

該員工曾參加何項飯店資助的培訓?

____

其他意見:

____

員工綜合工作表現

該員工的綜合工作表現如何?(選最適合的一項)

綜合工作表現

最好	□
優良	□
滿意	□
適當改進	□
大幅改進	□

附註:

評價人 ______________________ 日期______________________

審核人 ______________________ 日期______________________

備註:

1.此為你對下屬再受評價期間工作績效的看法。在此期間你一定要確實曾經與其經常溝通並時常注意他(她)，才有可能借此對其績效有更進一步的認識。

2.盡量增進你與下屬之間的相互了解，彼此明確對工作目標的看法，本評價是以工作而非以個性為導向，要傾聽對方的意見，你認為滿意的部分要明確指出來，要了解如何改進績效並決定如何具體進行。

第九章 學會有效溝通

本章重點

●為何溝而不通

●溝通的對象和渠道

●處理上級、同級和下級的關係

●溝如何通

溝通是人與人之間思想感情、觀念認識、訊息情報的交流，是兩人或兩人以上傳遞訊息、建立理解的過程。要做一名合格的飯店職業經理人，有效的溝通是十分必要的。

為何溝而不通

本節重點：

溝通是最重要的管理活動

什麼影響了溝通

學會與人相處

溝通是最重要的管理活動

訊息溝通是進行協調的前提條件，對組織活動有著非常重要的作用。如果沒有訊息溝通，就無法瞭解組織中各部分的真實情況，也就無法有針對性地進行協調，達到飯店各部門的和諧統一。

☆溝通是飯店經理人最普遍、最重要的行為之一，沒有溝通就沒有管理行為。

☆優秀的飯店經理人一定是一位優秀的溝通者。

☆有效的溝通可以消除人與人之間的障礙，加深理解，達成共識，建立良好的人際關係。

什麼影響了溝通

環節多

作為飯店經理人，每天都要做出很多決策，並且要將決策傳達給執行層。中間溝通渠道的順暢與否在很大程度上影響了決策的最後執行效果。

◎畫廊關門了

某傳媒大亨一天早晨去公司的路上發現自己經常光顧的畫廊沒有像往常一樣正常營業，於是心裡就犯了嘀咕：這家畫廊怎麼啦？

為什麼突然不營業了呢？大亨到了辦公室以後，讓總編輯派人去調查一下這家畫廊的關門是不是與當時的經濟不景氣有關。

總編輯接到大亨的指示後，立即告訴副總編輯：大亨認為畫廊關門可能是由於經濟不景氣導致的，馬上對此進行報導！最後訊息又從專欄編輯那裡傳到了擔任報導任務的記者那裡，其領會到的意思已變成：經濟不景氣導致城市藝術產業瀕臨危機，具體的表現就從畫廊停業開始。

到了中午12點，國家藝術學院副院長已經開始準備口授一篇關於藝術產業瀕臨危機的文章。此時，畫廊的老闆還未發現：自己正在享受的兩週休假已經造成了怎樣的一種社會轟動。

溝通的過程中環節過多會嚴重影響訊息傳遞的及時性和準確性，造成管理層做出的決策在執行過程中屢屢受阻。

❖高高在上

只有當溝通雙方的身份、地位平等時，溝通的障礙才最小，因為此時雙方的心態都很自然。相反，雙方級別上的不同往往給溝通帶來障礙。因為與上級交流時，下屬往往會產生一種敬畏感，這就是一種心理障礙。另外，上級和下屬所掌握的訊息不對等，也會使雙方的溝通發生障礙。

❖自以為是

「忠言逆耳。」人們總是習慣於堅持自己的想法，而聽不進去別人的意見或是不願意接受別人的觀點，這種自以為是的作風也是造成溝通障礙的因素。

❖有偏見

溝通中，如果一方對另一方存在偏見，或者相互之間存有成見，並且將這種偏見帶進溝通中，也會使溝通的有效性和真實性受到影響。

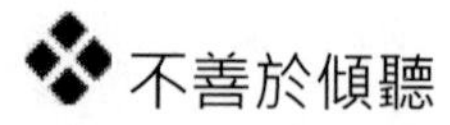

❖不善於傾聽

溝通的一個重要環節就是傾聽，當一方在表達時，另一方必須專注傾聽才能達到溝通的效果。而人們一般習慣於表達自己的觀點，而很少會用心去聆聽別人的意見。

❖缺乏反饋

溝通的參與者必須及時反饋訊息，才能使對方知道你是否正確理解了他的意思。反饋包含這樣一些訊息：你是否在傾聽對方說話；你是否聽明白了對方在說什麼；你是否準確理解了對方想要表達的意思。如果沒有反饋，對方會認為你已經明白了他想表達的意思，而你也以為你所理解的就是他所想表達的意思，結果可能造成雙方的誤解。

❖缺乏技巧

技巧是指有效的溝通方式，目的是為了避免或消除溝通障礙。關於溝通的技巧，主要從下面這些角度去認識。

（1）表達想法。能夠正確地表達自己想要表達的想法。

（2）理解對方意圖。能夠按照對方希望的時間和方式表達自己的想法。

（3）因人而異。能夠與不同年齡、不同性格、不同角色的人進行溝通。

（4）消除誤解。如果溝通已經出現了誤解，就應及時、有效地消除。否則，溝通就成為無效溝通，甚至還會激化雙方的這種誤解。

學會與人相處

◎回聲的啟示

有一個孩子，他不知道回聲是什麼。有一次，他對著大山喊：「喂，喂！」於是，大山也發出「喂，喂」的回聲，小男孩又喊「你是誰？」回聲答道：「你是誰？」男孩很氣憤：「你是蠢材！」從山那邊立刻又傳來「蠢材」的回答聲。男孩又尖聲大罵，當然大山也毫不客氣地回敬了他。小男孩把這件事告訴了媽媽，媽媽對他說：「孩子，那其實都是你的不對呀，如果你和和氣氣地對它說話，它也會和和氣氣地對你說話。」

其實，世界上有許多事情都是這個道理：你如何對待別人，別人也會如何對待你。人與人之間的交流與溝通應該是坦誠的，發自內心的。有效的溝通需要我們用自己的心靈去對待另一顆心靈；用自己充滿真誠的瞳孔去面對另一雙瞳孔。

❖溝通，透過別人看自己

在生活中，我們要講究團隊精神，因為無論做什麼事情，僅僅依靠個人的力量是很難獲得成功的，但凡成功者都善於借助他人的力量去完成自己的目標。

那麼，別人會不會幫助你獲得成功呢？首先要問問自己是如何與他人溝通的。這就像是欣賞鏡子中的自己，你會發現：

每當你皺眉時，透過鏡子，你看到的肯定也是一個蹙額；

每當你憤怒地大喊大叫時，鏡子中肯定也是一個凶神惡煞的「怪物」回應著你。

每當你愁眉苦臉、唉聲嘆氣的時候，透過鏡子，消沉的目光必定也注視著你。

如果你的生活中沒有燦爛的陽光，沒有微笑的問候，千萬不要隨便去責怪別人，一定要從自己身上找原因。

❖溝通，學會微笑和讚美

孟子說：「愛人者，人恆愛之；敬人者，人恆敬之。」

無論是對朋友還是對敵人，都要保持微笑，用讚美的眼光去發現對方身上閃光的地方。因為人的天性總是希望被讚美，而事實上，每個人都有值得被讚美的地方。所以，我們要做的就是要適時地、毫無保留地表達出我們內心的讚美之聲。

讚美、微笑、發自內心的關切……我們既是付出者，也是受益者，為別人帶去美好生活的同時也是在為自己創造奇蹟。微笑具有震撼人心的力量，它是最廉價的禮物，也是世界上最通用、最易懂的語言。那些受人讚美的人，也會在對方的身上發現他們曾經忽視了的優點。

❖溝通，需要尊重和愛戴他人

愛戴與欽慕，是一個人透過他人的言辭、聲調、手勢和表情在日常行為中流露出來的。

如果已故約旦國王胡笙因生前不關心自己的人民、不貼近勞苦大眾、不操心國家大事、不為中東和平奔波調解，那麼，在他臨死前的那幾天，又怎麼會有那麼多的國民在風雨中守候在王宮外，甘願捐獻自己的器官呢？如果德蕾莎修女沒有為窮苦的人們奔走忙碌、沒有為在死亡線上掙扎的人們祈禱、沒有將溫暖的雙手伸向需要關愛的愛滋病患者，那麼，在她離開之後，又怎麼能贏得全世界人民的尊敬和愛戴呢？

要想贏得他人的尊重，首先自己要尊重他人。善良的心彷彿是快樂之泉，使周圍的每個人都閃耀著笑顏，心胸寬廣的人會將他的快樂傳遞給周圍的人。

溝通的對象和渠道

本節重點：

溝通的對像有哪些

透過什麼渠道溝通

溝通的方法

選擇溝通對象和渠道的要領

溝通的對像有哪些

❖溝通對象的選擇

良好溝通的第一步就是要選擇正確的溝通對象。對於飯店經理人來說，正確的溝通對象只有兩種：

※內部溝通：當事人、上下級

飯店員工之間、班組之間及部門之間的交流總會出現一些衝突和矛盾，處理這類問題的基本原則是直接與當事人溝通。比如前廳部和管家部之間發生了衝突，就應該由這兩個部門的經理直接進行溝通。但是在實際處理問題時，有的飯店經理人不是先與當事人溝通，而是先與其他無直接關係的人溝通，也就是選擇的溝通對象不準確，結果造成了負面的影響。

上下級之間的溝通往往也存在類似的情況。如果和下屬之間發生矛盾，就應該與下屬透過溝通來解決問題。假如你認為某個下屬工作不力，不要在其他的下屬面前評論，更切忌把他作為反面教材，正確的做法應該是直接向這位下屬表達你的想法。

※外部溝通：賓客、職能部門

飯店經理人要經常與賓客進行溝通，以便及時、準確地掌握賓客訊息，瞭解賓客需求，把握市場發展動態，抓住時機開發出適合市場需求的新產品。同時，還要加強與相關職能部門的溝通和交流，以確保及時瞭解並掌握國家和政府推出的最新的相關法律法規和行業政策。加強與職能部門的溝通和聯繫，得到他們的支持和幫助，有助於飯店經理人開展各項工作更為便捷、高效。

❖避免溝通中出現越位、錯位的現象

※應當與上級溝通的，卻與同級或下屬進行溝通

◎飯店近日召開專題會議，議題是對飯店人員定崗定編立案進行重新審視，總體原則是科學用人、精簡高效、確保一線、壓縮二線，要求各部裁減一些新入職員工。會後人力資源部王經理很生氣，便跟餐飲部張經理抱怨道：「真搞不懂飯店到底是怎麼想的，這樣減人，我怎麼跟新員工交代？」

※應當與同級溝通的，卻與上級或下屬進行溝通

◎一次，客人要求飯店銷售部李經理安排車輛前往機場提取一批貨物，具體費用由客人支付。於是銷售部李經理通知財務部，請其安排採購部員工前往機場提取，但飯店採購部卻遲遲未能取到貨物，導致客人嚴重投訴。為此，李經理向飯店總經理彙報財務部經理辦事不力，而財務部則說銷售部李經理缺少工作責任心，通知的提貨時間和地點有偏差。

※應當與下屬溝通的，卻與上級或其他人員進行溝通

◎餐飲部的張經理發現最近部門的領班小翁工作不積極主動，責任心也不強，而且常常請假，心裡有些不滿。在和另一位下屬閒

聊時，便隨口抱怨道：「不知道小翁最近怎麼回事，工作一點都不負責任，老是請假。」很快，這話便傳到了領班小翁耳朵裡，其他的同事甚至連班組員工也都知道了，弄得小翁在大家面前挺尷尬的，不便於開展班組工作。

透過什麼渠道溝通

❖溝通渠道的類型

在飯店管理中常見的溝通方式有兩種：

※一對一溝通

一對一的溝通是指由產生矛盾的雙方直接進行溝通。這種溝通的方式比較直接、坦誠，訊息傳遞迅速、準確，便於矛盾的雙方瞭解對方的真實想法，能夠換位思考。

※會議溝通

會議溝通是指在一個組織內部進行的、多方參與的溝通。這種溝通的方式多是以商討、分析的形式開展，能夠多方面地收集訊息，針對性不強，避免了矛盾激化的可能性。

❖溝通渠道錯位

在飯店管理的實際工作中，常常會發生溝通渠道錯位的現象。

※應當一對一進行溝通的選擇了會議溝通

◎飯店銷售部與人力資源部之間就人員招聘的問題產生了矛盾。銷售部認為人力資源部辦事不力，工作不負責任，沒有根據飯店的需求引進合適的銷售經理；而人力資源部則認為銷售部對於銷售經理的要求太高，面試的方法不當。結果，在部門會議上雙方各執一辭，爭執不休。既不利於問題的解決，也浪費了其他與會人員的時間，耽誤了會議的其他議程。

※應當透過會議進行溝通的選擇了一對一溝通

◎飯店近期有一個重要的會議接待，本來應該召集全體部門負責人開會布置相關接待工作，下達備忘錄，要求各部落實。但是飯店總經理認為只與相關部門經理進行溝通就可以了。結果耗時費力，效率很低，也沒達到預期的效果。

溝通的方法

常用的溝通方法有正式溝通和非正式溝通、單向溝通和雙向溝通、書面溝通和口頭溝通、語言溝通和肢體溝通等。

❖ 正式溝通和非正式溝通

※正式溝通

正式溝通是指透過項目組織明文規定的渠道進行訊息傳遞和交流的方式。它的優點是溝通效果好，有較強的約束力；缺點是訊息傳遞速度慢。

※非正式溝通

非正式溝通是指在正式溝通渠道之外進行的訊息傳遞和交流。這種溝通的優點是溝通方便、速度快，且能提供一些正式溝通中難以獲得的訊息；缺點是訊息在傳遞過程中容易失真。

❖ 單向溝通和雙向溝通

※單向溝通

單向溝通是指訊息從發送者向接受者單向傳遞，一方只發送訊息，另一方只接受訊息的溝通方式。這種方式傳遞訊息速度快，但準確性較差，有時還會使接受者產生牴觸心理。

※雙向溝通

雙向溝通是指發送者和接受者之間訊息的不斷交換，且發送者是以協商和討論的形式與接受者進行交流，訊息發出以後還需及時聽取反饋意見，進行多次重複商討，直到雙方達成一致為止。其優點是溝通訊息準確性較高，接受者有反饋意見的機會，具有平等性和參與性。

❖書面溝通和口頭溝通

※書面溝通

書面溝通較口頭溝通正式、訊息傳遞準確性高，易儲存，不易失真，常見於公開、正式的場合。

※口頭溝通

口頭溝通較書面溝通隨意、訊息傳遞速度快，但易失真，不易儲存，不便於檢查，常見於私下、非正式的場合。

❖語言溝通和肢體溝通

語言溝通和肢體溝通在溝通的過程中通常結合運用，在語言溝通的過程中適時配以恰當的表情和動作會使溝通取得更好的效果。

選擇溝通對象與渠道的要領

❖選擇溝通對象的原則

在進行一對一的溝通時，必須按照選擇當事人和直接的上、下級作為溝通對象的原則來處理問題。

❖普遍性問題會議溝通

對於普遍性問題應選擇會議方式來溝通，但作為飯店經理人，在進行會議溝通時應該注意在會上不要針對某個具體的人。

◎飯店人力資源部與銷售部的矛盾

銷售部認為人力資源部一直不能招聘到合適的銷售經理，是因為人力資源部的工作沒有做到位。如果其他部門也存在類似的情況或持有相同的看法，就需要透過會議討論，來找出原因所在。可能是飯店的薪酬待遇不夠優越；也可能是部門對人才的要求太高；也可能是招聘的方式不恰當。只有找出原因所在，對症下藥，才能從根本上解決問題。

溝通對象和溝通渠道的選擇在飯店的溝通中非常重要。如果選擇的溝通對象不恰當，或者溝通渠道不合適，就會給其他人的工作帶來很多麻煩。所以在這一點上，飯店經理人應該謹慎，要克服選擇溝通對象和渠道時容易存在的隨意性，最重要的是杜絕在背後說長道短、議論紛紛。

處理上級、同級和下級的關係

本節重點：

如何對待上級

如何對待同級

如何對待下級

◎根據公司調令，A前往B飯店擔任部門總監。在交接班時，前任總監特意對飯店管理層中的兩位部門經理C和D的情況作了詳細介紹，說C經理個性強，不好合作，凡事都要聽他的，有時總監決定了的事，如果他不同意，總監的決策就很有可能得不到有效的實施；D經理工作認真，態度好，但缺乏主見，什麼事情都要請示上級，但又很難督導落實上級布置的工作。前任總監的介紹在A的心裡造成了很大的陰影。

後來，A正式接任工作，在與這兩位部門經理的接觸中，發現前任總監所言不虛，並且這兩位部門經理合作得不是很好，工作又很難協調。

問題：A總監應該怎樣做，才能既調動這兩位經理的積極性，又能實現有效的領導，保證組織整體目標的實現？部門經理C和D又應當怎樣去做，才能處理好與A總監的關係及兩個部門之間的合作關係？

如何對待上級

服從

服從就是要求飯店經理人在工作過程中，即使自己的意見與上級不一致，也應該充分尊重上級的意見，只要上級的意見沒有出現錯誤或重大失誤，原則上都是應該嚴格執行。當然，事後可以再向上級溝通，說明自己的想法。

❖補台

補台就是當上級的命令出現部分疏漏或偏差時，飯店經理人在維護上級威信的基礎上，在執行上級命令的過程中積極、主動地透過各種渠道扭轉局面，靈活執行上級的錯誤命令，最大限度地維護飯店的利益。杜絕教條主義，不搞本位主義，更不能有幸災樂禍的想法。

盡職

飯店經理人對待上級要絕對盡職盡責，做好自己的本職工作。上級與下屬之間不是對立的，只是分工不同。如同在同一艘輪船上，船長和船員雖然分工不同，但是前進的方向是一致的，無論誰把舵、誰揚帆，最終還是駛向同一個目的地。

尊重

飯店經理人要尊重自己的上級，因為他是你的上級，是你的領導，是帶領和指導你完成工作、實現目標的人，因此不要與上級爭論，更不能與上級頂撞，只有充分尊重上級，才能主動並樂意執行上級的各項指示。

溝通

飯店經理人要主動與上級溝通，與上級交流觀點和意見，保證上級的各項指示能夠按時、準確完成，但下級向上級彙報工作時，內容要客觀準確、簡明扼要，並針對目標和計劃擬制彙報提綱，從上級的角度來考慮問題，以達到溝通的目的。

擋駕

在遇到問題時，飯店經理人首先要盡可能自己去解決問題，對實在解決不了的問題，再向上級請示，要能夠主動為上級擋駕。

讓功

飯店經理人要懂得凡是總結性的話、歸納性的話、決定性的話、定調子的話，一般要留給上級去說。要甘於將自己的功勞隱藏在上級的光環和集體的榮譽之下，避開「功高蓋主」之嫌，保持謙遜的姿態和寬闊的胸懷。

參謀

※多出選擇題，不出問答題

飯店經理人要為上級提供選擇性的建議，而不是詢問上級該不該做，如何去做。

如飯店市場部經理在做半年工作計劃時，應該主動向上級請示中秋期間可否推出中秋月餅銷售及贈送活動，該項活動可否提前3～4個月開始策劃、宣傳並實施，而不是拿著計劃表去問上級要開展什麼活動，如何開展。

※多出多選題，少出單選題

飯店經理人要為上級多出多選題，而不是單選題。例如，市場部經理應向上級彙報中秋月餅促銷活動的多種選擇方案。

如：方案一，飯店購買器皿，自己製作月餅；方案二，飯店聯繫當地生產商，購買其生產的月餅；方案三，飯店以代銷的形式聯繫外地價格適宜的月餅生產商。同時，還要將各種方案的利弊作明確分析，供上級參考，而不要僅提供一種方案等上級拍板。

❖監督

飯店經理人要敢於主動監督上級的各項決策，對正確的決策要不折不扣地執行，對有偏差的決策要能夠及時發現，並在適當的場合以委婉的方式向上級指明，盡可能地避免出現決策失誤。

如何對待同級

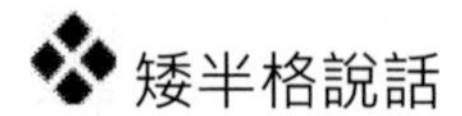

矮半格說話

◎崇水

自古以來，中國道家的哲學就十分崇水。崇水，就是講究「貴柔、無為、不爭、處下、守雌」的原則。水就是依靠其柔性隨形而變，而又無處不能滲透。這是領導的藝術，也是人際關係的藝術。

飯店經理人要能借鑑道家崇水的哲學，做事要像火一樣熾熱猛烈，處人要像水一樣柔軟透明。古話說：以四海為量者不在於一滴一毫，以天下為任者不在於一分一寸。當與同級出現矛盾、需要溝通時，飯店經理人要保持謙遜的姿態，矮半格說話，退一步海闊天空。

內方外圓

◎枷鎖與銅幣——外方內圓與內方外圓

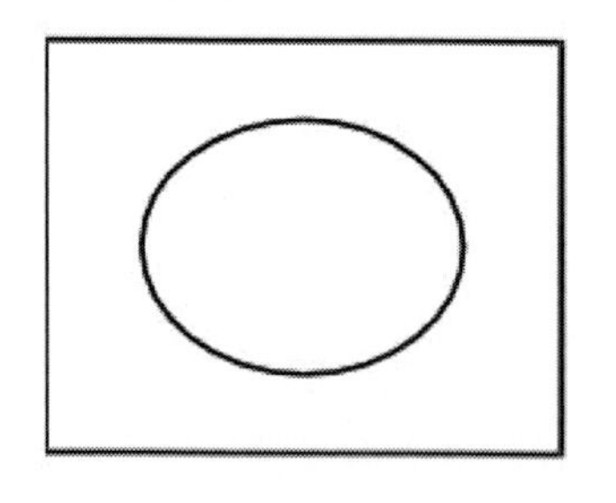

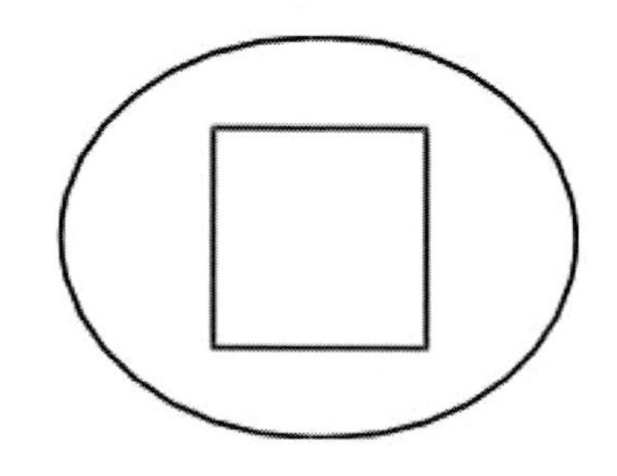

方，是指原則和規則，橫平豎直，有棱有角，不可隨意改變。

圓，是指圓通和靈活，處理各類事情的時候，特別是遇到不同意見時，要懂得靈活圓通。

中國人很崇拜圓通，但圓通並不等於圓滑，圓滑和圓通完全是兩種境界。圓通是守原則而講技巧的，透過靈活運用各種方式方法，來潤滑工作中的人際關係，不把局面搞僵。而圓滑則是喪失原則，玩弄權術技巧來欺騙他人，保護自己，推卸責任。

為人處事內方外圓（銅幣）的人，既講究處事原則，又不失變通，自然能夠靈活應變。而做事太講究原則、缺少方式方法，也就是外方內圓（枷鎖）的人，難以與他人融洽相處。

飯店經理人要能夠掌握內方外圓的處事技巧，既不失原則，又能夠靈活處理各種紛繁複雜的人際關係。

❖合作共贏

在飯店管理工作中，飯店經理人要謀求與同事合作共贏，做到雙勝不敗。與人相處，發生矛盾是難免的，但重要的是能夠以平和的心態，在力求雙方利益兼顧的基礎上求得最佳的解決方案，能夠站在對方的角度考慮，為對方著想，達到合作雙贏的目的。

如何對待下級

❖授權

飯店管理現場性、及時性較強，經常會有不可預料的突發事件發生，飯店經理人在實際管理過程中要能夠充分並恰當授權，使下屬可以靈活處理各種突發性事件。

❖信任

俗話說：「疑人不用，用人不疑。」飯店經理人要能夠信任自己的下屬，這也是下屬能夠有效開展各項工作的基本保障。

❖支持

飯店經理人要能夠充分理解和支持下屬的工作，並在下屬需要的時候給予其必要的指導和幫助。

❖溝通

飯店經理人在與下屬的溝通中，應該引導下屬去反思，聆聽下屬的意見，充分發揚民主，以增強下屬的參與感。

❖監督

對下屬的工作要及時監督，觀察其是不是按照規定去操作，對其工作中出現失誤和偏差的地方要能夠及時發現並給予糾正，以切實提升其執行力。

❖感激

當下屬工作表現出色時，要在第一時間給予其認可和表揚；當下屬工作出現困難時，要能夠及時鼓勵並幫助其克服困難。

溝如何通

本節重點：

溝通是傾聽的藝術

主動傾聽

實施會議管理

講究語言藝術

及時反饋

◎溝一：客人有意考驗飯店餐飲服務員：「請問，小姐，右手杯有嗎？」

◎通一：服務員靈活應變，把杯子立即撤回，然後將杯柄朝右重新放置在客人面前，這就是客人所要的「右手杯」。

◎溝二：客人無意間踩到了服務員的腳，卻沒有發覺。

◎通二：飯店服務員禮貌地提醒道：「對不起，先生。我不小心把我的腳墊上了你的腳，讓我把它拿開，好嗎？」

換向思維，講究方法和藝術，便可將原本不「通」的環節疏通，達到「溝」而「通」的目的。

溝通是傾聽的藝術

❖傾聽的重要性

◎著名政治家邱吉爾的金玉良言是：站起來發言需要勇氣，而坐下來傾聽，需要的也是勇氣。

傾聽是飯店經理人最基本的溝通技能，是有效溝通的前提條件，在溝通過程中占有重要的地位。在溝通中，行為比例最大的就是傾聽，而不是交談或說話。溝通雙方花費在傾聽上的時間，要遠遠超出其他的溝通行為。傾聽是一門藝術，一個人如果善於傾聽，那麼他與人交流已經成功了一半。

❖傾聽的障礙

※觀點不同

觀點不同是影響傾聽的第一個障礙。每個人都有自己的觀點。如果雙方觀點出入很大，可能會產生牴觸情緒——反感、不信任，甚至產生不正確的假設。在這種排斥情緒中，人們很難靜下心來認真傾聽。

※偏見

偏見是影響傾聽的一個主要障礙。假設你對某個人產生了某種不好的看法，那麼，他和你說話時，你也不可能認真傾聽。又比如你和某人之間產生了隔閡，如果他有什麼異議，無論他做出怎樣的解釋，你都會認為那只是藉口，甚至你還會認為他所做的一切，都是衝著你來的。

※時間不合理

時間安排不合理是影響傾聽的又一個主要障礙。主要表現為：一是安排的時間過短，對方為了在短時間內把事情說完，他可能會說得比較簡略。對於傾聽者來說，要在短時間內弄清楚對方所要表達的內容，同時還要做出回應，匆忙之間容易出現失誤；二是在工作的過程中傾聽，傾聽者根本沒有時間理解對方所要表達的內容。比如下屬臨時有重要的事情向你彙報，而你正忙著其他緊急的事務，於是只有草草地聽完對方的敘述後，未經慎重考慮便表達自己的觀點，做出決定。

※喜歡插話

發言在市場競爭中被視為主動行為，可以幫助你樹立強有力的形象，而傾聽則是被動的。在這種慣性思維習慣下，人們容易在對方還未表述完時，就迫不及待地打斷他的話，或者是心裡早已不耐煩了。這樣的話，傾聽者就很難領會對方想要表達的意思。

主動傾聽

❖獲得訊息

傾聽有利於瞭解和掌握更多的訊息。與對方交流的過程中，你不時地點點頭，表示你非常注意說話者的講話內容，說話者受到鼓舞，就會更為充分、完整地表達他的想法，而你所獲得的訊息也就更全面、更準確、更真實。

❖發現問題

與下級、同級、上級和客戶進行交流，透過傾聽對方的講話推斷出對方的性格、愛好、工作經驗和工作態度，有利於傾聽者掌握對方的個性，便於在以後的工作中有針對性地與其進行接觸。

❖建立信任

人們往往喜歡善聽者甚於善說者，但事實上，又都常常喜歡發表自己的觀點和意見。如果你願意給他人表達的機會，讓他們盡情地說出自己想說的話，他們會覺得你值得信賴。而有的人不注意傾聽別人講話，四處環顧、心不在焉，或是急於表達自己的見解，這樣的人不可能給他人留下良好的印象，也不會受人歡迎。

❖防止主觀誤差

我們對別人的看法往往來自於自己的主觀判斷，透過某一件事，某一句話，就輕易斷定這個人怎麼樣，他想表達一個什麼意思。實際上，這帶有很明顯的主觀性，容易犯「一葉障目」的錯誤。注意傾聽他人的講話，可以使我們獲得更為豐富、全面的訊息，使判斷更為準確。

實施會議管理

飯店經理人差不多有30%～50%的時間是在開會。對於應該怎樣開會，並不是所有的管理者都很清楚，常常是會而不議，議而不決，決而不行，行而未果。其實開會也有技巧，有必經的過程和階段。飯店經理人要懂得會前怎麼準備，會中怎麼執行，會後怎麼跟蹤，這是一項技術性很強的工作。飯店經理人在工作中要說到做到，做到要檢查到，檢查到要整改到，整改到要複查到。總之，對布置的各項工作要嚴抓落實，提升執行力。

❖制定會議規範

為了及時解決飯店存在的各類問題，保證飯店會議高效、有序地進行，應結合飯店自身的實際，制定規範的飯店例會制度。

◎某飯店部門早會制度

1.飯店部門早會於每週一至週六早上9：30召開，時間為30分鐘左右。

2.參加人員為飯店部門管理人員。

3.與會人員不得無故缺席，如有特殊原因不能參加，必須事先報部門總監（經理）批准，事後到文員處瞭解會議內容。非當班管理人員在當班後必須瞭解前期部門會議內容。

4.參加早會者，必須按飯店規定統一著裝，將各種通訊工具調至振動擋或暫停使用。

5.各部門須確定每日早會彙報順序，按照順序發言，語言要規範，特別是在彙報完畢後應有類似於「彙報完畢」等結束語。

6.部門基層管理人員彙報的內容應包括：部門班組（分部）運作（經營）情況、員工勞動紀律、存在問題、有利於部門運作（經營）的各類建議、需其他班組（分部）協調或解決的問題等。

7.發言人必須認真作好發言前的準備工作，做到語言簡練，重點突出。如第一：關於……的問題；第二：關於……的問題；第三：關於……的問題等，會上不得隨意插話，如需補充彙報應在會後提出。

8.會議議程：

（1）部門班組（分部）彙報；

（2）部門助理發言；

（3）部門總監（經理）解決各部提出的問題，解決不了的提交飯店處理；

（4）部門總監（經理）傳達飯店早會內容，要分清主次；

（5）部門總監（經理）布置或補充當天的工作內容，指導下屬當天的工作。

9.各部門必須將當日早會內容整理成電子文檔，反饋給飯店總經理。

10.飯店將不定期對各部門早會質量進行抽查。

❖按規範召開會議

飯店要定時組織召開各項專門會議，如飯店節能會議、飯店安全管理會議、飯店質量分析會議、飯店柔性新聞小組會議、飯店店務會議、飯店早會、部門經理早會、班組例會、年度總結及表彰大會、人力資源規劃會議、半年度銷售工作總結及計劃會議等等，並按照飯店的規定，嚴格執行。

（1）人力資源部盡快制定下發《關於規範飯店各項會議的通知》，各部門要嚴格按照規範執行。

（2）一定要使每位與會人員遵守會議制度（守時、遵守請假制度）。

❖提高會議效率

為確保會議的有效性，在召開各類會議時，要注意以下幾點：

（1）會前通知議程要合理的安排（經常出現會議重複，一般專項研討及討論會議安排在月中旬）。

（2）參會人員會前準備必須充分。

（3）會議目標最多不超過三個，提高會議效率。

（4）只能議事，不能議人，對事不對人，不要輕易遵循少數服從多數的原則。

（5）時常檢查召開會議的必要性（集思廣益法）。要求有管理人員召開會議，採納大家的意見解決問題，在民主基礎上集中。

❖對會議實施監督

飯店經理人要安排人員對各項會議的落實情況實施監督，保證會議各事項能夠按時實施。

講究語言藝術

飯店經理人不僅要有較高的業務水平，而且要有較好的表達能力，善於運用語言藝術。

❖輕鬆簡潔明確

飯店經理人要能夠輕鬆地利用簡潔明確的，甚至是十分動聽的語言與大家進行商討，動員、指揮、勸導同事或員工，使其能夠在感情上產生共鳴，進而服從指揮。相反，如果飯店經理說話枯燥乏味，只知單調地重複上級指示，再加上令人厭煩的口頭語，必然會引起同事們的反感和員工的逆反心理，甚至最後把事情辦糟。

❖風趣幽默

飯店經理人應該具有一定的幽默感，語言富有人情味，善於利用幽默感來增進與員工的關係。幽默感是人際關係的潤滑劑，它以善意的微笑代替抱怨，避免爭吵。幽默使人活得更加輕鬆、愉快。安東·契訶夫也曾說過：「不懂得開玩笑的人是沒有希望的人，這樣的人即使額高七寸，聰明絕頂，也算不上真正有智慧。」幽默會使員工更喜歡你、信任你。員工希望與幽默的人一起工作，樂於為這樣的人做事，因為與他們一起工作有一種如沐春風的感覺。

❖注意場合

作為一名飯店經理人不僅應該知道在什麼場合說什麼話，而且還應該知道在什麼場合保持沉默或顧左右而言他。沉默可以使管理者保持涵養，傾聽他人的訴說而不講錯話。

同時面對幾個下屬，不可號召他們齊抓共管，否則，會出現有利則齊抓、有權則共管、有責則相推、有害則相遠的現象。揚善於公庭，規過於私室。飯店經理人要注意說話的場合。

總之，飯店經理人在與他人溝通的過程中，在既定原則的基礎上，要充分掌握並會靈活運用語言的技巧和藝術。

及時反饋

❖不作反饋的後果

不作反饋是溝通中常出現的問題。許多經理人誤以為溝通就是「我說他聽」或「他說我聽」，常常忽視溝通中的反饋環節。不反饋容易導致以下兩種惡果。

（1）訊息發出的一方（表達者）不瞭解接收方（傾聽者）是否準確地接收到了訊息。

（2）訊息接收方無法確定是否準確地接收到了訊息。

❖給予反饋的技巧

※針對對方的需求

反饋要站在對方的立場和角度上，針對對方最需要的方面給予反饋。例如：員工在試用期間，用人部門應向人力資源部詳細反饋該員工的表現以及部門的意見，如果僅僅反饋其中的一點，就不能使人力資源部全面瞭解該員工，那麼，這種反饋就沒有針對實際的需求，也就是失敗的、無效的。

※具體、明確

◎銷售部李經理安排司機將一位重要客戶連夜送往目的地，司機在完成工作後，要及時向李經理彙報：「我已經將客人送至目的地，現在正在返回的路上。」

◎飯店總經理要求飯店各部門負責人按時、按質、按量、不折不扣地完成早會上布置的各項工作，並將完成情況以電話、電子文檔或書面的形式及時反饋。

以上是給予具體、明確反饋的兩個例子。

※正面、具有建設性

如果反饋是全盤否定的批評，那麼不僅是向對方潑冷水，而且下屬很可能對這種批評的意見不屑一顧。相反，如果先讚揚下屬工作中積極的一面，再對其中需要改進的地方提出建設性的意見，就比較容易使下屬心悅誠服地接受。因為，讚揚和認可要比批評更有力量。

※對事不對人

反饋是就事實本身提出意見，不能針對到個人，更不能涉及人格。對對方所做的具體的事、所說的具體的話進行反饋，可以使他瞭解你的看法，從而更加有效地促進溝通。

※將問題集中在對方能夠改進的方面

把反饋的焦點集中在對方可以改進的方面，這樣可以減輕對方的壓力，使他感到可以在自己的能力範圍內，對所提出的問題進行改進。

※八小時覆命制

首先，上級向下屬指派工作時，要提出時間要求，對於無法限時的工作，應按八小時覆命制執行。其次，員工在接受領導口頭或書面指派的非限時工作任務後，八小時內，應向領導彙報工作結果或承辦情況。再次，部門之間若有非限時的協作事宜，應在八小時內互相通報工作進展情況。最後，部門經理或主管須在八小時內對員工反映的問題或提出的建議予以答覆。

❖接受反饋的技巧

※認真傾聽，不打斷

傾聽者必須培養良好的傾聽習慣，使反饋者能夠盡可能全面地表達他的觀點，以便於你能掌握更多的訊息。如果你打斷對方的話，可能就會打斷對方的思路。而且由於你的表述，會使對方認為他的某些話可能冒犯到你或觸及你的利益，也許就會把本想說的話隱藏起來。這樣的話，對方就不能坦誠地、開放地與你進行交流，你也就無法知道對方的真實意圖是什麼。

※避免自衛

溝通不是打反擊戰。我們往往錯誤地認為只要一溝通，肯定就是對方對我的攻擊，所以我必須自衛，於是便打斷對方的話並試圖將話題轉移到己方的目的或興趣上來。事實上，我們應有意識地虛心接受一些建設性的意見和善意的批評。

※提出問題

良好的傾聽者不是被動的，而是提出辨明對方評論的問題，沿承對方的思路，傳遞禮貌和讚賞的信號。另外，提問也是為了獲得某種訊息，在傾聽總目標的前提下，把講話人的思路引入自己所需要的訊息範圍之內。

※確認反饋訊息

當對方結束反饋之後，你可以重複確認一下對方反饋意見中的主要內容和觀點，以確保你已經正確地理解了對方想要傳遞的訊息。

※理解對方的目的

在傾聽上級或下屬的講話時，你要仔細分析其中是否隱含著「話外音」。如果你不能把自己的觀點暫放一邊，不能把焦點集中到他們所想表達的觀點上，你就不可能真正理解他們的意圖。

※向對方表明態度

在同上級的溝通結束之後，你有必要及時地表明你的態度和下一步的行動計劃，徵求他的意見。而同下屬溝通時，你不一定要立刻提出你的行動方案，但是一定要及時表明你的態度，讓下屬瞭解你真實的想法，使他對你產生信任感，便於以後在出現問題時，他能夠及時地向你反饋，並與你進行坦誠的交流。

❖實施有效溝通

※溝通的要點

（1）重要的事情盡量以書面形式表述。如果溝通的內容比較重要，溝通的雙方要盡量以書面的形式表述，確保訊息的真實性、可靠性。

（2）雙向溝通，聆聽對方意見。有效的溝通是雙向的，透過溝通和交流，互換意見。

（3）盡量減少溝通的環節。在溝通的過程中，盡量減少溝通的環節，確保訊息傳遞的真實性、及時性。

（4）抓住主要訊息點。溝通要有明確的內容，溝通的雙方要清楚主要的訊息點，圍繞主題實施有效溝通，避免盲目溝通。

（5）溝通要制度化。在飯店管理過程中，要建立諸如每日早會、每週例會等會議管理制度，使溝通制度化。

（6）養成良好的溝通習慣。飯店經理人在遇到問題，發生矛盾時要及時向相關人員詢問情況，要及時解決問題。

※溝通的原則

（1）維護自尊，加強自信。溝通要建立在維護自尊的基礎之上，溝通中要增強自信，不能為了溝通而低聲下氣、丟失尊嚴。

（2）專心聆聽，瞭解對方。溝通過程中要注意聆聽，準確瞭解對方說話的內容和意見。

（3）尋求幫助，解決問題。溝通是為了尋求對方的幫助，化解矛盾、解決問題。

※溝通的心態

（1）主動、誠心。主動和誠心是飯店經理人與上級、同級和下級溝通的條件。當有誤會和矛盾出現時，飯店經理人要能夠本著解決問題的心態主動與對方溝通、協調。

（2）換位思考。換位思考是溝通的一種基本方式，要求溝通的雙方能夠站在對方的角度考慮到對方的利益。

（3）彼此平等。溝通的出發點是溝通的雙方要建立平等的利益關係，才能保證溝通的有效進行。

（4）雙勝不敗。溝通的最終目的是透過溝通解決問題、化解矛盾、消除誤會，在顧全雙方利益的基礎上，達到雙方共贏的目的。

第十章 強化團隊意識

本章重點

●團隊與群體的差異

●這是我們的飯店

●什麼是優秀團隊

●處理團隊衝突的步驟

●怎樣建設優秀團隊

◎在非洲的草原上，如果見到羚羊在奔逃，那一定是獅子來了；如果見到獅子在躲避，那一定是象群發怒了；如果見到成百上千的獅子和大象集體逃命的壯觀景象，那是螞蟻軍團來了。

透過這則寓言，你得到了什麼啟示？

也許個體的力量是微不足道的，但是團隊的力量往往是不容忽視，甚至是令人震撼的。

團隊與群體的差異

本節重點：

什麼是團隊

團隊與群體的差異

◎TCL集團總裁李東生說：「在現代市場競爭中，只有加強團隊建設和團隊協作，才能夠提高資源整合能力及整體系統的有效性，保障企業資源效益最大化，綜合競爭力才能夠做到最強。」

◎有人問比爾蓋茲：「如果讓你離開公司，你還能夠再創輝煌的微軟嗎？」比爾回答說：「能！但有個條件是讓我帶走我的團隊。」

可以沒有廠房、沒有機器、沒有資金，但是只要有一個偉大的團隊，就必然會締造出一個偉大的奇蹟。這意味著什麼？

什麼是團隊

◎英國有句諺語：「一個人做生意，兩個人開銀行，三個人建殖民地。」

◎中國有句俗語說：「一個和尚挑水吃，兩個和尚抬水吃，三個和尚沒水吃。」

一個和尚要實現目標，凡事必須自己動手；兩個和尚可以把事情一分為二，合力找水；三個和尚則形成了團隊，大家各懷私心、互相推諉責任，結果無法達到目標。很多飯店經常「文山會海」，天天在發紅頭文件，天天在開會，這些都是缺乏團隊意識的表現。

團隊是將個人利益、局部利益、整體利益相統一，從而實現組織的高效運作。

❖什麼是團隊

團隊是由員工和領導者組成的一個共同體。該共同體的領袖利用每一位成員的知識和技能協同工作，解決問題，達成共同的目標。

❖團隊由哪些要素構成

團隊是指在工作中緊密協作並相互負責的一群人，擁有共同的效益目標。任何團隊都包括五個要素，簡稱「5P」。

※目標（Purpose）

團隊應該有一個既定的目標，成為團隊成員的行動導航標，使之清楚團隊要往哪個方向發展，自己又該往哪個方向努力，沒有目標團隊就沒有存在的價值。

※人員（People）

人員是構成團隊的最核心的力量。目標是透過人員的具體行動來實現的，所以人員的選擇是團隊中非常重要的一項工作。在一個團隊中，有的人要制定計劃，有的人要組織實施，有的人要協調不同的人一起工作，有的人要監督團隊目標的實施情況，不同的人透過具體的分工來共同完成飯店的目標。

※定位（Place）

團隊的定位包括團隊整體的定位和團隊成員的個人定位。在飯店組織中，團隊的整體定位是指團隊在飯店組織中處於什麼位置，團隊最終是對誰負責。團隊的個人定位是指團隊成員在團隊中具體扮演什麼角色。

※權限（Power）

在以飯店經理人為核心的團隊中，飯店經理人權力的大小與團隊的整體發展有關。一般情況下，團隊發展越成熟，飯店經理人的權力也就相對越小。

※計劃（Plan）

團隊目標的實現需要一系列詳盡的計劃，也就是實現目標的具體的行動方案，只有在計劃的控制下，團隊才能夠向目標一步步邁進。

團隊與群體的差異

◎下面四種類型，哪些是群體？哪些是團隊？

國家體操隊、某飯店賓客、候車亭的乘客、某民間舞龍隊。

實際上，在這四種類型中，只有國家體操隊和某民間舞龍隊是真正意義上的團隊，而某飯店賓客和候車亭的乘客只是群體。

群體指的是一群人，可能只是一群烏合之眾，並不具備高度的戰鬥能力。而所謂的團隊不僅僅是指一群人，團隊是有組織、有紀律、有思想、有目標的一群人的組合。

偶然入住同一家飯店的一群人，並不是一個透過共同合作來達到共同目標的團隊。但是如果飯店突然出現意外事故，比如突然失火了，這班人想要盡快逃離，於是便有了共同目標而成為團隊。

團隊與群體容易混淆，但是團隊不等於群體，兩者之間有著本質的差別。

❖核心方面

群體中的人只是因為偶然的機會才走到一起的，彼此之間可能沒有共同的目標和利益關係，但是團隊會有一位核心人物帶領團隊各成員一起去實現共同的目標。

❖目標方面

群體可以沒有明確的目標，但是團隊必須要有明確、可行的目標，各成員之間要有認同感。

❖協作方面

群體是個不穩定的組織，群體成員之間的關係也比較複雜。可以是對立的，可以是統一的，也可以相互轉化。而團隊成員則必須齊心協力，才能實現團隊目標，從而打造高績效團隊。

❖責任方面

群體分工不細緻，也不嚴謹，因此，在責任劃分上也不明確，容易出現爭論、推諉的現象。而團隊成員職責分明，不僅要為自己負責，還要為整個團隊負責，必須承擔因個人行為導致團隊利益受損的責任。

❖技能方面

群體中的人技能可以不同，也可以相同，而團隊中成員之間的技能必須是互補的，把不同知識、技能、經驗的人組合在一起，從而達到團隊的有效組合。

❖結果方面

群體缺乏領導核心，所以績效很難以絕對的標準來考核，容易受個人能力、個人作用的影響。團隊是一個整體，不存在個人主義。因此，團隊績效也就是團隊成員共同的績效。

這是我們的飯店

本節重點：

飯店的組織結構劃分

飯店是一個團隊

◎有一位著名的船長，帶領船上的兄弟無數次破風擊浪。他說要想團結好船上的這些兄弟，讓他們努力工作、聽從指揮，就必須讓他們建立一個共識：「這是我們每一個人的船，而不是某一個人的船。」

◎在群雄逐鹿的電器市場，海爾能夠脫穎而出、傲視群雄，成功打入國際市場，原因肯定是多方面的。但是，有一點不能忽視的是海爾員工的萬丈豪情：「因為這是我們的海爾。」

◎白手起家的中國乳業第一人牛根生最大的願望就是要把「蒙牛」做成一家百年老店，他說：「蒙牛不是屬於牛根生一個人的，它是屬於千萬消費者、百萬奶農、十萬股東的。」

他們的言語樸實卻有震撼力，相信這是每一個人、每一個企業共同的心聲，也不禁引起大家的共鳴。作為飯店人，更應該從內心深處高聲吶喊：飯店是我們大家共同的家園。

飯店的組織結構劃分

飯店的組織結構是指飯店的指揮管理系統。飯店內各部門和人員之間的權責關係，飯店各項工作之間的上下左右協調關係和隸屬關係，均以組織結構圖來表示。

目前，中國較典型的飯店組織結構主要有直線制組織結構、直線職能制組織結構、事業部制組織結構和矩陣型組織結構四種類型。其中，直線職能制組織結構是目前中國飯店普遍採用的一種飯店組織結構。

直線職能制組織結構是直線制組織結構和職能制組織結構結合的產物。它以直線制的垂直領導和嚴密控制為基礎，同時又吸收職能制中劃分職能部門以有利於各部門集中注意力進行專業化服務、監督和管理的特點，從而使該組織結構模式能兼具兩者的優點，更有利於飯店的經營和管理。其特點是把飯店所有的部門分類為兩大類：一類是業務部門，即銷售部、前廳部、管家部、餐飲部、康樂部、工程部等；另一類是職能部門，即人力資源部、財務部、安全部等，而每一個部門都由若干崗位組成，每一個崗位又由相關員工來擔任。但是不同規模、不同等級的飯店通常有各自的組織方式。一般大型飯店的組織結構設置（如圖10-1），各部門組織結構設置總經理室、人力資源部、公共關係部、銷售部、前廳部、管家部、餐飲部、康樂部、財務部、安全部、工程部等。

飯店是一個團隊

飯店是一個相互聯繫著的整體，有很多的任務和工作，不是某一個人、某一個部門能完成的，通常都是整個團隊協作完成，飯店管理的目標與要求的實現有賴於各部門的配合與協作。可是，我們卻常常會聽到有些員工，甚至是經理人這樣說：「這不是我的事。」「這不歸我管。」這叫什麼？這叫推諉，這叫怕承擔責任。如果飯店各部門之間經常相互推諉，相互攻擊，還有什麼團隊可言？還談什麼協同合作？

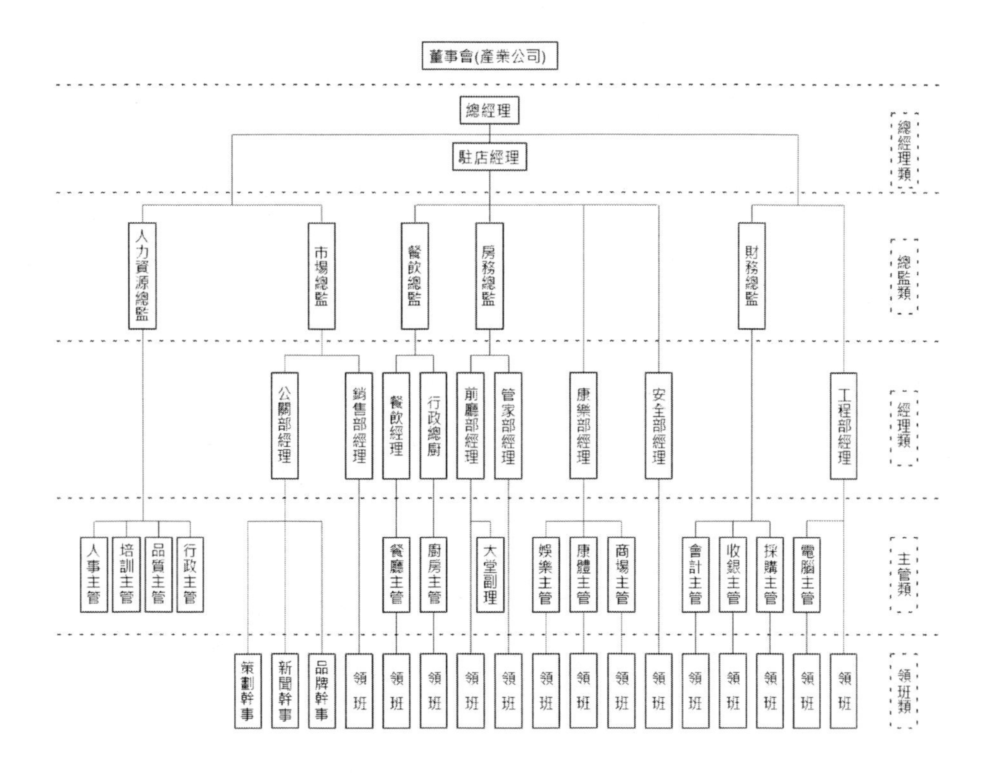

圖10-1 大型飯店組織結構圖

所以，飯店經理人要具備團隊意識和全局觀念。一個只能做好本職工作的團隊不是一個好的團隊，能夠互助為樂，協同他人做好工作，並為他人創造條件的團隊，才是一個好的團隊。

❖上級支持，下屬配合

有人說：一個成功的飯店經理人，70%的精力用在各種人際關係的處理上。取得上級的支持，是飯店經理人參與決策管理、保證工作順利進行的前提。同時，因為飯店的很多工作都需要下屬獨立完成，飯店的管理人員不可能每時每刻進行監督，因此取得下屬的配合也是飯店經理人在飯店管理工作中的一個重要方面。飯店是一個團隊，作為管理者的飯店經理人要想做好本職工作，首先要能夠取得上級的支持，能為上級排憂解難；另外，還要取得下級的配合，讓下屬盡心盡力地做好各項工作。

❖各部門協作配合

要做好飯店管理工作，只是自己埋頭苦幹，是遠遠不夠的，還需要其他部門的支持。如果一個團隊的成員是團結的、敬業的，相互協作、相互配合的，那麼這一定是一個高效率的團隊。飯店經理人的一項重要職責就是保持部門之間良好的合作關係。

※擺正各部門位置

◎如果你不是直接為賓客服務的，那麼你的職責就是為那些直接為賓客服務的人服務。

飯店經理人應充分認識到飯店是一個整體，各個部門共同合作才能使飯店得以正常運轉和發展。不論哪個部門、哪個崗位的工作脫節都會影響飯店的正常運轉和服務質量，進而影響飯店的效益。因為沒有前台部門，後台部門的工作便失去了意義。但沒有後台部門的協助，前台部門也無法讓賓客滿意。

※明確崗位職責

部門之間關係難以處理的一個重要原因是各部門互相依賴又各自為政，因而，經常會出現「踢足球」的現象。為有效地避免「踢足球」、相互爭論和相互推卸，飯店經理人就必須明確各崗位具體職責，每人都各司其職，各守其責，飯店便得以正常運營。

※樹立全局觀念

◎沒本事的人總是埋怨別人，有本事的人總是先檢查自己。

當部門之間出現衝突時，不要急於指責當事人，不要把矛盾暴露在賓客面前，而應先解決賓客的需求，幫助別的部門補好台。至於責任問題，應該在事後設法達成一致，以徹底解決。飯店經理人應該在整個團隊中樹立一種全局觀念，讓每一位成員都能真正明白飯店是一個整體的道理。

※遵守協議

◎己所不欲，勿施於人。

如果想使兩個部門之間的關係惡化，最簡單的辦法就是違反合作協議，把自己的工作強加在別人身上。違反協議，即使是無意的，也很容易引起敵意，進而影響部門間的團結。言而有信，這是一個人的立身之本，這對一個團隊來講同樣重要。

※訊息傳遞及時有效

飯店經理人應努力去瞭解各部門的一些重大活動，把一些關係到其他部門或班組的訊息及時傳遞到位。如某項主題活動的開展、某種促銷活動的推出、客房內新設施設備的增加等，應告訴飯店相關部門的負責人，以利於員工的推銷，這也是團隊觀念的體現。

※互相尊重

◎你敬我一尺，我敬你一丈。

互相尊重，包含著三個方面的含義：一是對人的尊重，二是對其他部門勞動的尊重，三是對他人不同意見的尊重。所以，飯店經理人應該傳達這樣的訊息給下屬，即我不贊同你的這種意見，但我欣賞你這個人，認可你的工作成績。

※每位員工都是服務員

◎後台為前台服務

在一家飯店的多功能廳，經營旺季時經常可以看到：會議接待剛結束，各部門的管理人員及員工馬上來到會場內，開始整理會場並布置宴會接待。有的搬椅子，有的擺放餐桌，有的鋪台布。這其中，有可能是管家部經理在擺放桌椅，有可能是人力資源部經理在布置餐廳。半小時後，會場已經布置成了一個可容納500多人的宴會廳，開始接待休息完畢的會議客人就餐。而宴會服務中，有可能是銷售部、財務部員工在值台，有可能是安全部、工程部或其他部門員工在跑菜。一切都顯得有條不紊、從容不亂。那是因為該飯店注重全員輪崗培訓，給每位員工灌輸了服務員的角色意識，灌輸了後台必須為前台服務的意識。

◎前道工序為後道工序服務

管家部的值台人員在檢查賓客退房時，會把客房的窗子打開，使房間能夠及時通風，從而為整房員提供方便。管家部員工在做夜床時，會在賓客床頭放一張告示牌，告之賓客第二天飯店接待較忙，如果他願意在離店前提早幾分鐘通知服務中心，他將會得到更為快捷的退房服務。

餐廳服務員在清理桌面時，會對剩菜情況作一些記錄並上交領班，由領班每週彙總一次交給廚師長。這樣廚師長就能從中瞭解到飯店菜餚的質量情況並及時整改。

飯店前台的收銀員在下班時為下一班的員工換好零錢，以便為賓客提供快捷的結帳服務。飯店的服務工作是連貫的，每一個環節都體現著飯店的服務質量。因此，飯店員工在做好自己的本職工作之外，還必須為下一道工序的員工提供方便。

◎飯店經理為員工服務

某飯店在關心員工方面做了許多具體的工作。除夕之夜，飯店經理必須與堅守崗位的員工共吃年夜飯。在炎熱的夏季，飯店經理必須到各個崗位看望、慰問員工，給他們送去冰飲料的同時，也給他們送去一份清涼之感。飯店管理層必須定期召開員工懇談會，傾聽員工在工作上、生活上的意見。飯店還設有一張「員工愛心卡」，鼓勵員工隨時把困難寫在卡上，以便飯店予以解決。種種措施都體現了飯店對員工的關愛之心，也使員工真切深刻地感受到飯店的關愛之情。只有這樣，員工才會將關愛傳遞給每位賓客。

賓客每次下榻一家飯店，都是一次完整的經歷，飯店任何一個環節的微小疏忽，都可能破壞這份完美。所以，飯店員工要善於協作、善於補台，要全過程、全方位來做好質量管理工作。所有員工在任何時候、任何場所，都有責任去滿足賓客的任何需求。飯店經理人是團隊的領導者，要樹立為下屬服務的觀念，指導下屬做好本職工作，激勵他們奮發向上，幫助他們解決困難。

在現代飯店管理中，飯店與飯店之間的競爭不單單要依靠個人的智慧，更多的是要憑藉團隊的力量，是要讓每一位飯店員工都能夠樹立一種「這是我們的飯店」的信念，使其產生同感，從而自覺自願地為飯店，為這個團隊做好自己分內的工作，這樣這個飯店就一定能夠在競爭中處於不敗之地。

什麼是優秀團隊

本節重點：

優秀團隊的特徵

主動自發，從我做起

優秀團隊的特徵

一個團隊中最怕出現的是這樣兩種情況：一種是團隊中有些人個性張揚，經常不顧別人的意見，特立獨行；另一種是當利益不一致的時候，出現互相傾軋的現象。一個優秀的團隊要避免這兩種情況，具備以下七個特徵。

❖目標明確

一個優秀的團隊，必須有一個大家都認可的、明確的目標。這個目標就像一面旗幟，引領著大家朝這個目標努力奮鬥。

❖資源共享

一個優秀的團隊，能夠把有助於達成團隊共同目標的資源、知識、訊息，及時地在團隊成員中間傳遞，以便大家共享經驗和教訓。

❖角色清晰

優秀團隊的特點就是大家各有特色、各有千秋，角色不同、形成互補。因此，每一個團隊成員都要認清角色，揚長避短，發揮自身優勢，這樣的團隊才有競爭力。

❖溝通良好

一個團隊從創建到發展離不開人際關係的處理，也離不開良好的溝通。因此，優秀的團隊首先應該能夠進行良好的溝通，成員溝通的障礙越少，團隊就越好。這也是每一位飯店人的深刻體會。

❖觀念一致

現在所倡導的飯店文化實際上是要求飯店人要有共同的價值觀。價值觀對於飯店，就像世界觀對於個人一樣，世界觀指導個人的行為方式，飯店的價值觀指導整個飯店員工的行為。

❖有歸屬感

歸屬感是團隊非常重要的一個特徵。當成員對團隊產生歸屬感時，他們就會把團隊當成自己的家，就會自覺地維護這個團隊，願意為團隊做很多事情，不願意離開團隊。

❖ 有效授權

這是形成一個團隊非常重要的因素。只有透過有效的授權，才能夠把成員之間的關係確定下來，形成良好的團隊。一名飯店經理人應該把主要的時間和精力放在思考決策、計劃工作和教育員工這三件事上。然後，把任務分配給下屬，讓下屬發揮自己的主動性、思考性和合作性去處理問題，自己則給予指導、監督和檢查。

主動自發，從我做起

◎拔牙風波

有個人牙痛很厲害，去醫院找牙科醫生拔牙，結果牙齒掉進了喉嚨裡。醫生對他說：「對不起，你的病已不屬於我的職責範圍了，你去找喉科醫生吧！」喉科醫生檢查過後說：「牙齒落到胃裡去了，你去找胃病專家吧！」胃病專家用X光給他檢查之後說：「牙齒落到腸子裡去了，你去找腸科醫生吧！」最後，他來到肛門科室，醫生用窺鏡一看，吃驚地叫道：「天呀！你的屁眼裡怎麼長了一顆牙？快去找牙科醫生吧！」

從上面案例可以看出，足球踢來踢去，最終還是踢向自己。作為飯店團隊的一員，在工作中一定要主動自發，從我做起，在工作中樹立個人的品牌。

❖ 看看你有幾斤幾兩——反觀自身

※個人主義要不得

在實際工作中，有些團隊缺少溝通，缺乏資源共享。團隊成員經常是個人想個人的事，個人追求個人的利益。不能容忍別人犯錯誤，看到問題就橫加指責，卻為自己的缺點找出各種辯解的理由。甚至有些人狂妄自大，認為自己是團隊的主導、靈魂，是舉足輕重的人物，這樣當然形成不了優秀的團隊。要形成一個好團隊，關鍵是要從我做起。

※加強自我反省

看到有人追求私利，不顧團隊利益，或者疏於溝通，不與他人分享時，反觀自己是否也這樣。反思一下，是不是經常迴避自己的缺點，或者希望別人能夠理解自己的缺點，而別人出現問題時，往往理解成是別人主觀上不願意把事情做好。當遇到溝通障礙時，反觀自己是否主動與他人溝通，是否主動去克服溝通障礙。要經常反思，飯店的規則，我自己有沒有做到？獲得成績之後，有沒有和他人共享……

※嚴於律己、寬以待人

「嚴於律人、寬以待己」的做法雖然是出於人的本性，但用在處理團隊成員關係上是極其有害的。團隊成員要學會「嚴於律己、寬以待人」，這是在團隊成員間形成良好工作氛圍的前提。

※從「我」做起

飯店經理人要有「我該為別人做些什麼」的思想，不能像小孩子一樣碰到桌腳怪桌腳，應該客觀地分析問題，多從自己身上找原因。所以說，飯店經理人在看到自己的團隊存在各種問題的時候，首先要做的不是抱怨自己的下屬，而是要反觀自身。反思一下自己是不是有哪些地方沒有做好。如果沒有做好就要從「我」做起。如果做不到這一點，團隊就不會成為好團隊。

❖ 是騾子還是馬——樹立個人品牌

是騾子還是馬？光靠嘴巴說是不行的，要拉出來遛遛才知道。就像任何產品都有產品的品牌，任何企業都有企業的品牌一樣，任何一個人也都有其自身的品牌。一個人自身價值的大小往往體現在其自身品牌方面。我們常聽說某某人很敬業、某某人解決問題的能力很強、某某人擅長於某一方面等，這就是個人的品牌。

要在工作中樹立品牌，就必須比別人付出更多，比別人更加熱愛自己的崗位、更加忠誠。雖然飯店業是一個人員流動率較高的行業，但是，即便我們明天就要離開所從事的崗位，也要在今天忠誠於自己的飯店，要在每一天的工作中樹立自己的品牌。

※比業績，不比薪酬

很多來飯店求職的人，總是一開口就要求招聘方承諾薪金。很多在職的員工看到某位同事漲工資了，急不可待地衝到上級面前高聲質問：為什麼別人漲工資了，我的沒有漲？太看重薪金的人，會讓上級覺得你是個缺乏奉獻精神的人。如果你的薪金比別人的低，先別急著找上級「評理」，首先自問一下是不是哪裡還做得不夠好呢？

※熱愛每一份工作

有些人自以為滿腹經綸，就應該有一份高職位、高薪金的工作與自己匹配。殊不知，一個徒有鴻鵠之志，卻沒有一點實踐經驗和能力的人，飯店如何敢委以重任？還有一些人迫不得已從事著基層工作，對工作消極應付，毫無激情可言，更不要說有什麼敬業精神了。中國有句古話，叫「三百六十行，行行出狀元」。任何一份工作，對於每個人來說都是一次邁向成功的機遇。所以，無論從事何種工作，每個人都應該熱愛並尊重自己的工作。

※做好每一件事

凡是最終取得成功的人，無論在成功前還是成功後都能認真做好每件事，讓每件事都能夠盡善盡美，使追求卓越成為一種習慣。雖然上級不會檢查自己的每一件工作，但是確保了其檢查的任何一件工作都是完美的。

※每天進步一點點

沒有哪位上司會將重任委託給工作草率馬虎的下屬，一位優秀的員工對自己的要求總是高於別人對他的要求。能夠每天進步一點點的人，其工作必然會得到上級的認可。

※充滿自信

很多人無法做好自己的工作，與他們缺乏信心離不開。其實，事在人為，一些看似不可能的事情，一些現在無力完成的事情，不等於永遠都不能實現，永遠都做不了。一個敢於夢想、敢於嘗試、相信自己的人無論目前做著多麼艱難的事情，必定會憑藉著執著和自信，走向成功，走向卓越。

處理團隊衝突的步驟

本節重點：

什麼是團隊衝突

如何處理團隊衝突

◎在飯店的部門經理例會上，時常會聽到這樣的對話：

管家部經理：「這個問題是我們工作沒做好，其實我們早就發現了，而且多次聯繫工程部維修，但維修不徹底。」

工程部一聽，立刻把球踢走，說道：「我們也盡力去修理，但材料沒到位不能更換。」

財務部（負責飯店物品採購）又說：「是廠家原因致使材料不到位。」或者說：「採購資金沒到位。」

一場部門經理的爭論就此拉開序幕。

究其原因還是涉及部門利益時，各部門相互推卸責任，不配合。於是，部門之間矛盾加劇，引發衝突，工作無法開展或達不到預期的效果。

良性的衝突對於一個優秀的團隊是必要的。良性的衝突有利於團隊成員發現問題，瞭解各自的觀點，進而解決問題，使團隊正常地向目標駛近。相反，如果為了避免衝突而一味地隱藏問題，只會使問題越積越多，越積越嚴重。

什麼是團隊衝突

◎兩位主管怎麼了

晚上有個大型的婚宴接待，負責此項接待的姜主管找到餐飲部王經理，希望王經理安排一下，調動服務人員幫忙。王經理告知其可直接與負責會議接待的張主管協調，請張主管調派幾名服務員協助。但是，姜主管無論如何都不肯直接與張主管協商。原來是因為三天前，飯店新招進來一位服務員，因當時會議人員緊張，張主管通知負責面試的人將該員工安排做會議接待。但是，因為面試人員臨時更換，這名服務員被姜主管招走。後來，因為這兩位主管溝通時用語不當，說話語氣較衝，並且時機把握得也不對，使得這樣一件小事發展成為兩位主管間的矛盾衝突。不僅影響到兩人的工作情緒，也對員工產生了負面影響，更為重要的是影響了部門的團結協作以及部門的工作效率和工作質量。

事實上，不僅是在飯店，在其他任何一個組織、一個企業中，都會存在形形色色的衝突。同事之間、朋友之間、家人之間、主賓之間難免存在著各種衝突。飯店組織中的衝突歸納起來主要有以下四種類型。

❖目標衝突——不一致的方向

團隊成員是因為共同目標才走到一起的，同時每個成員也有自己的目標。當兩者產生衝突時，必須以服從團隊目標為原則。同時，團隊成員與成員之間、成員與團隊之間、團隊與團隊之間也會因立場不同而產生衝突。

❖認知衝突——不一致的思想

認知衝突是指每個人都有著自己的人生觀、世界觀，對事物的看法有著自己的觀點和見解。因此，在具體分析問題時，個人的思維方式總是占主導因素，必然會導致團隊成員之間產生衝突。

❖情感衝突——不一致的情感

情感衝突是指個體之間存在性格、愛好、情緒等差異，導致在表達方式和處理方式上也存在差異，因則產生矛盾，發生衝突。

❖程序衝突——不一致的過程

程序衝突是由個體或團體之間對解決問題的過程看法不一致而造成的。

蒙牛集團董事長牛根生認為「98%的衝突是由於誤會」。衝突如果解決得好將有助於事情朝有利的方向發展；如果解決不好則會阻礙甚至破壞事情的發展。因此，如何看待衝突並有效地解決衝突就成了所有管理人員要考慮的問題。

如何處理團隊衝突

◎刺猬理論

在冷風瑟瑟的冬日裡，有兩只睏倦的刺猬想要相擁取暖休息。

但無奈的是雙方的身上都有刺，刺得雙方無論怎麼調整睡姿也睡得不安穩。於是，它們就分開了一定的距離。但又冷得受不了，於是又湊到了一起。

這個故事不禁讓我們想到了在一個團隊中因為成員自身個性差異無疑會有許多的摩擦和衝突，但又會因為共同的目標而攜手合作，飯店經理人該如何處理好團隊中存在的各種衝突呢？

❖認識衝突

認識衝突是解決衝突的第一步。飯店經理人要與員工溝通，使其認識並參與解決衝突。

❖擬定方案

當衝突出現時，飯店經理人要主動引導員工發表他們自己的觀點和意見，陳述各自的立場，但是要避免相互指責。鼓勵員工提出各種參考方案，但不做出評判。同時，提出自己的見解。

❖分析方案

對各種參考方案，飯店經理人要和員工一起討論，找出共識，排除不合適的方案，縮小選擇範圍，直至找出雙方均為滿意的方案。

❖組織實施

選定好解決方案之後，接下來就要組織實施了。具體需要考慮的事項有：何時實施、由誰負責、達到何種規模、期望達到何種成效、明確雙方的具體職責。

❖有效評估

方案不是擬定好，安排幾個人去做就可以了，還必須時刻關注方案的實施過程，及時反饋方案的實施成效，鼓勵員工面對新的困難，解決突發問題，尋找新的對策。

飯店經理人要有寬廣的胸懷，善於求同存異，能夠虛心聽取各種不同的意見和建議，處變而不驚，以寬容對待狹隘，以禮貌對待無理，能夠團結具有不同性格、不同愛好、不同優缺點的人。在處理團隊衝突時，能夠正確認識導致團隊衝突的原因，與員工進行溝通、協調，研究解決衝突的方法。同時，還應組織一些培訓課，以提高下屬管理和解決問題的能力，避免同類衝突再次發生。

怎樣建設優秀團隊

本節重點：

優秀團隊的形成條件

建設優秀的團隊

優秀團隊的形成條件

◎三只偷油吃的老鼠

有三隻老鼠一同去偷油吃，到了油缸邊一看，油缸裡的油只剩一點點在缸底了，並且缸身太高，誰也喝不到。於是它們想出辦法：一個咬著另一個的尾巴，吊下去喝，第一只喝飽了，上來，再吊第二只下去喝......

第一隻老鼠最先吊下去喝，它在下面想：「油只有這麼一點點，今天算我幸運，可以喝個飽。」第二隻老鼠在中間想：「下面的油是有限的，假如讓它喝完了，我還有什麼可喝的呢？還是放了它，自己跳下去喝吧！」第三隻老鼠在上面想：「油很少，等它倆喝飽，還有我的份嗎？不如放了它們，自己跳下去喝吧！」於是，這兩隻老鼠都自己搶先跳下去。結果三隻老鼠都落在油缸裡，永遠也逃不出來了。

打造一支優秀卓越的團隊是一項艱巨的任務。對團隊目標達成一致並獲得承諾，建立目標責任是團隊取得成功的關鍵。同時，一支優秀的團隊還必須保證完成目標的思路和步調一致。

❖目標一致

團隊成員由於出身不同、經歷不同、文化背景不同，每個人追求的目標和想法也不盡相同。有的人只是想賺錢，有的人是想積累工作經驗，有的人只是以此作為一個跳板，有的人則想借此成就一番事業。但是，不管個人的想法到底怎樣，當組成一個團隊的時候，樹立一致的團隊目標是必需的，否則就難以發揮團隊的合力。

❖思路一致

目標確立之後，團隊成員保持思路一致，是建立卓越團隊的又一個不可缺少的因素。特別是對於新建的團隊，各個成員考慮問題的角度、習慣性的思維方式會有所差異，工作方法、使用的戰略戰術也有所差異。如果團隊的思路無法保持一致，這個團隊就會像一盤散沙，難以發揮凝聚力。但是，另一方面，如果團隊裡的任何事情都需要上級親自去思考、去決策，員工只是一味地遵從上級的安排，那麼長此以往，這個團隊就會形成惰性，失去競爭力和創造力。所以，飯店經理人是團隊的領導者，要培養團隊的每位成員具備主動意識。

※主動關心賓客

員工要將主動關心賓客作為一種工作習慣，作為提高自身職業道德和素質修養的途徑，透過主動關心賓客，為賓客提供超前服務以達到一種「完美服務」的境界。

※主動向上級彙報

飯店經理人應該讓下屬養成主動向上級彙報的習慣。主動向上級彙報一方面可以讓上級放心，另一方面萬一自己誤解了上級的意思，可以及時修正。

當上級的決策70%來自於員工的意見時，管理就不會脫鉤，鏈條就不會斷裂，這個團隊就牢靠了。

※步調一致

飯店的每個成員都是團隊不可缺少的一分子，應在共同目標的指引下，團結共進。但是，因為成員各自的能力、做事風格和工作效率有差異，團隊中難免會出現有的人跑得快、有的人跑得慢的現象。結果，整個團隊就會像個鬆散的馬拉松隊伍，配合不緊密，缺乏協調性。所以，要保證團隊的整體步調一致，飯店經理人首先要從自我做起，培養和鍛鍊團隊的互助合作性。

※不推諉

飯店經理人首先要注意加強飯店各部門之間的互助合作。如果各部門之間遇到問題相互推諉，互踢「皮球」，這只「皮球」早晚要被踢破，同時，也會造成工作效率低下和資源浪費。

※不自大

如果飯店經理人把自己擺得高高在上，把員工視作執行命令的侍從，那麼這就只是一個「監督型」的群體，稱不上是團隊。而如果員工樂意以你為核心，凡事有目的地請教你，這才會形成團隊。當飯店經理人的工作只是訓練和引導員工去做事時，便達到了團隊的最高境界。

※不特殊化

◎三國時，曹操曾下令：「凡肆意踐踏良田者殺無赦。」一天，曹操率軍途經一片良田時，突然戰馬受驚，闖進田裡，踐踏莊稼數畝。軍令如山，曹操當即要拔劍自刎，被眾部將苦苦攔下，「國不可一日無君，軍不可一日無將」，最後曹操還是割下自己的一縷頭髮以示眾部下：法不可違。此事被後人傳為佳話。

飯店經理人要身先士卒，以身作則，嚴格遵守自己擬定的規章制度，不能因為自己擁有權力就凌駕於制度之上。

建設優秀的團隊

這是一個鑄造優秀團隊的時代，同時，又因為團隊中各式各樣的衝突的存在，導致眾多團隊遭遇多米諾骨牌式的失敗。怎樣建設優秀的團隊？每一位飯店經理人都在探索中尋找答案。

❖建設優秀團隊遵循「5W1H原則」

※Who——我們是誰

團隊成員須加強自我認識，同時瞭解團隊成員各自的優勢和劣勢、處理問題的方式、價值觀的差異等，從而取長補短，互相協作。

※Where ——我們在哪

每一個團隊都有自己的優勢和劣勢，透過分析團隊所處的環境來評估團隊的綜合能力，找出與目標的差距，以明確團隊應如何發揮優勢、迴避威脅、迎接挑戰。

※What ——我們做什麼

團隊的每位成員應以團隊的目標為導向，明確團隊的行動方向、行動計劃，煥發激情，積極迎接每一階段的挑戰，逐步實現團隊的整體目標。

※When——我們何時行動

在恰當的時刻採取恰當的行動，是團隊成功的關鍵。團隊在遇到困難或阻礙時，應把握時機根據形勢進行處理。在面對內外部矛盾衝突時，應在恰當的時候進行舒緩或消除。

※Why ——我們為什麼行動

很多飯店在團隊建設中容易忽視這個問題，這也是導致團隊運行效率低下的一個原因。團隊要保證高效率運作，必須讓團隊成員清楚團隊運行成敗對他們帶來的影響是什麼，以增強團隊成員的責任感和使命感。

※How ——我們如何行動

怎樣行動涉及團隊運行問題。團隊內部成員如何分工，每個成員擁有什麼權力、承擔什麼責任，都要有明確的描述和說明，以建立團隊成員的工作標準。

❖怎樣建設優秀團隊

※明確目標

明確目標就是要為團隊量身訂製今後的發展方向，沒有目標的團隊就沒有了方向和動力。飯店經理人要為團隊明確工作目標，這個目標既不能太高，也不能太低，否則，都會挫傷成員的積極性。

※接受衝突

自古以來，我們的社會價值觀就不斷強調：「天時不如地利，地利不如人和」、「家和萬事興」、「以和為貴」，主張盡量避免衝突。現在，最新的管理理念認為：沒有衝突就沒有進步。只有衝突才有問題、才有分歧、才有爭論、才有意見和方法，團隊才能得到改進和發展。所以，有衝突才會有創新，有創新才會有發展，有發展團隊才能進步，才能在競爭中立於不敗之地。

※排除利己思想

利己的思想包括以自我為中心，自私、自大，凡事要自己說了算，凡事要以自己的利益為先。排除利己思想要求每位成員都要把自己當作團隊中的一塊磚，搞清楚團隊利益和個人利益的關係，要謙虛、團結、有遠見、顧大局。

※建立原則

松下幸之助說：「堅持始終如一的原則，並且心存感謝與服務誠意，必使一切利益又回饋到自己身上。」

建立原則就是自己對事情要有主見，不要用「隨便」、「無所謂」、「你看著辦」等口頭語，這是一種無原則的表現，優秀的團隊要反對無原則的自我犧牲。做就做，不做就不做；是就是，不是就不是；同意就同意，不同意就不同意。

※樂於協作

樂於協作是指自己願意配合團隊的其他成員。一個團隊只有成員之間相互協作、相互配合，擰成一股繩，才可能團結一致，向著一個共同的目標邁進。

人是獨立的個體，是不容易凝聚的，而且凝聚的代價往往也比較大，但是現今社會中沒有一個人單靠自己就能頂天立地。任何競爭都不是個人賽，而是團體賽。飯店經理人如何有效地控制人才，使之積極有效地產出，並將之鑄就成一支優秀的團隊，說到底，還是要方向正確，分工明確，遵循原則，協作共進。

第十一章 敢於授權，善於激勵

本章重點

●讓員工分擔你的思考

●如何有效授權

●激勵＝獎勵？

●給她鮮花給她夢

◎放風箏

放過風箏的人都知道，要想把風箏放飛，必須具備以下條件：一只做工良好的風箏，一個轉動自如的線軸，一根上百米的輪胎線，適當的風力，還有放風箏者良好的體力。風箏放飛以後，放風箏的人的主要任務，一是要盯住它，隨時關注風箏的位置和姿態；二是隨時調整風箏的高度；三是手始終不離那根風箏線，防止風箏失控。

放風箏不僅是一種技巧，更是一門藝術，在管理實踐中，同樣存在著「放風箏」的原理。一個具有領導藝術的飯店經理人，就是一名放風箏的高手，在實際工作中善於有效授權。而員工就是一只只可以放飛的風箏，他們性格各異，專長不同，能力也有差異，但是飯店經理人要把他們一個個放飛天空。可是無論「風箏」飛多高，飯店經理人的手中始終有一根堅韌的線，使一切都在掌控之中。

◎教小孩學走路

父母在教孩子學走路時，往往在孩子面前搖晃一個可愛的玩具或是孩子喜歡的食品，引誘孩子上前來取。柔弱的孩子在父母的激勵下挪動雙腳向前移步，一步一步，跌倒了再爬起來，直到能夠穩健地踏出每一步。

上級對待下屬就像父母教幼兒學走路一樣，要不斷地給他一個物質上或是精神上的激勵，才能使其有一個不斷努力的動力。

◎筆記本電腦和礦泉水哪個更有價值

田徑場上，運動健兒大展英姿，最終的獲勝者將得到一台高檔的筆記本電腦；如果獎品只是一瓶優質礦泉水的話，也許沒有人會如此拚搏。但是，換一種環境，如果參加比賽的是一群在茫茫沙漠中徒步跋涉了幾日之後、饑渴難耐的人，那麼再高檔的筆記本電腦此時也毫無價值，相反，一瓶礦泉水也許會成為他們拚命的動力。

用於激勵員工的刺激物並非一定是金錢或者值錢的東西，但一定要是員工最渴求的。最具有針對性的才最具有動力。

◎「Money」與「Tiger」

如果說用100萬，甚至1000萬的代價讓一個人跳過一個很寬的溝壑，也許他不會這樣做，因為這樣做太危險。但是，如果身後有一只餓了很久的猛虎在追，沒有退路，可能一分錢不給，這個人也會「勇敢」地跳過去。

對一個人的激勵可以是正面的，也可以是側面的。可以告訴他完成某項任務之後能夠得到什麼，也可以讓他明白如果不完成任務的話又會有怎樣的下場。在特定的環境下，帶有威脅性質的激勵也許能產生更好的效果。

讓員工分擔你的思考

本節重點：

什麼是授權

為何要授權

授權≠棄權

◎作為一名飯店經理人，你是否被下屬圍得團團轉？

◎你的手機是不是總在響，即使下班、休假也一樣？

◎你的辦公桌上是否總堆著高高的文件要批閱？

◎你是不是覺得自己的工作就是「吃飯＋開會」？

◎是不是你離開辦公室一天，下屬就有許多的問題要向你請示？

◎你是否發現自己在處理問題時，總是眉毛、鬍子一把抓？

◎你是否覺得飯店離開你就要失控？

……

一位成功的飯店經理人應該懂得：「一個人權力的應用在於讓下屬擁有權力。」

什麼是授權

◎什麼是授權

作為一名飯店經理人，當你出差在外時，是安排一位負責人，比如你的助理，全權負責飯店運營的一切事務呢，還是給手機充足話費，24小時待命，實行「空中管理」呢？

飯店管理的實質是飯店經理人透過下屬來達成工作目標。這中間就牽扯到授權的問題，那麼，什麼是授權？

授權就是指飯店經理人在實際工作中，為充分利用專業人才的知識、技能，或在出現新增業務的情況下，將自己職務內所擁有的權限因某項具體工作的需要而委任給某位下屬。這種委任可以是長期的，也可以是短期的。

❖授權是透過他人來達到目標

授權不是自己透過實踐去實現目標，而是透過授予權力讓被授權的人，圍繞部門或上級設定的工作目標進行工作。

❖ 授權只是授予權力

每一個職位上的權力叫職權，而每一個職位的責任和這個職位所擁有的權力是一致的、對等的，或者是相互關聯的，但是向下屬授權只是授予了權力，並沒有授予責任。所以，不是授完權就什麼都不用管了，而是要不斷關注監督。

❖ 授權要有適當的權限

授權要針對特定的某件事情，給予下屬的權限剛好能完成所要完成的工作。如果授予下屬超越工作需要的權力就可能造成下屬濫用職權，當然也不能授權不足。

❖ 授權就是要授予決策權

授權就是要把決策權授予下屬，而不能簡單地把細小、瑣碎的事情交由下屬去辦，這是授權的關鍵。

為何要授權

授權是工作過量的一個有效解決辦法，是飯店經理人在管理工作中的一種領導藝術，一種調動下屬積極性的有效方法。一般來說，一個稱職的飯店經理人離開辦公室後，飯店的各項運營是不會出亂子的。

❖ 贏得時間

充分授權有利於飯店經理人從繁忙的事務性、例行性的工作中解放出來，有更多的時間去進行更重要的工作。同時，授權可以為飯店經理人贏得時間「充電」，發展技能，有利於自我的發展。

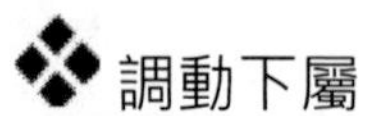

❖調動下屬

科學的授權一方面可以充分調動下屬工作的主動性和積極性；另一方面也提高了下屬的士氣，增強了工作的信心，能夠堅持不懈地完成工作目標，也為團隊的合作注入了活力。

❖加強溝通

授權加強了下屬和上級之間的有效溝通，打破了以往下屬對於上級只是一味無條件地服從這種消極、被動的關係，進而轉變成為合作共事、相互支持、相互配合的關係。

❖提高效率

授權減少了一些繁瑣、重複、機械的工作環節，緩解了工作中的壓力，提高了工作的效率，使飯店的運營更加快捷、高效，贏得了更多的時間，能夠更好地應對市場的快節奏。

❖培養梯隊

有效授權使下屬工作職責分明、權限清晰，培養下屬及團隊的能力，同時，授權也給下屬施加了壓力，使其才智得到充分的發揮，有利於飯店經理人選拔培養有能力的接班人。

授權≠棄權

飯店經理人雖然應該充分授權給自己的下屬，但是授權並不等於棄權，不是什麼事都不管不問、不理會。

❖授權≠不管

飯店經理人也知道管理要善於授權，要讓下屬有充分的權力處理其職責內的事務。但是，授權不等於不管，不是簡單地將權力授予下屬就萬事大吉了，把工作交給下屬就可以不管了。授權之後，飯店經理人還要對下屬提出具體的工作要求，並加強溝通與指導，跟蹤檢查工作落實的進度，確保授權之後工作目標能夠順利完成。

❖ 授權≠干涉

有些飯店經理人授權以後，不但不放心下屬，還橫加干涉下屬的工作。總是擔心出這樣或那樣的問題，對每一個過程、每一個環節都進行干涉，造成了「統而不放」，導致給下屬的授權不能達到完全的授權。在實際的操作中，往往是授予的權力又被收回，從而變成無效授權，或者說是有限的、被扭曲的授權。授權的關鍵就是權力的充分下放，接受授權的下屬是執行工作的全程決策者，而不是參與者。

❖ 授權≠代理職務

代理職務是指代理人代替被代理人全權處理各項事務，兩者之間是平級的關係，而非授權的上下級關係。代理通常包括所有的日常工作，通常僅限於一定時期內，飯店經理人外出回來後立即宣告結束，而授權是針對某項具體任務，貫穿於任務完成的整個時期。飯店經理人是飯店最重要的管理者，有很多項職責，而被授權的下屬只能承擔飯店經理人一定的或是某一層面上的工作，對非授權的工作只有處理建議權，並沒有決策權。很多非常重要的權限是不可替代、不能授予出去的，授權並不是全權代理職務。

❖ 授權≠讓下屬完全自主

授權後飯店經理人要不斷檢查、監督、跟蹤下屬的各項工作，確保下屬是按照飯店的總目標和進度在執行。一旦遇到問題，飯店經理人要能夠及時糾正，使其不偏離方向，否則就不能實現飯店所制定的目標。

❖授權≠不承擔責任

在飯店管理工作中，授權就是讓被授權者幫助他辦事，是一種委託行為。授權不授責，不等於授權人不承擔責任。飯店經理人在向下屬授權的時候，並沒有把應負的責任授予出去，對自己職權內的所有工作負全部的、最後的責任。當下屬工作表現好時，應及時給予表揚，當工作開展不如意時，飯店經理人要有博大的胸懷，允許下屬犯錯，並且自己要敢於承擔責任，幫助下屬改正錯誤，而不是將責任推給被授權者。

如何有效授權

本節重點：

把握授權的度

掌握授權技巧

把握授權的度

飯店經理人是飯店的重要管理者，其管理思路及經營頭腦關係到飯店運營的成敗，因此，在對待授權方面必須慎之又慎，要把握分寸，掌握一定的授權技巧。

❖哪些權力可以授

授權讓下屬做那些不太重要、風險較低的工作，或者是那些即使做砸了，對整個飯店、部門的影響也不大的工作。

※重複性的或雷同的工作

在飯店的日常工作中，有很多在工作方式上屬於雷同或重複性的工作，對於這類工作，飯店經理人可以授權讓下屬去做。

※下屬能夠做好的工作

有一些下屬完全能夠做好的事情，飯店經理人要授權給下屬去完成。如文員、秘書打字又快又好，這項工作必須授權；飯店人事部經理有較豐富的面試應聘人員的經驗，而且很專業，那麼就應將招聘工作授權給他去做。

※下屬已經具備能力可以做好的工作

飯店新員工入職飯店幾個月後對工作已經基本瞭解，並接受過專業的培訓指導，具備了獨立完成工作的能力，這時候，他的上級就應該授權。如果這位員工依然不能完成工作，作為上級就要想一想，是沒有好好培養他，還是沒有給他鍛鍊的機會。總之，對這類工作，要盡快地授權。

※有挑戰性，但是風險不大的工作

讓一位新入職的市場部策劃幹事寫一份關於本區域內同檔次飯店團隊接待的市場調研報告，對他來講，確實有挑戰性，因為他從來沒寫過。但這種挑戰風險並不大，因為這份文案會由部門經理和飯店總經理來把關，風險可以不斷降低。對這類工作，飯店經理人要授權。

※有風險，但可以控制的工作

◎讓人力資源部的人事經理去完成飯店的招聘工作。

這是個有風險的工作，他可能完不成任務，但是招聘的工作是可控的。比如職責要求、任職資歷等要和飯店中、高層領導進行溝通，如果出現問題，會得到及時控制和糾正。此類飯店工作在實施過程中有很多的關鍵點是可以控制的，作為上級只要做好前饋控制，也不會出現多大的問題，屬於可以授權的工作。

❖哪些權力不能授

儘管從某種角度說，飯店經理人授權越多越好，但並不是說將所有權力都授出去而自己掛個空銜就好，有一些工作是無法透過授權讓別人去完成的。一般來說，授權禁區有：飯店重大經營決策、定價權，重要人事安排及重大獎懲處置權，飯店硬體建設、固定資產添置及資金審批權，崗位組織結構設置及變更的決定權等。

※親臨現場

參加省、市或行業內的重要討論會，需要飯店高層管理人員親臨現場主持發言的，就無法授權給別人，因為要滿足職能部門領導及賓客求尊重的需求。這類工作非本人做不能達到效果，因此，不能授權給別人來做。

※重大問題決策權

飯店經理人要為下屬制定很多的標準，比如績效標準、工作規則、工作流程等，要求下屬按照規定去做，這類涉及飯店制度管理、需要決策的權力不能下放。

※人權

人權也就是人事管理權，包括人事任用權、人事指揮權、人事罷免權、人事考核權、人事獎懲權等。

※財權

◎飯店授予銷售部與其他單位簽署消費簽單掛帳協議的權力。這種簽單掛帳權力是不能隨便授權給下屬的，否則控制不力，會造成壞帳，給飯店造成損失。

財權也就是對飯店資金支配使用的權力，包括資金預算權、資金支付權、資金使用裁定權、資產使用權、資產處置權等。

※物權

物權是指對飯店所有資產的掌控權，包括固定資產添置審批權、飯店營業物品領用權、飯店經營物品採購審批權等。

※經營定價權

經營定價權是對飯店重要經營方針的審定權，如飯店客房房價的制定、團隊和會議的價格政策體系等。

掌握授權技巧

授權要符合飯店經理人管理活動的規律，要有利於實行有效的統率與指揮。

❖明確授權內容

飯店經理人向下屬授權，必須明確哪些權力可以下放，哪些權力不能下放。經理人的權力保留多少，要根據不同的任務性質、不同的環境和形勢以及不同的下屬而定。大體說來，凡是分散精力的工作、上下都可支配的邊界權力以及因人因事而產生的機動權力都可以下放。

❖選對人授權

◎對於性特別向的人，授權讓他解決人事關係及部門之間溝通協調的事，比較容易成功。

◎對於性格內向的人，授權他分析和研究某些問題則容易成功。

◎對於能力相對較強的人，宜多授予一些權力，這樣既可將事辦好，又能鍛鍊人。

◎對於能力相對較弱的人，不宜一下子授予重權，否則就可能出現失誤。

總之，要根據下屬能力的大小、個性特徵以及綜合素質來授權。

❖逐級授權

在飯店管理工作中，飯店經理人容易出現越級授權，但是，越級授權往往會引起被授權者直接上級的不滿，也容易使被授權者產生顧慮，影響其放手開展工作，所以授權應該是自上而下逐級進行的。逐級授權是指作為上級的飯店經理人對直接下屬進行授權。

❖選擇授權形式

飯店經理人應以備忘錄、授權書、委託書等書面形式授權並發放至飯店各相關部門。明確授權範圍，既可避免下屬做超越權限的事，又可避免下屬將其處理範圍內的事上交，同時，便於飯店經理人加強監督檢查。

※會議授權

會議授權有利於使其他與被授權者相關的部門和個人清楚飯店經理人授予了他什麼權、權力的大小和權力範圍等，以避免在今後處理授權範圍內的事時出現程序混亂或其他部門服不合作之類的問題。

※書面授權

書面授權是指領導者透過頒布正式文件或下達文字指令，對授予下屬的工作的職責範圍、目標任務、組織情況、職權、職能等作出明確的規定。

※口頭授權

口頭授權是指飯店經理人對下屬用語言宣布其職責，或者依據會議所產生的決議口頭傳達。這種方式不適於責任重大的事項，因為它會帶來職責不清、互相推諉、玩忽職守等弊病。

飯店經理人應該根據工作內容的重要性進行分類，對不同重要性的工作採用不同的有效的授權方式。同時飯店經理人還要不斷學習，根據下屬的接受能力，選擇不同的授權方式，使得這種授權具有獨特的意義。

❖ 進行有效溝通

授權是任務的傳遞，這種傳遞必須是直通的、有效的。飯店經理人必須將工作的預期結果、要求達到的階段成果等與下屬進行溝通，並保證這種溝通是暢通的。同時，溝通還是下屬的權力得以保證的重要方法，所以這種溝通應該是多向性的。

❖ 授權要穩定

飯店經理人應該明白「用人不疑，疑人不用」，要理解和幫助下屬，充分信任他們。如果授權後立即變更，會產生不利的影響。一方面等於向其他人宣布自己在授權上有失誤；另一方面，權力收回後，自己負責處理此事的效果會更差，還會產生副作用。同時，還會使下屬覺得自己得不到上級的信任。因此，飯店經理人在授權後一段時間裡，即使下屬工作不是很到位，也要透過適當指導或創造一些有利條件讓其將功補過，不必立即收權。

❖ 跟進和控制

授權不是任務的終結，而是任務的開始。在授權以後，項目的執行是否按照授權者的要求去實現，必須透過後續的持續跟蹤或彙報來實現，沒有跟蹤或彙報的授權執行，很有可能偏離授權者的要求方向。

授權有一個關鍵因素，那就是必須使其受控，失去控制的授權是沒有意義的，對飯店同樣會造成傷害，飯店經理人在授權時不能想當然地認為被授權者應該可以做好。授權不僅是信任下屬，也意味著敢於承擔責任。

激勵＝獎勵？

本節重點：

什麼是激勵

激勵的技巧

激勵的作用

激勵≠獎勵

◎「為了讓每一個人高興，我會給不同的人不同的帽子。」

——聖誕老人

◎李先生任某學校校長，有一天，他看到一名男生用磚頭砸同學，遂將其制止，並責令他到校長辦公室等候。李先生回到辦公室之時，發現這名男生已在等候。李先生掏出一塊糖遞給他：「這是獎勵你的，因為你比我按時到了。」接著又掏出一塊糖給他：「這也是獎勵你的，因為我不讓你砸同學，你立即住手了，說明你很尊重我。」男生又接過糖。李先生又說：「據瞭解，你打同學是因為他欺負我們學校的女生，說明你很有正義感。」李先生遂掏出第三塊糖給他。這時男生哭了：「校長，我知道我錯了，同學不對，我也不能用這種方式來對待他。」李先生又拿出第四塊糖說：「你已認錯了，再獎你一塊，我們的談話也該結束了。」

人受一句話，佛受一炷香。任何時候都不要忘記每個人都渴望受到賞識。懲罰往往是弊大於利，它不是改進工作的動力，而只能產生怨恨。讚美是最有效、最廉價的、或許也是最好的管理手段。

什麼是激勵

飯店員工的積極性主要表現為工作的責任心、主動性和創造性三個方面，因此調動員工工作積極性，就是增強員工的工作責任感，激發員工的工作熱情，促進員工努力工作的行為，這是飯店管理的重要內容。作為飯店管理者，飯店經理人必須擅長於採用各種方式激勵員工，最大限度地調動員工的工作積極性，以求為飯店創造出良好的經濟效益和社會效益。

❖什麼是激勵

激勵，按字面意思理解，「激」就是激發，「勵」就是獎勵或鼓勵。激勵是指飯店經理人根據下屬的需要，激發其動機，使其產生內在的動力，並朝著一定的目標行動的心理活動過程，也就是調動人的積極性的過程。

❖激勵的基本要素

※激勵時機

激勵時機是指為取得最佳的激勵效果而進行激勵的時間。激勵時機適當，才能有效地發揮激勵的作用。這應根據員工的具體需要而定，在員工最需要的時候進行激勵，效果會比較好。

※激勵頻率

激勵頻率是指在一定時期內對員工施以激勵的次數。激勵頻率對激勵效果有著非常顯著的影響。一般而言，頻率越高，激勵效果就越好。

※激勵程度

激勵程度指激勵手段對員工產生的激勵作用的大小。激勵手段越符合員工的需要，激勵作用就越大。

激勵的技巧

員工積極性的高低取決於其受激勵的程度，但每位員工的需要又各不相同，因此飯店經理人應根據具體情況運用激勵技巧。

❖給員工以希望

※飯店的等級

飯店的等級會給員工以極大的希望，員工一般都會覺得在高星級飯店中工作很有面子，因而會倍加珍惜，努力工作。

※飯店經理人的工作作風

飯店經理人公正、務實、民主的工作作風會給員工樹立榜樣，引導員工行為向飯店目標所斯望的方向發展。

❖給員工以機會

※升遷——內部招聘

飯店內部員工的提升是填補飯店內部空缺職位的最好辦法，對員工的工作積極性能產生激勵作用，讓員工感到晉升機遇的存在。

※培訓——開闊眼界

透過培訓員工可以擴大知識面，增強自信心和就業能力，獲得更多的發展機會。

※發揮特長——增強成就感

飯店經理人為員工創造新的工作環境，發揮其才能和工作積極性，使「人在其位，位得其人」。這對於挖掘員工的潛力，激發他們的積極性，增強凝聚力都有著重要的意義。

❖給員工以出路

員工在飯店工作多年，總希望在飯店中謀取一席之地，飯店應給員工以出路。

※管理之路

把有管理能力的員工提拔到管理崗位上來。

※技術之路

有些員工是技術上的高手，也是飯店的財富，應妥善加以利用。

❖給員工以待遇

※薪酬合理

薪酬是保障和改善員工生活的基本條件，也是員工個人價值的一種體現。飯店要想激發員工的工作積極性，最基礎、最簡單的方法就是給員工以相對較高的收入。

※分配公平

員工關心的不僅是自己報酬的絕對值，更關心的是報酬的相對值。飯店必須給員工公平的競爭條件，使他們各盡所能、各盡其才，要保持精確、客觀、公正。

❖給員工以溫暖

※關心員工

員工是具有一定需要的人。飯店經理人應關注員工的需要，並盡量滿足其合理需求，切實提高員工的工作積極性。

※理解員工

飯店經理人應體諒員工的苦惱，並在管理過程中多點人性化的方式，員工的工作積極性自然會被激發出來。

※信任員工

飯店經理人應充分信任員工，員工才會充滿信心，並產生強烈的榮譽感、責任感和事業心。這樣員工願意承擔工作，更願意承擔工作責任。

激勵的作用

一個人在透過充分激勵後所發揮的作用相當於激勵前的好多倍。激勵對員工來說是非常重要的，員工只有在激勵的作用下，才能發揮主觀能動性和創造性，並取得優異的工作成績。

❖發揮員工積極性，挖掘其內在潛能

飯店經理人在瞭解員工的心理需求，如成就、情感、歸屬、尊重等的基礎上，透過具體分析，有針對性地設置目標，把飯店的目標與員工的需求有機地結合起來。從而更好地發揮員工的內在潛力，並透過合理的手段，使其轉化為員工的行為。使表現出色的員工能維持其良好的行為，使表現較好、一般甚至較差的員工轉化為表現良好的員工。

❖提高飯店的服務質量和管理水平

飯店員工最清楚飯店運轉中存在的各種問題，飯店經理人要鼓勵員工提出合理化建議、建設性意見和措施，即要激勵員工以主人翁的姿態去工作，發現問題並積極想辦法解決問題，不斷提高飯店

經營管理水平和服務質量。

激勵≠獎勵

◎激勵，不就是獎勵嗎？

發發獎金、送個紅包、獎勵旅遊、買件禮品……

這些都是獎勵，但是不是激勵呢？

❖獎勵是外在形式的表揚

獎勵是對員工或下屬的工作給予一定的表彰，或獎勵一定的金錢、獎品、禮物等物質，是對下屬或員工的一種表揚和鼓勵的行為。

❖激勵是內在形式的鼓舞

激勵是從下屬的內在動力出發，使員工在開始工作時就充滿熱情，發揮潛在的能量，它是一種內在的、更深刻的激勵下屬工作的方式，是對下屬的一種精神鼓舞。

激勵不等於獎勵，獎勵側重於事後，而激勵主要是事前，獎勵是激勵的一個方面，但不是全部。

❖激勵不等於給錢

◎激勵，不就是給錢嗎？

給下屬漲工資——給錢；

下屬說工作很累——加錢；

讓下屬晉升——給加薪；

當下屬要辭職時——加錢就能解決問題；

下屬工作業績突出——多發獎金；

說來說去就是一個錢字，激勵就是給錢嗎？

錢是一項重要的激勵資源，一項必不可缺的物質基礎。沒有錢是萬萬不行的，但只有錢又是萬萬不可的。錢是激勵員工的一種方式，但不是唯一的方式。有的飯店經理人把錢當成了萬能鑰匙，以為可以用它來打開所有的鎖，結果是有的打得開、有的打不開。過度相信金錢的巨大力量，並非一定能取得預期的效果。

❖激勵不等於高薪

許多飯店為了激勵員工，便投其所好地為其提供優厚的薪酬。飯店經理人普遍認為，只有高工資才能激勵員工的工作熱情。事實上，高工資也是一把雙刃劍，有利也有弊。

（1）高工資增加了飯店的人力成本，影響了飯店的效益。

（2）高工資缺少增長的餘地。如果飯店把工資的起點定得過高，那麼工資的漲幅將非常有限，而當員工看不到工資有較大的增長時，高工資的激勵作用也就轉化為牴觸情緒了。

（3）高工資將給員工造成負面的心理影響。過高的工資會給員工帶來巨大的心理壓力，以致無法朝氣蓬勃地面對工作。

給她鮮花給她夢

本節重點：

學會讚美下屬

激勵的方法

◎齊威王夫人死，十個宮女均受齊威王喜愛，孟嘗君很想確切知道齊威王到底想立哪個宮女為夫人。為此孟嘗君做了十副耳環，其中有一付特別明亮，若無其事地送給齊威王。第二天，孟嘗君就推薦戴明亮耳環的宮女為繼任夫人。此舉正合齊威王的心意，也得到了新夫人的感激。

投其所好，要先探其所好。要想有效地激勵下屬，使其心甘情願為飯店辛勤工作，甚至廢寢忘食，飯店經理人不但要毫不吝嗇地送「鮮花」給下屬，還要送下屬喜歡的「鮮花」。

學會讚美下屬

◎「做得不錯！」

◎「很好！」

◎「非常棒！」

◎「這次表現不錯！」

◎「你這次的接待任務完成得非常出色！」

◎「相信你有能力做好！」

◎「就照你的意思去辦。」

◎「行，思路很好，就按你的意思去做。」

……

人，都喜歡被稱讚，認可與讚美會極大地提高一個人的積極性。就像對小孩子一樣，一般情況下，你越誇他，他越起勁。同樣地，成人也會表現出這樣的特性。所以，不妨多多讚美你的下屬。

❖認可與讚美下屬

※信任是前提

認可與讚美有巨大的激勵作用，但往往並沒被經常採用，其原因就在於缺乏信任。不信任會使人們難於發現他人的優點，因而也就難以表達出對他人的認可與讚美。

飯店經理人是否願意對下屬表示認可與讚美的關鍵在於是否信任下屬。為了獲得讚美的效果，飯店經理人要建立對下屬的信任感，要相信下屬都有把工作做好的意願，同時，還要善於發現下屬的優點。

※寬容是基礎

飯店經理人要對下屬抱有寬容之心，並對下屬運用認可與讚美的激勵方法，允許下屬犯錯誤，要意識到他們達到你的標準需要一個過程，也可從我們飯店經理人自身查找原因，反思我們的培訓及管理工作是否到位。擁有了寬容的心態，就會覺得原來對下屬所說的讚美的話語是真誠的，並不是違心的，也就會發現原來下屬確實有如此之多的優點。

❖讚美的技巧

◎別人希望你怎麼對他，你就怎麼對他。

◎講他們聽起來入耳的話。

◎賣給他們本來就想買的東西。

◎帶他們走他們本來就想走的路。

在態度上保持了信任和寬容之後，飯店經理人還需要掌握讚美下屬的技巧。

※及時

◎拿破崙在帶領軍隊打仗時，每打一次勝仗，就立刻將俘獲來的戰利品分發給士兵，作為對他們勇敢表現的一種讚賞和激勵。

物質激勵都是在比較長的時間內實施一次，也就是具有較長的週期。而認可與讚美的激勵措施則要求你隨時發現下屬值得讚美的地方，因而不存在週期，可以頻繁進行。對員工的激勵一定要及時，才會有效果。

※具體

認可和讚美下屬要針對具體的某一件事情而提出，要事出有因，使其知道因為什麼而得到表揚，切忌泛泛而談，否則，會讓對方「丈二和尚摸不著頭腦」，根本不知道你在稱讚他哪些方面。

※真誠

只有真誠的讚美才會換回真心的回報，不要僅僅是為了激勵而讚美下屬。同時，讚美也要把握一個「度」，否則，難免會讓下屬產生「黃鼠狼給雞拜年——沒安好心」的猜疑。

※有的放矢

下屬在工作中有表現突出的地方，也有不盡如人意的地方。在這種情況下，飯店經理人要針對他令人滿意的地方有的放矢地實施激勵，要在肯定、表揚之後，再委婉地指出他處理得不夠好的地方，不要一棒子將下屬置於死地。

※對事不對人

很多飯店經理人可能有這樣的思維定式：身為上級，就是要批評和指責下屬的。事實上，不恰當的批評會帶來很多負面效應。一般情況下，飯店經理人不可直截了當、開門見山地指出下屬的缺點與不足，否則下屬會認為這時你對他的看法才是真的，平時都是虛偽的。用委婉的方式就事論事，而非就事論人地批評，往往可以獲得截然不同的效果，使下屬更能接受你的批評，何樂而不為呢？

激勵的方法

◎飯店組織競賽，給獲獎員工頒發獎品、證書。

◎飯店組織表現優秀的員工旅遊。

◎飯店組織員工外出培訓、學習。

◎飯店開辦員工圖書室。

◎飯店免費組織員工體檢。

◎飯店發給員工住房補貼、交通補貼、通訊費補貼等。

◎在員工生日時，為員工舉辦生日慶祝。

◎飯店在諸如中秋、春節、端午節等節假日，給員工發放禮品。

◎組織優秀員工家屬來飯店過年。

……

激勵是現代社會最大的智慧。飯店經理人激勵員工有很多種方法，常見的有以下幾種：

❖需要激勵

需要激勵是應用最為普遍的一種激勵方式。飯店經理人要按照每位員工不同層次的需求，選用適當的動力因素來進行激勵。

◎對追求安全和保險的員工，可強調工作安全、健康保險、工作保障等內容。

◎對追求歸屬感的員工，可多組織團體活動，經常與他們進行溝通。

◎對追求自尊的員工，可對其工作成績及時給予表揚和關注，給予一定的物質或精神獎勵。

◎對追求自我實現的員工，可授予其責任和權力，安排挑戰性的工作，讓其獲得成就感和榮譽感。

當然，人的需求是多方面的，每個人因情況不同，需要也自然不一樣，既有物質方面的，又有精神方面的。因此飯店經理人要注意綜合運用這些激勵因素，關鍵是要分析員工的需要，掌握不同類型員工的主導需要。

❖目標激勵

目標激勵法促使每位員工關心自己的飯店，為員工樹立一個明確的目標，是使員工提高士氣和情緒的原動力。

(1) 讓部分員工參與制定工作目標，因為最瞭解本職工作的是該崗位上的員工，他們的參與可使該項工作的程序、標準和工作量切合實際，並得到員工的支持。

(2) 要對工作目標的執行情況進行監督，不斷評估員工的表現，對於那些表現良好的員工要及時表揚和鼓勵，對於違規行為要加以糾正，必要時要進行懲罰。

❖情感激勵

情感激勵是針對人的行為最直接的激勵方式。飯店為了滿足賓客的需要，要求員工熱情待客，那麼飯店經理人必須先用自己的真誠打動員工。如果飯店經理人對下屬態度冷漠，不僅使整個飯店的微笑服務難以實現，而且往往容易傷害員工的感情。一位優秀的飯店經理人要善於用飽滿的激情感染和激發員工的工作熱情。

精神激勵

◎逆境取勝

在一次戰鬥中，拿破崙遭遇敵軍頑強的抵抗，自己也因一時不慎落入泥潭中，弄得渾身是泥，狼狽不堪，軍隊的士氣更加低落，形勢非常危急。可是拿破崙抱著必贏的信念，爬出泥潭，大吼一聲：衝啊！士兵們看到他狼狽的模樣，忍不住大笑，但是，也被他的精神所鼓舞，一時間群情激昂，奮勇殺敵，取得了戰鬥的最後勝利。

精神激勵透過滿足員工自我實現的需要，最大限度地調動員工的工作積極性和工作熱情。作為一名飯店經理人，你的自信會感染你的員工，你的樂觀精神會帶領瀕臨危機的團隊走向成功。

榜樣激勵

榜樣激勵就是透過滿足員工模仿和學習的需要，引導員工行為向飯店目標所期望的方向發展。榜樣式激勵生動鮮明，有說服力和號召力，也容易引起員工感情上的共鳴。同時，飯店經理人的行為本身就具有榜樣作用，對員工產生著一種巨大的影響力，因此，飯店經理人應注意樹立自身的良好形象，成為有效激勵員工的榜樣。

績效激勵

飯店經理人不再根據工作時間來支付薪酬，而以員工工作的績效為依據發放工資和報酬。具體的做法有：按件計酬獎勵、工資制、分紅制和一次性獎金制。

榮譽激勵

飯店經理人以各種各樣的榮譽稱號對員工進行表彰和獎勵，如最佳員工獎、服務明星獎、微笑大使獎、最佳節約獎、最佳建議獎、最佳業績獎、最佳貢獻獎等。

競爭激勵

競爭激勵是指飯店經理人在飯店內部組織形式多樣、內容豐富的競賽活動，讓廣大員工充分參與，對獲勝的員工給予一定的獎勵，以此調動員工的積極性。

❖ 危機激勵

危機激勵是指飯店要創造危機感，營造一種緊張的工作氛圍和工作壓力，以增強員工的危機意識和思想緊迫感，從而能夠更積極地工作，提高工作效率。

❖ 成功激勵

成功激勵是指飯店經理人要將員工個人的發展目標與飯店的目標相結合，並為員工提供指導和幫助，透過實現飯店目標來滿足員工的成就感和自豪感。

❖ 環境激勵

環境造就人，有什麼樣的環境，就有什麼樣的員工。環境激勵是營造出一種獨特的環境和氛圍，以激發員工的工作熱情、主動性、創造性和奮鬥精神。

❖ 興趣激勵

飯店經理人在飯店經營管理中要充分重視員工的興趣，把工作目標和員工的個人興趣緊密結合起來。

此外，還有信任激勵、參與激勵、培訓激勵、職務激勵、形象激勵、內在激勵、挑戰激勵、人格激勵等激勵方法。在實際工作中，激勵並沒有固定的模式，需要飯店經理人根據具體情況靈活掌握和綜合運用，才能真正達到激勵的目的。

總之，飯店經理人在實際管理過程中，要不斷超越，突破自我，挑戰現有的管理方式，贏得更多的機遇和時間去開拓、創新、發展。另外，還要掌握一定的授權技巧，否則權力的高度集中，會導致下屬只能被動地、機械地、盲目地執行命令。長此以往，他們的積極性、主動性、創造性會逐漸被磨滅，他們的工作熱情會消失，勞動效率會下降，從而使組織的發展失去基礎。

同時，從個人情感需求的角度出發，人人都喜歡炫耀自己，都想讓人覺得自己重要。要讓別人覺得你認為他很重要是激勵人的最有效手段。俗語說，「軟繩子捆得住硬柴禾。」激勵的策略就是引導他人「快快樂樂」地去做他「應該」做的事，甚至是他不「喜歡」的事。而讓員工去做事的最好的方法就是要能夠激發他內心的渴望，讓他心裡想做，自己要做。

第十二章 留住優秀員工

本章重點

●飯店員工流動如何管理

●飯店經理人用人策略

●誰是優秀員工

●愚公移「山」還是移「人」

◎劉邦、劉備的用人之道

給待遇。劉邦給韓信的，劉備給諸葛亮的，都是當時第一流的待遇。入則為相，出則為將。

給事業空間。對劉邦和劉備而言，目標都是一樣的：平天下、坐天下。韓信覺得在劉邦那裡，諸葛亮覺得在劉備那裡，可以成就一番功業，名留千古。

明確職責。平天下是終身行為，劉邦和劉備對部下分工明確，並督導部下。

充分信任和給予溫暖。無論是劉邦還是劉備，都給予了將相極大的信任和溫暖：一是破格，劉邦對韓信如此，劉備對諸葛亮也是如此。二是公示天下樹威信，撥亂反正建威望。三是贈物授信，劉邦和劉備都沒有少送戰利品給部下，財散人聚，古今中外，其實相同。

「得人心者，得天下」，劉邦和劉備都是中國歷史上的英豪，他們之所以能得天下，很大程度上就在於成功的用人之道。所以，學習他們吸引、留住優秀人才的方法，對飯店業解決「人才無處覓，人才留不住」的難題，大有裨益。

飯店員工流動如何管理

本節重點：

員工為何流失

員工流失對飯店的影響

員工流動應如何管理

對飯店員工實行動態管理，保持員工的適度流動，這是改善員工隊伍素質、實現人力資源最佳配置的前提條件。但是，員工的過度流動，會影響飯店的服務質量，並增加飯店的人力成本，進而影響飯店的經濟效益。所以，飯店必須加強員工的流動管理，保持員工的合理適度的流動。

員工為何流失

對於員工流失原因的分析研究表明，一般情況下，僅某一方面的原因是不足以促使員工跳槽的，因為員工對於跳槽問題還是會持謹慎的態度。從目前員工流失情況分析來看，導致飯店員工產生跳槽念頭的原因大致有以下幾方面。

❖ 薪酬偏差問題

一般情況下，飯店工資水平的高低是影響員工跳槽最重要的因素。在飯店行業中，不同規模、檔次與經濟類型的飯店之間及飯店與其他行業間的報酬差距是客觀存在的。但是，有些飯店因為自身管理體制不健全，出現薪酬設置不合理的情況，比如，同崗位員工，技能優秀的員工與技能較差的員工未能在薪酬上體現出差異；一些在工作崗位上有出色表現的員工，未能得到待遇上的獎勵。另外，許多員工把飯店支付給自己的報酬的高低作為衡量自身價值的砝碼。所以一些員工在尋找到了能夠提供更高報酬的飯店之後，就有可能選擇跳槽。

❖ 發展機會問題

報酬是人們選擇職業時比較注重的一個因素，但它並不是人們做出最終決策的唯一依據。有些員工為了能得到更多的發展機會，寧可暫時放棄較高的報酬，追求的是自己個人品牌價值的提升。若自己的才華得不到很好的施展，即便在這家飯店能拿到比同行們更高的收入，他們也會跳槽到那些能為員工制定職業生涯規劃，提供更廣闊的發展空間的飯店或其他企業。

❖ 工作環境問題

飯店員工直接面對賓客，工作量大、工作辛苦、工作時間不穩定、工作性質比較單調，有時還要遭受客人的不尊重甚至是人格侮辱。在有些飯店，由於管理者自身素質不高或在工作中缺乏情感管理，致使員工認為得不到應有的關心和尊重。有些飯店存在著內部人際關係過於複雜等問題，使一些員工因為無法忍受這種壓抑的工作環境而跳槽。

自我社會定位問題

一些員工認為自己所從事的服務工作低人一等，加上其所接受的職業意識培訓不到位，員工的自我尊重意識不足，未能從尊重他人上升到尊重自我，導致對飯店行業存有誤解和偏見，一旦有機會，便想方設法跳槽。另外，在飯店行業，流行著這麼一種觀點：「技術工種像南瓜，越老越紅；服務工種像絲瓜，越老越空。」認為飯店行業是吃青春飯的行業。在這些觀念的影響下，跳槽也就成為他們時常考慮的問題。

其他方面的問題

一些員工出於工作以外的個人方面的原因也可能會做出跳槽的決定。比如有些飯店缺乏對員工的團結和關愛，員工在其中找不到「家」的感覺；也有的員工在外地工作時間較久以後，隨著年齡的增長，他們想回家，於是會放棄現在的工作；還有的員工是認為飯店工作比較辛苦，因為身體方面的原由退出等諸如此類的原因。

員工流失對飯店的影響

員工流失總會給飯店帶來一定的影響，這種影響有積極的一面，但更多的是消極的一面，頻繁的員工流動會給飯店帶來許多不利的影響。

給飯店造成一定的成本損失

飯店從招聘員工到培訓員工所支付的人力資本投資將隨著員工的跳槽而流出本飯店並注入到其他企業中。飯店為了維護正常的經營活動，在原來的員工流失後，需要重新找尋合適的人員來頂替暫時空缺的職位，這時，飯店又要為招收新員工而支付一定的更替成本。

❖影響飯店的服務質量

一般來說，員工在決定離開但尚未離開的那一段時間裡，他們對待工作的態度不會像以往一樣認真負責，有些員工甚至由於對飯店的不滿而故意將事情做砸。若員工在這樣的心態下工作，飯店的服務水平自然會下降。此外，在老員工離職之後，新員工尚未招聘到位的一段時間內，其他員工的勞動強度會加大。再者，由於新入職員工在工作能力上總有一定的差距，這都間接地影響了飯店的服務質量，而流失優秀員工對飯店服務質量的影響將是長期的。

❖使飯店業務受損

飯店員工，尤其是中高層管理人員跳槽到其他飯店後，有可能帶走飯店的商業秘密。飯店銷售人員的流失往往也意味著飯店客源的流失。這些員工的跳槽將給飯店帶來巨大的威脅，使飯店的業務受到嚴重影響。

❖影響士氣

一部分員工的流失會影響其他在崗人員的情緒及工作態度，也向其他員工提示還有其他選擇機會存在。因此員工的流失可能會導致更大範圍的人員流失。特別是當人們看到流失的員工得到了更好的發展機遇並因此獲得更多的收益時，飯店的其他員工思想上也會有所動搖，工作積極性會受到影響。

當然，飯店員工流動也有積極的一面，若飯店流出的是低素質的員工，引入的是高素質的員工的話，這種流動無疑會有利於飯店更好地發展。另外，由於新入職員工能夠給飯店注入新鮮血液，帶來新知識、新觀念、新的工作方法和技能，從而提高飯店的工作效率。

員工流動應如何管理

飯店經理人要加強對員工的流動管理，以提高飯店的核心競爭力來適應飯店業發展的需要。

❖合適的人請上車，不合適的人請下車

飯店員工流動管理的基本目的是將合適的人請上車，不合適的人請下車。要實現此目的，關鍵是要完善員工管理辦法，建立起相應的員工使用機制和相應的淘汰、約束機制。

員工使用，即員工的分配、運用和管理的過程，是指把員工分配到飯店的某個具體崗位，給予他們不同的角色定位並賦予其具體的職責和權利，使他們能夠盡快進入工作角色，為實現組織目標發揮作用。飯店員工的使用必須堅持用人所長、任人唯賢、人事相符、權責利相一致、優化組合、動態控制等原則。當然，飯店還應建立必要的淘汰制，以實現飯店人員的整體優化。

❖讓合適的人做合適的事

飯店要有效地利用人力資源，固然要確定用人的數量標準，並且把每個人放在合適的崗位上，但僅僅如此，還不能使員工恪盡職守，還需要對人的行為進行適當控制。要使員工的行為符合飯店規範，制定制度固然重要，同時還必須透過監督來保證制度的執行，使制度真正成為控制行為的手段。

飯店經理人用人策略

本節重點：

用人所願

用人所長

用當其職

用當其時

用人所願

一個人的工作成就，除了受客觀環境的制約外，主觀上，還取決於他自身的水平和努力的程度。而一個人工作努力的程度又取決於他對工作的興趣和熱情。所以，為了激發員工的工作熱情，使其充分發揮自身才能，飯店應在條件許可的情況下，尊重員工的興趣、愛好和個人意願，合理安排工作，並鼓勵員工勇於自薦。在工作的過程中，盡量滿足員工在不同階段的需求變化，努力為他們創造必要的發展條件，推動他們進入最佳的心理狀態，盡快成材。

用人所長

「金無足赤，人無完人。」每個人都有長處和短處，飯店用人要知人善任，揚長避短。用人所長，首先要根據員工的優、缺點，合理使用人才。其次要根據飯店的對比情況，充分發揮員工的個體才能，實現飯店群體結構的完美組合，使每個人的特長和優勢都能得到最合理、最充分的發揮。再次是要用發展的眼光來選用人才，要對人才的各項基本要素進行全面分析，並依據各項要素的發展趨勢，挖掘人才的潛質，使員工的潛能得到有效的開發、利用。

用當其職

大材小用、學非所用是埋沒、浪費人才；而小材大用、強人所難則會斷送事業；只有能職相稱、職得其人、人盡其才，才是科學的用人之道。若要做到能職相稱，關鍵要注意對職位的科學設計，使其成為以責任為中心的名、責、權、能、利的有機統一體。同時，還必須建立科學的測驗考核機制，做到知人善任，正確處理好「利用」、「使用」、「重用」三種用人方式的層次關係，並制定相應的用人制度和用人策略。

用當其時

人力資源具有時效性的特點。人在不同的時期具有不同的能力和特徵，各類人才都有其黃金時期。所謂用當其時，就是要善於捕捉用人的最佳時機，不拘一格，大膽、及時地把人才提拔到合適的崗位，使人精力最充沛的時期與其事業的巔峰時期同步，使員工的成長與飯店的發展同步。同時，還要善於利用人生不同時期的才能特徵，合理安排員工的工作崗位，使其在不同的階段都能散發出耀眼的光芒。

誰是優秀員工

本節重點：

優秀員工的衡量標準

人才引進的誤區

員工是否滿意

職場上的四種人

優秀員工的衡量標準

❖忠誠度

忠誠是一種品德，是其他所有能力的統帥與核心。飯店經理人往往注重對下屬和員工的能力的檢測，而忽視了對其忠誠度的考驗。事實上，單純的強調員工的能力而忽視忠誠度，對飯店的發展是很不利的，甚至是危險的。

※優秀的員工要忠誠於飯店

員工是飯店的一個份子，是構建這個飯店整體的一部分。飯店為員工的發展提供了平台，員工自身的價值也會因為飯店價值的提升而提升。作為飯店的組成部分，員工不應該總是想飯店給了你什麼，而是要問問自己為飯店做了什麼。一個缺乏忠誠的飯店就如同一盤散沙，自然沒有力量可言；相反，如果一家飯店的每一位員工都絕對忠誠，那麼這家飯店很容易成為一流的飯店。

※優秀的員工要忠誠於職業

工作使生活更加充實，職業使生命更富內涵，成績使人生更具榮耀。忠誠於職業，就是要熱愛自己的職業，熱愛自己的工作。美國海軍陸戰隊是世界上最忠誠的團隊之一，它有一句響亮且激動人心的口號，叫做：「為榮譽而戰！」商場如戰場，飯店就如同一個部隊，要想在商場中獲勝，就需要每一位員工「為榮譽而工作」。榮譽來自於對職業的忠誠。為榮譽而工作，就是要求員工能夠自發地履行自己的義務，承擔更多的責任，在平凡的崗位上做出最出色的成績。

※優秀的員工要忠誠於飯店經理人

飯店經理人與員工並不是對立的，只是分工不同而已。但是兩者前進的方向是一致的，所要到達的目的地是相同的。飯店就如同航行在驚濤駭浪的商海中的一艘船，經理人與員工的關係就如同船長和水手的關係。在這條船上，每個人的命運都是緊緊聯繫在一起的。只有同舟共濟，才能安全駛向成功的港灣。飯店經理人承擔著飯店經營與員工發展的壓力，而員工則承受著履行好職責的壓力。飯店員工要忠誠於飯店經理人，就是要盡職盡責完成本職工作，最大限度地分擔上級的壓力，和上級一道，讓飯店運行得更快、更穩。

※優秀的員工要忠誠於同事

只有忠誠於他人的人，才能獲得他人的忠誠的回報。在同一個飯店工作，在同一個屋簷下生活，只有幫助他人成功，自己才能成功。就如同火車鐵軌，你是右軌，搭檔是左軌，只有配合良好，飯店這列火車才能順利運行，如果任何一方出現了問題，都將造成無法估量的損失。

※優秀的員工要忠誠於自己

忠誠於飯店，最大限度地為飯店創造利潤。忠誠於職業，讓自己每一分鐘的工作都在創造價值。只有做到熱情幫助、積極奉獻，使自己得到他人的肯定，才能實現對自己的忠誠。忠誠於自己的員工不會為自己做太多的解釋，不會為自己抱屈喊不平，不會因為求公正耽誤做更多的事情。忠誠於自己的員工，會接受上級的一切安排，會淡化所有的獎勵和批評，會用行動證明能夠成功地完成每一項工作。

❖敬業精神

敬業精神是每一位員工最基本的職業道德。敬業，就是尊敬、尊崇自己的職業。如果員工以一種尊敬、虔誠的心靈對待自己所從事的職業，就具有了敬業精神。天職的觀念使員工覺得自己的職業具有神聖感和使命感，也使自己的生命信仰與自己的工作聯繫在了一起。只有將自己的職業視為自己的生命信仰，才是真正掌握了敬業的本質。飯店服務工作是一種社會化、知識化、專業化的工作，是一種代表社會文明的工作。飯店員工要熱愛自己的工作，敬業樂業才是對待工作的正確態度。一流的飯店，其員工都應具備一流的敬業精神。

❖熟練的業務能力

熟練掌握業務技能是成為一名優秀飯店員工必備的條件。首先，飯店員工必須熟悉飯店的基本情況、飯店的發展簡史、主要大事記、經營特色，熟悉飯店內各營業場所的分布、營業時間、聯繫電話及主要功能，熟知本飯店的服務項目、服務時間、服務特色等。其次，要掌握本崗位的操作規範，瞭解本崗位的工作範圍、崗位職責和主要工作內容，瞭解本部門其他崗位的工作常識及飯店其他崗位的基本常識，熟悉所做的各項工作（服務）的規格和標準。再次，還要掌握安全消防衛生等相關知識。優秀的員工應具備較強的業務能力，並且在對客服務過程中，讓客人享受到超值的服務。

❖學習和發展的能力

學習和發展的能力有利於員工開闊視野、豐富知識、增長才幹，是員工能夠不斷取得進步，保持優秀的動力。飯店員工要能夠認真學習，刻苦鑽研業務技術，幹一行、愛一行、專一行。只有透過學習和發展來提升自己，才能夠使自己與飯店的發展保持同步，才能夠為賓客提供更優質的服務，才可能成為一名優秀的員工。

❖能力要求

※良好的記憶力

飯店員工要有良好的記憶能力，瞭解賓客的情況，牢記賓客委託代辦的事情，熟記本飯店的設備功能、商品、服務項目等，為提高自身的服務技能技巧打下良好的基礎。

※敏銳的觀察力

飯店員工要有敏銳的觀察能力，留心觀察賓客的體態表情，注意分析賓客的交談語言或自言自語，掌握賓客的需求趨向，正確辨認賓客的身份，注意賓客所處的場合等，以便把握服務時機，主動地、有針對性地為賓客提供恰當有效的服務。

※較強的交際能力

飯店員工要有簡捷、流暢的語言表達能力，要有妥善處理各種矛盾的應變能力，要有招徠賓客的能力，具備較強的交際能力，重視留給賓客的第一印象。

❖自我意志要求

※堅持自覺性

自覺性是指人們對自己的行動目的有明確的認識，並以此來調節自己的行為。飯店員工在服務工作中堅持自覺性就是要加強主動服務。

※保持自制力

飯店員工要具備一定的自制力，能夠恰當地控制好自己的情緒。當心情欠佳時，不能把情緒發洩到客人身上；當賓客對工作提出批評時，要虛心接受；當賓客的言行粗魯無理時，要有禮有節地解決；當工作量大、任務繁重時，要注意服務態度和工作效率；當工作量較少、任務較輕時，要注意加強自律；與同事、上級的交往中要冷靜處事，協作、配合，不發虎威。

※加強堅持性，磨煉堅韌性

員工在剛開始參加工作或「轉行」走到新的服務崗位時，要克服畏難情緒，樹立信心。在適應了本職工作後，要注意克服厭倦情緒，培養對工作的興趣，善始善終地做好每項工作。

❖對飯店文化的認同

對飯店文化的認同是成為優秀員工的前提條件。只有認同飯店的文化，才能夠領會並吸收飯店文化的精髓，才能夠認同並融入這個團體。只有這樣員工才會心甘情願地工作，為飯店的發展作出自己的貢獻。

人才引進的誤區

大多數飯店在引進人才方面往往容易陷入誤區。有些飯店經理人對人才的認識不夠客觀，一開始是非常滿意，用起來的時候不如意，回頭再看就很不滿意了。由於飯店的人事調動太過頻繁，甚至每兩到三個月就換一批人，而每換一批人之後，尤其是當管理人員有較大的變動之後，總是會推出新政策、新方法，使得員工無所適從。

❖高薪水、高職位就能吸引優秀人才

飯店往往認為只要提供高薪水、高職位就能夠吸引優秀的人才，而且是待遇越高越好。這是一種錯誤的觀念，薪水、職位要和一個人的能力和專長相吻合。一位優秀的飯店服務員，深得賓客和同事的認可，但是，他卻未必是一位優秀的管理人員。而一位在市場開發上取得優秀成績的銷售人員卻未必能擔當銷售總監的重任。雖然薪水和職位是影響人員流動的一個重要因素，但卻不是唯一的主要因素。

❖挖人比養人好

在飯店行業內跳槽的人不斷，很多飯店更是千方百計地從其他企業，尤其是同行業中將高級管理人才「挖」過來。究其原因，這些飯店的管理者無非是認為，「養人」耗費成本巨大，不如「挖人」來得省時省力。然而事實果真如此嗎？暫且不說我們聽說了很多「空降兵敗走麥城」和「南橘北枳」的故事，單是從人力資本的角度來看，「挖人」不如「養人」，挖來的人和飯店現有文化的磨合期會很長。有人算過一筆帳：如果飯店為員工提供了一個發展的環境，給他們施展才華的舞台，其回報率也是可觀的，成本的高低差別僅在任用之初。因此，如果不是緊缺人才，還是內部培養比較划算。

❖人才水平越高越好

有些飯店經理人認為對不適合企業發展的人才辭退了就行了，而高水平的人才來得越多越好，並且只要這些優秀的人才來了，就能為飯店的經營和發展發揮出巨大的作用。這種想法也是比較愚蠢、可笑的。曾經有三位年輕有為、極富才華的年輕人合夥經營一家飯店，幾乎所有的人包括他們的競爭對手在內，都認為這家飯店很快會成為他們最大的對手，然而讓人詫異的是這家飯店不但沒有創造出驚人的業績，反而經營下滑，瀕臨倒閉，原因是這三位年輕人都認為自己有才華，都不贊同、不配合其他人的意見。最後三人商議，只留下一個人經營這家飯店，所有的人都認為這家飯店要完了，因為三位有才能的人只剩下了一位。可是，再次令人驚詫的是不到半年的時間，這家飯店就成為當地經營業績最好的飯店。所以，人才不是越多越好，而是少而精為妙。

員工是否滿意

只有滿意的員工，才能為飯店帶來滿意的賓客，飯店在努力提高賓客滿意度的同時也要關注員工的滿意度。

❖穩定的工資收入

工資收入關係到員工的切身利益，穩定的收入是保障員工安心工作的一個重要前提。

❖良好的工作環境

良好的工作環境為員工提供了一個輕鬆、愉快的工作氛圍，是員工樂意留在飯店努力工作的重要保障。

❖優秀的飯店文化

飯店文化是飯店的核心和靈魂，也是員工工作的指導思想和方向，優秀的飯店文化是團結每位員工的黏合劑。

❖融洽的人際關係

融洽的人際關係是形成飯店團隊協作性的基礎，也是實現員工之間相互幫助、相互配合的基礎，是保證飯店正常運作的基礎。

❖較多的發展空間

發展空間是除薪金之外，影響飯店員工是否安心工作的另一個重要因素。較大的發展空間，是激勵員工努力工作的誘因，能為員工提供施展才能的平台。

❖更多的學習機會

飯店能夠為員工提供更多的學習和培訓的機會，幫助員工成長和進步，是飯店為員工提供的一種終身受益的福利待遇。

職場上的四種人

在任何一家飯店裡，一般都會存在這樣四種員工，那就是勤牛、快馬、懶豬和壞狗。飯店需要的是勤牛、快馬，不需要懶豬，更不喜歡壞狗。

❖勤奮、實幹、甘於奉獻的牛

這類員工在工作中吃苦、耐勞、勤奮、務實，往往是甘於奉獻，付出的多，要求的少，無怨無悔。「勤牛」型的員工是飯店生存的基礎，占飯店員工的大多數，他們可能在短時間內獲得的較少，但最終會得到飯店的尊敬和回報。

❖忠誠、能幹、高效的快馬

這類員工在工作中表現突出：能力強、效率高、速度快，並且敢想、敢做，勇於開拓創新，並且對飯店高度忠誠，積極奉獻，「快馬」型的員工是飯店發展的主流，雖然人數不多，但卻是促進飯店發展的精英。

❖好吃懶做的豬

這類員工表現為：不思進取，不學無術，沒有遠見，容易滿足，小富即安，在工作中能少幹一點，就少幹一點，只想多得到，不想多付出，給一點就做一點。「懶豬」型的員工在工作中可能會得到一時的輕鬆、快樂，但是最終的結局只可能是在競爭中被淘汰。

❖聰明、不肯實幹、經常搗亂的壞狗

這類員工頭腦靈活、聰明、能幹，但往往不能吃苦，自以為是，優越感比較強，總是說的比做的多，往往說起來好聽，做起來空空，並且抱怨多、牢騷多、議論多、是非多，對飯店的忠誠度也很低，容易對周圍的人產生消極的影響。「壞狗」型的員工在工作中可能會有短暫的成功和晉升，但不會有什麼大的成就。這些人是飯店的破壞者，飯店經理人應該注意防範這類人。

愚公移「山」還是移「人」

本節重點：

飯店人力資源管理新思維

實施員工「五必談」制度

為員工設計職業生涯

實施員工滿意管理「五步棋」

大家都聽說過「愚公移山」的故事，也都為愚公不折不撓的精神所折服。但是，大家還可以對這個故事作進一步的思考：愚公真的是移「山」嗎？愚公到底是移「山」還是移「人」？事實上，人的因素在移「山」的過程中占據了主導位置。

現代飯店管理非常重視人的因素，強調管理應以人為中心，人的重要性日漸突出。人力資源管理的優劣，將直接決定著飯店的興衰。飯店業作為勞動密集型行業，其競爭是以產品、服務、文化為主要內容的競爭，其實質就是智力之爭、創造之爭、人才之爭，人力資源是一切資源中最重要的資源。如何有效利用和開發人力資源就成為現代飯店管理研究的一項重要課題。

飯店人力資源管理新思維

人力資源是指能夠推動整個經濟和社會發展的勞動者的能力。飯店人力資源管理，就是運用管理職能，對飯店人力資源進行有效的利用與開發，以提高飯店人員的素質，並使其得到最優的配置和積極性、主動性、創造性的最大限度的發揮，從而不斷提高飯店的勞動效率，實現開源節流。

❖觀念改變——人本化管理

飯店管理的成功離不開全體員工的努力。飯店經理人在具體的飯店人事管理中，要真正地貫徹「人本管理」的理念，使員工願意並且能夠發揮出自己的最大潛能，使飯店的人力資源得到最充分、最科學的利用，並從根本上轉變人力資源管理的觀念。

※從「戰術」轉向「戰略」

這裡強調的對人力資源的全面管理，除了指日常的招聘、人事調動管理以外，還包括用全局的觀念對飯店人力資源進行科學的開發和利用。飯店經理人不能只侷限於對現有員工的現狀管理，還要結合飯店的實際情況、根據行業發展的趨勢及人力市場的訊息做出總體規劃，制定詳細的招聘和培訓計劃，實現對人才的有計劃、有步驟的滾動培養。可以遵循的原則有：重點人才優先培養、緊缺人才從速培養、一般人才分批培養等。人力資源的管理是貫穿於飯店整個管理工作的核心內容。

※從「要素」轉向「資源」

飯店經理人要把員工看成是飯店寶貴的財富，要從「要素觀」轉變到「資源觀」，也就是說，要把員工當做資源而非工具。有句話說，「你可以牽馬到河邊，但你無法使馬喝水。」怎麼辦？設法調動其積極性。人力資源是動態的、主動的、可以開發的，員工作為一個有自尊的生命體，其潛力並不能完全被別人調動起來，所以，飯店經理人要透過合作的方式來影響員工的行為，使其認識到自己是關係到飯店利益的最重要的人，對飯店的發展具有重要的意義，而飯店是幫助其實現人生價值的場所。所以，飯店經理人只有把員工當做合作的對象，視之為有情感的社會人，才能贏得員工的真誠合作。

※從「成本」轉向「投資」

對人力資源的投入並不是成本的耗費，而是經營中的一種理性投資行為。不少飯店的經營者寧願把大量資金用於硬體設施的更新改造，也不捨得對軟體資源進行投入。飯店如果為了節省費用導致招不到符合要求的人員，那麼今後將不得不花費更多的人力、物力、財力來彌補這一損失。而且，在這個過程中，飯店的聲譽可能也會受到影響。如果飯店有足夠的實力和信心，不吝惜對人力資源的成本投入，把它看成是以小投入換取大產出的投資決策，那麼，其對飯店今後的發展必定會有巨大的促進作用。

※從「規範」走向「開發」

飯店經理人要把工作重點從對人的行為規範轉移到開發人的潛能上來，即實現從「管理人」到「發展人」再到「解放人」的飛躍。任何飯店如果不能有效地發揮員工的才能，這個飯店必定是最低效的，甚至是無效的。飯店經理人要建立飯店和員工的共同願景，讓員工為實現個人目標和團隊目標而自覺努力地工作，從而推動飯店向更高的目標邁進。

❖組織變革——扁平化管理

飯店的各項組織活動都有一個共同的目標，飯店透過合理利用人力、物力、財力實現目標。合理而有效的飯店組織，對於充分發揚民主，調動員工的積極性，提高管理效能，實現飯店的經營目標，均有十分重要的意義。因此，飯店經理人應使飯店的每位成員都能瞭解自己在飯店中的工作關係和隸屬關係，同時明確各自的職責範圍，以實現飯店目標的完成。

隨著競爭的加劇，飯店管理將更強調追求效率、注重溝通、提供針對性服務，要以最小的投入獲得最大的效益。要達到這個目標，就必須重視飯店的基礎能力建設，要求飯店的組織結構必須克服原有的管理層次多、訊息傳遞不及時和工作效率低等弊端，盡可能地減少飯店管理的等級鏈節，使飯店組織結構的設計呈扁平化的趨勢，即飯店的分工將更細緻、明確，飯店的管理層次將減少。

❖模式轉變——人性化管理

人性化管理是一種在整個飯店管理過程中充分認識到人性要素，把充分挖掘人的潛在能力作為最終目標的管理模式。

（1）尊重員工，信任員工。對員工的價值給予肯定，對員工的「自主性」給予肯定，對員工的「個體性」給予肯定。

（2）瞭解員工，諒解員工。瞭解員工的需求，掌握員工的情緒，理解員工的苦衷，諒解員工的過錯。

（3）關心員工，幫助員工。關心員工的思想，關注員工的進步，解決員工的困難，提高員工的才能。

一方面，充分理解、信任員工，增強員工的自尊意識和主人翁意識。正確處理員工的過錯，正確解決員工與賓客之間的摩擦，掌握員工的情緒。另一方面，要關心員工，給員工以「家」的溫暖，如有計劃地開展各類活動、員工生日活動、服務質量主題活動等各項有意義的員工活動，豐富員工的業餘生活。另外，飯店也可考慮改革員工圖書室，舉辦其他員工喜聞樂見的傳統活動、體育競賽，並加強員工餐廳、員工宿舍後勤的管理等，同時可考慮給員工投入養老保險、醫療保險等社會福利，給予員工充分的穩定和保障。

❖立足點變換——能本化管理

能本管理就是把人的能力作為最根本的價值追求和管理的根本立足點。

※樹立正確的人才理念和人才標準

樹立正確的人才理念。也就是堅持適用就是人才的理論。工作和員工的關係猶如鎖和鑰匙，將適當的人安排在合適的工作崗位上，就如同給鎖找到了配對的鑰匙，一打即開。

樹立正確的人才標準。所謂人才，應該適應行業的需要，成為該行業真正的職業人。例如飯店人在掌握飯店專業知識的同時，還必須正確認識飯店的性質和特點，適應本飯店的需要，適應崗位的需要，明確特定的飯店文化和管理風格。

※創造良好的人才成長機制

注重人才的培養。作為飯店經理人，應該將員工看做是合作夥伴，是飯店的組成分子，而不只是完成生產和工作任務的普通載體。同時，要關注員工的成長與發展空間，要真心誠意地尊重、關心、信任員工，透過感情上的交流，實現認識上的統一。

處理好「子弟兵」與「空降兵」的關係。飯店員工的招聘與錄用首先考慮到的是員工的來源，員工的來源和途徑直接影響到所招收員工的素質和飯店經營運轉的效益。管理者如果一味地從外部招聘、錄用，久而久之會使原有的員工感到升遷和發展的機會十分渺茫，可能由此引發因不被信任、不被重視而產生的失落感。他們因此而失去工作的激情，甚至會在工作中設法利用機會來發洩不滿，使服務質量得不到保證。當然，如果一家飯店總是「閉關自守」，所有的管理職位和崗位流動都是在飯店內循環往復地進行，其結果必然會使經營觀念保守，人際關係複雜，總體服務質量因缺乏新意而下降。因此，飯店管理者要正確處理好「子弟兵」和「空降兵」的關係，兼顧內外平衡。

科學的用人機制。飯店經理人在調配員工時要建立科學的用人機制，多方面地瞭解每位員工，並對每位員工的能力、素養、品德、性格等作出客觀、公正的評價；在招錄員工的過程中，遵循公平競爭的原則，挖掘出每位員工的潛能；對已被錄用的員工，要盡可能地做到知人善任。作為飯店經理人要辯證地看待員工的長短處，妥善地任用，力求做到揚其長而避其短。

完善的培訓體系。培訓作為人力資源管理的一個重要環節，對飯店的發展起著重要作用。培訓不僅可以彌補員工現階段知識、技能的不足，對員工未來職業生涯的發展也造成不容忽視的作用。完善的培訓體系應該包括員工職業生涯的各個階段的培訓。

※構築共同發展的管理平台

建立飯店與員工的共同願景。飯店未來發展的目標、任務和使命，是飯店全體成員發自內心地願意為之努力奮鬥的願望與目標。飯店的發展會成就每位員工的發展，全體員工的共同發展會促進並推動飯店的前進，這兩者相輔相成。飯店經理人應根據飯店的經營現狀和員工的工作熱情制定飯店與員工共同的發展目標。

建立科學的激勵機制。飯店經理人應建立並不斷完善科學、合理的激勵機制，如競爭激勵機制、領導激勵機制、文化激勵機制、獎懲激勵機制等。

❖管理之關鍵——職業化管理

職業化不等於高學歷，也不等於高職稱、高職位，同樣不等於經驗豐富的專家。職業化包括三層含義：首先，從業人員應該體現出一種職業素養，而不是憑藉興趣各行其是；其次，從業人員應該掌握相當程度的專業技能；最後，從業人員要嚴格按照本行業特定的行為規範和行為標準行事。

具備良好的職業素養和職業技能是職業化的基本特徵；員工業務行為的規範化是職業化最重要的特徵。職業化管理的基本思路是：根據飯店的業務特點和員工成長的規律，提煉出員工共同的職業行為標準和資格標準，並依此標準來規範員工，提高員工的業務技能和工作業績，以不斷提高團隊的整體實戰能力。

因此飯店管理要加強人才梯隊建設，實施重要崗位職業化制度，加強飯店經理人隊伍建設，合理培養可用人才，塑造一支專業化能力強、快速反應機制健全的人才梯隊，為飯店的人才建設奠定基礎。

實施員工「五必談」制度

❖員工表現出色時，要與員工進行談話

當員工工作表現出色時，如受到賓客嘉獎、順利解決賓客投訴、為飯店的品牌形象、飯店的經營方案和銷售策略等提出正確見解，並得到有效實施的時候，飯店經理人要與員工談話、交流，及時表揚和鼓勵員工，激勵其要不斷取得新的進步。

❖員工出現差錯時，要與員工進行談話

當員工出現差錯時，飯店經理人不要對員工一味地批評與指責，而是要加以引導，讓其認識到工作中的不足，使其對所犯的錯誤有一個確切的認識，對所從事的工作有一個清晰的思路，如果僅僅是只「管」不「理」，就不是一個合格的飯店經理人。

❖員工之間出現矛盾時，要與員工進行談話

當員工之間、上下級之間出現矛盾時，飯店經理人不能一味地以權對人，而應就事論事地處理，要本著公平的原則解決矛盾。如員工在對客服務過程中出現問題時，首先應讓員工服務好賓客，等客人離開了，飯店管理人員再與員工就工作中出現的問題進行討論，而不是將飯店內部的矛盾展示在賓客面前。

❖員工思想有波動時，要與員工進行談話

當員工工作處於困惑與迷茫期時，飯店經理人不應將調整薪水作為安撫員工的手段，而應與其進行心靈上的交流，使員工對飯店產生一種歸屬感。這些工作需要飯店經理人在日常工作中，注意與員工進行交流，透過舉辦各種座談會、員工生日活動等，拉近上下級間的距離。

❖員工有生活或工作困難時，要與員工進行談話

當員工有生活或工作困難時，飯店經理人要與員工進行談話。飯店要發展就要有穩定的員工，就要讓員工有穩定的生活。急員工之所急，幫助有困難的員工，才會讓我們的員工真正地將飯店作為自己的家來對待，從而使更多的員工對飯店產生依賴感，最終促進飯店自身的穩定發展。

為員工設計職業生涯

❖飯店職業生涯管理

所謂飯店職業生涯管理主要是指飯店對員工職業生涯的設計與開發。雖然職業生涯是指個人的工作行為經歷，但職業生涯管理可以從個人和組織兩個不同的角度來分析。

※從個人的角度

從個人的角度講，飯店職業生涯管理就是員工對自己所要從事的職業以及職業高度發展做出規劃和設計，並為實現自己的職業目標而積累知識、開發技能的過程。一般指員工透過選擇飯店職業、選擇組織、選擇崗位，在工作中使技能得到提高、職位得到晉升、才華得到發揮等來實現。

※從組織的角度

從組織的角度講，飯店職業生涯管理集中表現為幫助員工制定

職業生涯規劃。職業生涯規劃具體指一個人透過分析和確定自身的知識、技能、興趣、動機、態度等個人特徵，設立職業生涯目標，制定出實現這些目標的行動計劃。

飯店員工需要一條具體、清晰的路線指引他們逐漸實現自己的人生理想，這就是職業生涯規劃。每位員工的具體發展路線並不相同，但是也大同小異。建立個人自信和期望值，設定目標和職業生涯規劃，對於每位員工來說，都是其工作期間一個非常重要的環節。因此，飯店經理人在員工剛入職的時候，要詢問他們的理想，幫助他們找到自己的方向。

❖為飯店員工設計職業生涯

職業生涯規劃要求飯店提供給員工一個發揮才幹，實現理想的舞台。員工既關心這個舞台有多大，也關心自己在舞台中扮演的角色。飯店職業生涯規劃就是一條將員工今天的表現與理想連接起來的清晰可見的路徑。

(1) 在新員工入職時，飯店經理人要提供本飯店的實際情況，並為其安排富有挑戰性的工作。

(2) 大學生在來飯店工作之前提交職業生涯規劃報告。

(3) 對飯店新員工應嚴格要求。

(4) 飯店要不定期舉行職業生涯規劃討論會。

(5) 進行職業生涯導向的績效評估。

(6) 定期進行崗位調動，實行崗位見習制度。

(7) 對飯店管理人員，尤其是基層管理者，可考慮增設部門助理之職。

(8) 為員工提供培訓機會。

在人才激烈競爭的今天，如何吸引和留住優秀的員工是人力資源管理的一個難題。如果一個人的職業生涯規劃在組織內不能得到實現，那麼他就很有可能離開，去尋找新的發展空間。所以，員工的職業發展不僅是其個人的行為，也是組織的職責。

實施員工滿意管理「五步棋」

有些飯店雖令賓客滿意，但卻是透過犧牲員工權益的方式達到的，這樣的飯店也很難真正做到令賓客滿意。要成為一流的飯店，必須先讓內部的員工滿意。

❖關係轉換

飯店與員工的關係轉換可以抽象地認為是從「屋頂學說」走向「土壤學說」。「屋頂學說」是指過去員工上班領薪水，飯店提供許許多多的資源，讓員工在裡面成長，替員工擋風遮雨，但是員工不能高過飯店，員工與上級講話也不能太大聲。一旦飯店的「屋頂」垮掉，員工也就倒了。現在，關於員工與飯店的關係，出現了「土壤學說」，所有的員工都可以在飯店這片土地上成長，接受風吹雨打，能夠長高就不斷長，長不高就矮著，也就是說員工與飯店要共度興衰，共圖發展。

❖選對員工

（1）只有找對人，才能做對事。而且要想達到優質服務，必須在一開始就僱用合適的人才，這比以後解僱表現差的人員要更容易些。

（2）寧願沒有，但求最好。要想釣魚，你就要知道「魚愛吃什麼」。把好招聘關，避免因挑選粗糙而帶來無謂的員工流動。不斷完善飯店內部的溝通機制，瞭解員工的想法，並針對每位員工不同的想法，採取相應的預防措施。另外，要注意不要站在聽的立場上。中國人常說「看他怎麼說」，很少說「聽他怎麼說」。話怎麼能用「看」而不用「聽」？這其中的奧妙就在於中國人的行為準則是從「不」開始的，也就是說，該聽的聽，不該聽的不聽。只有站在不要聽的立場上來聽，才不會亂聽。

❖強練內功

如果飯店經理人想讓員工在工作學習中不斷進步並獲得足夠的成就感，最好的辦法是隨時給員工「充電」，適應社會發展的需求，讓他們永遠在前進，並要對飯店各層管理人員進行系統專業的培訓，以提升管理水平。

❖決勝督導

（1）把「督導」執行到底。政令暢通、事事落實——雙回路管理模式，即布置、執行和督辦、檢查兩條回路，並制定督導一覽表，不定期檢查。

（2）只有落地，才能開花。建立督導崗位責任制，懂得如何去克服困難並把問題解決，並透過對問題的分析、思考，避免以後出現類似的問題。

❖創造環境

世上最大的挑戰是把一群人的夢想，注入每個人的心中，以創造統一的思想和獨特的文化。飯店經理人的一項責任就是培養員工，幫助他們發揮才能，完成任務，營造盡可能寬鬆的發展環境。要培養高素質、充滿活力和有競爭力的員工隊伍，並運用職業生涯規劃，使他們感到有希望。同時要制定相應的管理手冊，使飯店的管理做到「三到」。

（1）到人。使每位員工清楚自己每天應該幹什麼。飯店經理人下達工作要到人；要讓人人有事做，人人各司其職。

（2）到位。讓每位員工明白自己的工作範圍有哪些。飯店經理人執行任務要到位，防止因為界限模糊導致在工作中無法有效調動員工。

（3）到底。當員工吸收上兩條後，飯店經理人應該將每項工作落實到底，確保上級布置的各項工作，下屬都能保質保量按時完成。

總之，優秀的員工是飯店生存與發展的基石，是為飯店創造財富的動力。作為流動性較高的行業，飯店經理人如何留住優秀的員工，不僅是一門值得研究的藝術，更是一項必須掌握的技能，值得每一位飯店經理人認真思考和探索。

第四部分 統領戰局

第十三章 以學習為利劍

本章重點

●學習是根本

●提升學習能力

●注重員工培訓

●建立學習型飯店

◎野田聖子的第一份工作

這是在日本廣為傳誦的一個動人的故事：

許多年前，一位少女來到東京帝國飯店做服務員。這是她涉世之初的第一份工作，因此她暗下決心：一定要好好幹！可是萬萬沒有想到，上司安排給她的工作竟然是清潔衛生間！

當這位從未幹過粗重活兒的細皮嫩肉、喜愛潔淨的少女用自己白皙細嫩的手拿著抹布伸向馬桶時，胃裡立刻翻江倒海，噁心得幾乎要吐出來。而上司對她的工作質量要求又特別高，必須把馬桶抹洗得光潔如新！

少女當然明白「光潔如新」的含義是什麼，她也知道自己不適合清洗衛生間的工作，更是難以實現「光潔如新」這一高標準的質量要求。

因此，她陷入困惑、苦惱之中。正在少女拿著抹布、掩著鼻子，猶豫不決的時候，飯店的一位前輩出現在她面前，他看了少女一眼，沒說一句話，只是拿過她手中的抹布，一遍一遍，認認真真地抹洗著馬桶，直到抹洗得光潔如新，然後，他從馬桶裡盛了一杯水一飲而盡，竟然毫不勉強。

實際行動勝過千言萬語。這位前輩不用一言一語就告訴了少女一個極為樸素、極為簡單的道理：只有馬桶中的水達到可以喝的潔淨程度，才算是把馬桶抹洗得光潔如新。這給了少女強烈的震撼，她痛下決心：就算一生都是清洗衛生間，也要做得最出色！幾十年光陰一瞬而過，當年的少女如今已就任過日本政府的主要官員——郵政大臣。她就是野田聖子。

少女時期的野田聖子就已經認識到：萬事開頭難。但只要不被困難嚇倒，肯用心學習、用功學習，就算是做清洗衛生間的工作，也能夠成為這個行業最出色的人。這也是她走向成功的奧秘所在。

學習是根本

本節重點：

學習意識

學習的內容

學習的渠道

100本書怎麼讀

學習意識

◎壯麗飛翔的背後

在遼闊的亞馬遜平原上，有一種被稱為「飛行之王」的雕鷹，它的飛行時間之長、速度之快、動作之敏捷，都堪稱鷹中之最。

但是，你知道那壯麗飛翔背後的故事嗎？

幼鷹出生之後，沒過幾天就要經受母鷹近似殘酷的訓練。在母鷹的幫助下，幼鷹不久就能獨自飛翔，但這只是第一步。接著，母鷹便把幼鷹帶到樹上或懸崖上，將它們摔下去，許多幼鷹因為膽怯而被活活摔死。第三步，則更為殘酷和恐怖。那些沒有被摔死的幼鷹將面臨最關鍵、最艱難的考驗：它們那正在成長的翅膀會被母鷹殘忍地折斷大部分骨骼，並且它們再次被從高處推下，很多幼鷹就是在這時成為飛翔中悲壯的祭品的，但母鷹不會停止這「血淋淋」的訓練，它的眼中雖然有痛苦的淚水，但同時它也在構築著孩子們生命的藍天。

原來，母鷹有沒有折斷幼鷹翅膀中的大部分骨骼，是決定幼鷹未來能否在廣闊的天空中自由翱翔的關鍵。雕鷹翅膀骨骼的再生能力非常強，只要在骨骼被折斷後仍能忍住劇痛不停地振翅飛翔，使翅膀不斷充血，不久便能痊癒，而痊癒後翅膀將像神話中的「鳳凰涅槃」一樣，變得更加強健有力。如果不這樣，幼鷹就失去了這僅有的一次機會，將永遠與藍天無緣。

除了它自己，沒有誰能夠幫助雕鷹學會飛翔。同樣的道理，社會的競爭是殘酷無情的，飯店經理人只有透過自己不斷的學習，去努力、去開拓、去鍛鍊和提升自己，練就一對強健的翅膀，才能有資本在競爭中打造出自己的一片藍天。

❖為什麼要學習

《論語》裡說：「學而時習之，不亦說乎。」可是為什麼要學習？這是飯店經理人容易忽視的一個問題，甚至很多人把學習誤認為是一種侷限在學校裡的概念式的學習模式。

※飯店宏觀失控，數量急劇擴張

隨著市場的持續疲軟，有些行業為降低經營風險，避免單一化經營，紛紛投資於飯店業，也有些行業因為看好飯店的高額回報而投資於飯店業。相關部門缺乏對飯店市場的預先引導，使得飯店建設盲目性很大。飯店業宏觀失控，飯店數量劇增，許多經濟指標出現下滑的態勢。在許多城市，面對面、背靠背、肩並肩的都是飯店，甚至出現許多「飯店一條街」。飯店的密度過高，造成飯店業的激烈競爭。

※周邊旅遊發展，造成客源分流

飯店數量增多，交通日趨發達，而客源這個「蛋糕」並未做大，這樣賓客的選擇餘地變大了，不再像以前那樣，賓客來了就只能住下，現在賓客有很多的選擇，這就造成客源的大量分流和飯店業的激烈競爭。

※與國際接軌，市場競爭加劇

國際管理集團由於具有多年飯店管理的經驗，管理水平較高。當然，其更大的優勢在於他們的「預訂網絡」，吸引了一大批追求品牌的固定客源。這些品牌包括假日、喜來登、希爾頓等。與此同時，衛星通信系統和ISDN（綜合業務數據網）於1990年代飛速發展，使適合於中小型飯店的GDS（國際電腦預訂網絡）形成並發展壯大。國際管理集團占有大部分的客源，造成了其他飯店之間更加激烈的競爭。

另外，有些飯店還採用飯店之間聯合或合作的方式，實行聯合推銷。一般由不同地區且檔次類似的飯店組成鬆散型的合作群體，根據賓客目的地要求相互推薦飯店，並進行預訂。

※不正當競爭，使競爭白熱化

造成飯店業惡性競爭的一個關鍵因素是不公平競爭，如非法經營項目、低成本的降價競爭、傭金、回扣等。以削價競爭為例，其後果是：價格低造成服務不到位，使得賓客滿意度下降，回頭客少，為爭取客源，飯店更看重並設法吸引新客戶，致使競爭更為激烈，同時營銷的成本更大……結果形成惡性循環。

※知識經濟

在知識經濟時代，知識老化和知識更新的頻率像原子裂變般地爆炸增長。許多工作不久的飯店經理人發現，在學校所學的90%的知識是無用的，而到了工作崗位之後所需的90%的知識需要重新再學。社會發展之快、訊息更新之迅速使得飯店經理人重新學習、思考、組織與改革的速度遠遠趕不上市場變化的速度。

在未來較長的時間裡，知識將永遠是人們開啟命運之門的鑰匙，而學習則是開闢遠大前程的利劍。

❖不斷學習、終身學習

與其說「失敗是成功之母」，倒不如說「學習是成功之母」。不好好學習，失敗可以成為失敗之母，成功也可以成為失敗之母。成功的實質不是戰勝別人，而是戰勝自己。你不可能去阻止別人的進步，你唯一能夠改變的就是自己，而改變自己的唯一道路就是學習。

情況在不斷地變化，要使自己的思想適應新的情況，就得學習。適應新時代的生存方式，就是終身學習。終身學習，就是指每一個人在整個一生中持續不斷地學習。它始於生命之初，持續到生命之末，即從搖籃到墳墓，一輩子持續不斷。因此飯店經理人要樹立不斷學習、終身學習的理念才能適應飯店業及社會發展的需要。

學習的內容

成功的經驗

孔子說：「三人行，必有我師焉。」飯店經理人要善於學習他人成功的經驗，將別人的經驗據為己用。但學習不等於照搬照抄，不等於本本主義，而是要借鑑，要靈活變通。

❖失敗的教訓

常言道：失敗是邁向成功的階梯。飯店經理人要善於從自身失敗中吸取教訓，總結經驗，避免重蹈覆轍。同時，還要能吸取他人失敗的教訓，避免犯同樣的錯誤，防微杜漸。

❖專業知識

過硬的專業知識是飯店經理人的一項必備的技能，但是，飯店經理人不能滿足於現有的知識水平，而要不斷學習新的知識，吸收先進的管理思想和管理理念，避免落後於時代的發展。

❖社交技能

因為來往於飯店的賓客職業不同、地位不同、素質不同、國籍不同、習俗不同、觀念不同，飯店經理人游弋於這些人之間，在同樣的環境中，滿足這些人不同的需求，沒有一定的社交能力是萬萬不行的。

❖行業訊息

由於競爭雙方有意識地散發大量廢訊息、假訊息、舊訊息，使不準確、不相關、不可靠甚至互相矛盾的訊息不斷增多，造成「商場迷霧」。飯店經理人要想撥開這重重「商場迷霧」，看清競爭對手的本來面目，就必須強化訊息意識，樹立科學的訊息觀。一方面，要盡可能多地占有訊息，避免陷入「訊息無知」狀態；另一方面，要對訊息進行準確的、有針對性的選擇和取捨，對訊息進行正確的理解和科學的組合排序，選擇有用訊息，排除無用訊息，使訊息經過過濾、提煉、昇華後成為對自身有利的知識。

學習的渠道

❖競爭對手

凡是優秀的企業都不會選擇孤軍作戰，而是選擇與自己勢均力敵的競爭對手形成既敵又友的「雙子星座」。麥當勞與肯德基、柯達與樂凱、可口可樂與百事可樂、賓士與寶馬、蒙牛與伊利……飯店經理人要將同樣優秀的競爭對手作為自己學習的榜樣，取他人之所長，補自己之所短。

❖服務賓客

賓客是飯店產品的最終接受者，是飯店服務最直接的對象。飯店產品和飯店服務的好與壞、優與劣，只有賓客的滿意度才是最根本的衡量標準，飯店的一切活動都必須以賓客需求為導向，不能盲目。飯店經理人要把握住向賓客學習的一切機會，認真聽取賓客的意見，提供符合賓客需求的產品才是飯店經營的根本。

❖業內人士

俗話說：內行看門道，外行看熱鬧。某飯店表面看上去生意紅火，賓客絡繹不絕，但是只有深諳此道的專家、業內人士從長遠的、可持續發展的角度去觀察，才能指出其經營管理模式的優與劣。飯店經理人應該多向一些業內人士學習，聽聽他們的意見，借鑑他們的思路。

❖新聞媒介

飯店經理人應該經常關注與行業相關的報刊、書籍、網站和電視節目等，及時瞭解最新的行業訊息和行業動態以及相關的政策法規，擴充視野，培養自己的觀察能力，提高自己洞悉商機的敏銳力，確保自己始終站在行業發展潮流的浪尖上。

❖ 自我實踐

真理來源於理論與實踐的結合。飯店經理人在實際的飯店經營管理中，要以管理理論知識為指導，以自身的實踐經驗為依據，在探索中摸索，從實踐中領悟，由實踐總結而來的經驗是最有價值、最為實用的知識。

100本書怎麼讀

100本書應該怎麼讀？一本16開300頁左右的管理類專業書，如果每天看10頁，要30天才能看完；如果每天看20頁，要15天才能看完。但是，飯店經理人不能每天只是看書啊，還有會議要召開，有文件要審批，有賓客投訴要處理，有報告要去聽，有接待要應酬……還有許多計劃之外，無法預料的事情在等著他去辦。時間這麼緊，100本書怎麼才能讀完？其實也不難，只要能巧妙地掌握學習的方法就可以了。比如可以將100本書分給10位下屬，每人10本，這10位下屬再將手裡的10 本書分給自己的10 位下屬，這樣每人只要讀一本就行了。然後，每個人將所讀的書的重點內容、精華部分、主要思想再詳細彙總給自己的上級，這樣這位經理人最終只要讀完這些彙總內容，就基本掌握了這100本書的概要了。如此讀書，豈不快捷？所以，學習重在講究方法。

❖ 充分意識到學習的重要性

學習是件苦差事，也沒有任何捷徑可走，飯店經理人掌握學習技巧的最好辦法是首先從思想上高度重視，要充分認識到學習的重要性，要認識到不學習就會落後，而落後就要挨打、就要被淘汰，飯店經理人要改變觀念，變「要我學」為「我要學」。

❖ 有計劃、有目標地學習

學習要有計劃、有目標，不能盲目。飯店經理人每天要處理的事務本來就繁瑣、複雜，因此對僅有的學習時間要充分把握，制定科學、合理的學習計劃，並嚴格執行，要能夠高效率地利用每分每秒，確保學有所用。

❖隨時學習，多多交流

飯店經理人是繁忙的，所以要能夠「擠」時間學習，充分利用每個時間空隙，養成隨身攜帶筆和記事本的習慣，隨時記下自己的想法和發現的新問題、新知識。同時，還要善於與人交流和溝通，將他人的知識巧妙地「挖」過來，成為自己可以利用的知識。

❖堅持學習，持之以恆

中國古代「頭懸樑、錐刺股」的苦讀事跡，告訴人們學習不是可以立竿見影的，也不是三天打魚，兩天曬網就能見成績的。元代高明在《琵琶記》中說到：「十年寒窗無人問，一舉成名天下知」，可見要取得成效，需要長時間的積累，所以學習要成為一種生活的習慣，堅持不懈，持之以恆。

❖要改變，不要只聽和看

對飯店經理人來說，學習是為瞭解決問題、提升能力，從而改善工作績效，任何與此無關的學習都是毫無意義的，因此，必須將整個學習的重心放在「如何才能改變自己」上。如果僅停留在聽課和看書上，忽視最重要的「改」，沒有將學到的理論應用到實際工作中，再多的學習也沒有用。

提升學習能力

本節重點：

讓理論指導實踐

多看專業書籍

瞭解相關學科

組織考察和交流

和下屬一起學習

讓理論指導實踐

理論源於實踐，理論指導實踐。理論是人們借助於一系列概念、判斷、推理表達出來的關於事物的本質及其規律的知識體系，是系統化的理性認識體系。理論由實踐賦予活力，理論和實踐天生是不可分離的。實踐需要科學理論的指導。沒有科學理論的指導，實踐難以取得成功。因此飯店經理人在管理過程中要以理論作為行動的指南，不斷學習新知識，掌握和運用新方法，來提高飯店專業化水準，從而提高飯店經營成果。

多看專業書籍

飯店經理人在提高實踐技能的同時，還要多看飯店管理專業的書籍，如《飯店管理概論》《管理學》《旅遊飯店管理理論與實務》《飯店人力資源管理》《飯店市場學》《飯店財務管理》《旅遊飯店心理學》《飯店質量管理》《餐飲服務與管理》《前廳與客房服務與管理》《飯店康樂服務與管理》《飯店工程管理》《飯店安全管理》等等，加強對理論知識的學習，豐富自己的專業化知識。

瞭解相關學科

飯店經理人所從事的飯店管理工作，雖說對科技技能的專業化要求不是很高，但卻要求寬廣的知識層面。作為服務行業重要組成部分的飯店業，要求飯店經理人不僅要瞭解飯店的專業知識，同時還要瞭解和掌握相關學科的知識，諸如管理學、市場學、心理學、天文學、地理學等。

組織考察和交流

在訊息共享的環境中，飯店經理人應及時追蹤現代飯店發展的趨勢，學習飯店業發達地區飯店管理的先進理念，進而對飯店實施經營和管理的變革，使飯店能夠在競爭激烈的市場中立於不敗之地。所以，飯店經理人應該安排時間到其他高星級飯店考察，目的是提高眼界、吸取精華，並與其他高星級飯店同行進行更廣泛更深入的交流，感受現代化飯店管理的氛圍，探討飯店創新發展、經營管理等諸多方面的問題。

和下屬一起學習

飯店經理人要提高學習能力，不僅自己要學習，還要營造一種良好的學習氛圍。環境能夠影響人的行為，在一個大家都熱愛學習的環境下，每個人都會養成良好的學習習慣。同時，飯店經理人要帶領下屬一起學習，如組織管理人員輪流上課，交叉學習，互相之間取長補短。

注重員工培訓

本節重點：

為什麼要培訓

哪些需要培訓

培訓的意義

培訓應注意什麼

很多的飯店經理人，一遇到服務質量問題，便會立即檢查員工的培訓是不是及時，培訓的內容是不是完整。由此可見，培訓已經成為飯店確保服務質量的一項重要環節，是飯店管理的重要內容之一。

培訓就是按照一定的目的，有計劃、有組織、有步驟地向員工灌輸正確的思想觀念，傳授工作、管理知識和技能的活動。任何規模、檔次的飯店都離不開各種形式和內容的培訓。

為什麼要培訓

❖飯店發展的需要

◎所有的崗位都不是永恆的，只要有一個人比你更適合你的職位，你就必須讓位給他。

這也說明了飯店經理人要具有較強的生存意識和競爭意識。當今是知識爆炸的時代，與飯店管理相關的知識更是五花八門，所以飯店經理人不僅要精通多方位的知識，還必須做到時時充電，緊跟時代潮流發展的步伐，尤其是跟上國際飯店經營管理觀念的更新節拍。如果飯店經理人一味沉湎於以前的成就，不注意提高自身素質，不及時更新經營觀念的話，不但其管理方式會越來越不合員工的要求，管理的效果也會越來越差。

❖員工發展的需要

有的飯店經理人在服務出現問題時，總會抱怨，甚至斥責出現問題的員工：怎麼會連這麼簡單的事情都做不好？你還當什麼服務員？你是不是不想工作了？你是不是工作有情緒呀？當偶爾有某項服務得到賓客的認可時，這些飯店經理人又會對提供該服務的員工刮目相看。其實，這兩種做法都是無知和盲目的。

當一家飯店的服務質量出現問題時，或在評價一家飯店的服務水平時，飯店經理人首先應該想到的問題是：員工是否具備提供優質服務的能力？如果員工不具備提供優質服務的能力，又怎麼可能讓賓客感到滿意？這時，你再怎麼責備員工也無法解決問題，只有當員工具備了這種能力，再去查找出現差錯的原因，才可能有效。

❖要滿意，更要驚喜

賓客如果說「沒有不滿意」，言下之意就是不滿意。賓客認為：既然花錢消費，就應該享受到同等價值的服務。飯店要使賓客滿意，就要在服務過程中加入「驚喜元素」，讓賓客得到意外的收穫。也就是說，賓客付出金錢購買的服務與享受，要超出其期望標準，使他們覺得在飯店消費中備受禮遇，物有所值，最主要是在精神上得到了最大的滿足，值得再次消費。

驚喜是靠人創造的，世界上沒有人一眼就能看穿別人的期望和需要。要知道賓客的期望和需要，只有一個途徑，就是飯店的每個員工都用心去瞭解和接近我們的賓客，蒐集賓客的訊息，為服務提供依據，讓飯店的每個賓客在接受服務的過程中感受到意外的驚喜。

哪些需要培訓

飯店經理人為了更為有效地進行工作，需要對飯店員工進行三大項主要內容的培訓。

❖知識培訓

飯店對員工的知識培訓是指對員工按照崗位需要進行的專業知識和相關知識的培訓。它是飯店培訓工作的重要組成部分，是員工獲取持續提高和發展的基礎。員工只有具備一定的基礎知識及專業知識，才能在飯店各個領域有進一步的發展。

對員工知識的培訓包括飯店常識的培訓、綜合素質的培訓、應知應會的培訓。如：完善櫃台問詢資料，做到能夠及時準確地提供當地及臨近旅遊景點、車站班次、飛機航班時間等訊息。

❖能力培訓

知識培訓是培訓的基礎，而能力培訓是培訓的核心、重點。知識是人對客觀事物的認識與經驗的總和，而能力是人順利地完成某種活動的條件。一個人的知識和能力往往是不成正比的。有的人在某一方面有較深的知識，但不一定表現出很強的工作能力。因此，飯店培訓工作要正確處理好知識培訓與能力培訓的關係。飯店不同管理層次所需的能力比重是不同的，一般來說，管理者所處的層次越高，所需要的決策指揮能力就相應越高，對專業技能的要求則相應降低。

※觀察能力

如：1202房間的金女士昨天出去遊玩，很晚才回飯店，並且隨口對客房服務員說，外面風很大，挺冷的。今天，金女士未用早餐，而且已經快中午了還未出房間，客房服務員已經在思考金女士是不是因為昨天著了涼，今天身體不舒服了，於是，就準備好了一杯熱茶水。

※記憶能力

如：飯店常客周先生這是第三次入住飯店，飯店所有接待過周先生的員工都應該記住他，並且掌握他的一些習慣和特殊愛好，為他安排好適宜的房間，並為其提供恰到好處的個性化的服務。

※推銷能力

員工向賓客推銷飯店產品要準確、靈活、恰到好處。如果鱖魚不新鮮了，可以向客人推薦野生黃魚；如果兩個人點一條魚太多了，可建議點半條魚。

※應變能力

飯店員工應該掌握靈活應變的能力，適時為賓客提供最貼心的服務。

◎紅酒哪兒去了

這天晚上，飯店的常客錢先生帶著五位多年未見的老友來用餐，服務員小葉熱情地上前問好。等客人都入座後，小葉問道：「打擾了，錢先生，請問今晚大家是不是還喝青島啤酒？」未等錢先生回答，另一位客人就喊道：「喝什麼啤酒，今天大家難得相聚，喝紅酒。」於是，四瓶紅酒相繼打開。細心的小葉發現錢先生的臉特別得紅，每次喝酒時，眉頭都緊鎖一下。小葉知道錢先生喝多了，於是，悄然撤下錢先生的紅酒杯，換上了另一杯斟滿的「紅酒」。當錢先生再次與老友舉杯共飲時，眼睛一亮，沖小葉感激地一笑。原來，小葉為錢先生重新斟滿的是一杯「王老吉」。

※語言能力

對比「亂踏草坪罰款五元」和「依依芳草，踏之何忍」，「顧客止步」和「顧客留步」，想想哪句更好。服務人員合適的措辭常常可以化解客人的不滿，避免客人投訴。

◎「淘氣魚」不見了

某飯店一個包廂的客人點了一份該飯店的特色菜「酒鮮蒸鮒魚」，可是等了好久，服務員也去廚房催了幾次，這魚卻遲遲沒有上桌。客人大為惱火，嚷著要投訴。這時服務員忙而不亂，笑臉盈盈地說：「真是很抱歉，看到今天大家那麼開心，這魚兒也跟著湊熱鬧，調皮地躲了起來。不過沒關係，大家先盡興用餐，我會幫各位把這只淘氣魚捉回來的。」

正是服務員的這一串巧言妙語引來了客人的一陣歡笑，避免了一次投訴。

※操作技術

◎飯店服務人員培訓的基本內容有：

◇ 基本禮儀、禮貌用語、面部表情、形體姿態、動作及職業化妝等技巧。良好的儀容儀表會給賓客留下美好深刻的印象。

◇服務的基本程序與技巧。如迎賓、入座、點菜、上菜、服務、結帳到送客的全過程。

◇ 服務的基本操作技巧。如托盤、擦杯子、鋪桌布、倒酒水。

◇菜單的基本知識。包括原料的名稱、菜式的基本烹飪方法、餐具知識、酒水知識及服務方法、飲用方法等。

❖ 態度培訓

態度即觀念，是對人、對事的認識、喜惡與反應傾向。

海爾集團總裁張瑞敏說：「改革開放為海爾帶來的最本質、最核心、最打動人的東西是什麼？想來想去，比來比去，我認為就是四個字——觀念革命。」

態度是一切之本，決定了飯店和個人的命運。態度不是天生的，而是透過後天的學習獲得的。態度形成之後比較持久，但並不是一成不變的，因此態度培訓在飯店員工培訓工作中難度最大。飯店經理人要透過培訓活動，引導員工保持並發揚良好的工作態度、改變影響服務質量的不良態度。如果員工具備了紮實的理論和強大的本領，但沒有正確的價值觀、積極的工作態度和良好的思維習慣，那麼他們給飯店帶來的很可能是不可估量的損失。

培訓的意義

越來越多的飯店經理人認識到培訓的重要性，因此，不斷加強對員工的培訓。培訓意義可以從以下兩方面體現出來：

❖培訓是飯店生存與發展的基礎

（1）培訓能快出人才、多出人才、出好人才。

（2）培訓可最大限度地降低飯店成本。

（3）培訓可以提高飯店的勞動效率。

（4）培訓是使新員工掌握基本工作技能和職業道德、從而勝任飯店工作必不可少的步驟。

（5）培訓是不斷提高服務質量，提高飯店整體水平的關鍵。

（6）培訓是飯店塑造更完美的企業文化的重要渠道。

❖培訓為發展創造條件

培訓不僅對飯店有利，對員工也有好處，主要表現為：

（1）培訓可以為員工增加收入創造條件。

（2）培訓能滿足員工各層次的需要，幫助員工不斷發展自我。

培訓應注意什麼

❖三「要」

飯店經理人在提倡對員工培訓時往往是說起來重要，做起來次要，忙起來不要。所謂的培訓的重要性也僅僅只是停留在口頭上，而未真正落實到行動中。事實上，培訓是慢工出細活，不是投入即成本，而是投資即回報。

❖四「重」四「輕」

（1）重前台輕後台。飯店管理中往往出現重前台而輕後台的情況。如一位賓客來飯店用餐，對菜餚的口味大為讚賞，執意要見見這位手藝高超的廚師。如果原本白衣形象的廚師來到客人面前時，卻是「黑」衣著裝，估計這位賓客的胃此時會「翻江倒海」了。

（2）重服務輕管理。如果飯店員工在對客人服務時，不慎將一盆湯汁打翻在地上，未留心又一腳踩上，摔個人仰馬翻，飯店管理人員此時應該責罵員工呢，還是安慰員工？其實，這個時候飯店管理者更應該做的是問問自己為什麼會出現這種情況，自己的管理是否到位，員工操作要求「三輕」是否培訓到位。

（3）重技能輕理念。如客房服務員檢查賓客退房時，發現少了一聽可口可樂。一種可能是客人賴帳，另一種可能是員工本來就忘記放了，兩種可能各占50%。如果員工執意讓客人付錢，可能會因此而導致客人投訴，結果飯店可能會因為一瓶價格僅為兩元左右的可樂而失去一個客戶，得不償失。如果員工能夠靈活變通，不再收取這瓶可樂的費用，既可避免節外生枝，同時，客人可能會對親朋好友宣傳這家飯店的飲料可以白喝，也會吸引他們的潛在消費性。

（4）重形式輕效果。如飯店餐飲部制定了詳盡全面的培訓計劃，但是安排在中午員工的休息時間進行，此時，員工一方面比較疲憊，另一方面要為晚上的工作做準備，根本沒有精力認真接受培訓。這種培訓並不能取得預期的效果，真正有成效的培訓應該是寫在員工臉上的。

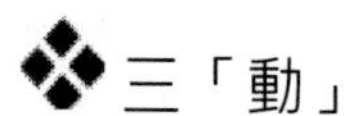

三「動」

隨著社會發展的趨勢，飯店行業大力倡導「人本管理」，宣傳培訓作為一項新型福利待遇，對於飯店和員工的長遠發展具有重要影響。但是，一些飯店經理人仍未充分認識到這一點，往往還是停留在聽之激動、想之感動、做之不動的層面上。聽聽似乎有道理，想想很有道理，可是真正要做起來的時候，往往就忽視了這一點。

此外飯店經理人在強化員工實務培訓時應遵循「我講你聽，我做你看，你做我看，你做我檢查」的原則和方法，以切實增強培訓效果。

培訓可以讓新入職員工向在崗的老員工瞭解工作職責、工作要求，增強責任感、使命感，減少賓客投訴，降低員工流動率，從而保證服務質量，提高服務效率。

另外，培訓還可增強員工的集體意識，增強飯店凝聚力，提高全體員工的精神面貌和飯店形象。飯店經理人普遍認識到現在以及將來飯店業的競爭，實質上是人才的競爭。誰擁有人才，誰就掌握了競爭的主動權，而獲得人才的途徑之一就是對現有的員工進行有效的培訓。

建立學習型飯店

本節重點：

學習型飯店的特點

學習型飯店強調「學習」

倡導團隊學習

如何建立學習型飯店

飯店經理人要創建「學習型組織」，要為員工灌輸「在工作中學習，在學習中工作」的理念，為員工創造良好的學習機會和學習環境，提高學習能力，以不斷更新飯店管理者、經營者的知識體系和管理思想，營造全員學習、團隊學習、工作學習化、學習工作化的氛圍，以便跟上整個社會飯店業發展的步伐，及時瞭解最新的管理與經營手段，永遠保持一種健康的「新陳代謝」的過程。

在行業環境不斷變化，競爭日益激烈的情況下，尋求贏得競爭優勢的根本出路，就是在飯店內建立學習型組織，努力培養更多的學習型員工，以提高組織的學習能力，造就一支有理想、有道德、有文化、有紀律的優秀團隊。

學習型飯店的特點

❖人本理念

當今社會的競爭是知識的競爭，歸根結底是人才的競爭。飯店應樹立「賓客第一、員工第一」的理念，使飯店成為「賓客之家，員工之家」。飯店要注重員工的培養，為員工創造寬鬆的人際關係、舒適的工作環境、較多的晉升空間和較高的工資福利。因為員工是優質服務的提供者，只有滿意的員工才能提供滿意的服務，進而才能有滿意的賓客。透過賦予員工更大的權力和責任，使其認識到自己也是飯店管理中的一員，才能更好地發揮他們的自覺性、能動性和創造性，充分挖掘他們的潛能，在實現他們人生價值的同時，也為飯店作出更大的貢獻。

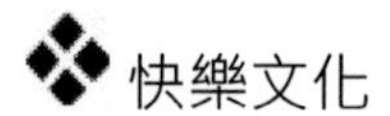

快樂文化

飯店要為員工營造輕鬆、愉快的工作環境，倡導快樂工作每一天。飯店建立學習型組織就是要讓員工感受到團隊合作的氛圍，懂得協作、懂得為他人著想。學習型組織的理論核心就是：快樂地工作，做最真實的自己。所謂快樂就是員工在工作的過程中能夠體會到被尊重，能夠根據自己的意願為賓客提供最真誠的服務；同時，員工快樂地工作，也是給自己、給同事、給賓客創造快樂。

❖懂得感恩

日本的松下集團把感恩作為核心價值觀。正是這種理念使我們看到了今天松下的成功和輝煌。

建立學習型組織不是簡單地喊在口頭上、落在筆頭上，而是要實實在在地落在行動上。飯店經理人應該將感恩的理念引入飯店組織中，並灌輸到員工的頭腦中，使之成為一種習慣、一種意識。飯店為我們提供發展的平台，我們應該感恩；上級給予我們諸多培養，我們應該感恩；同事給予我們許多幫助，我們應該感恩；下屬支持配合我們的工作，我們應該感恩；賓客對我們的工作表示認可和讚賞，或是提出寶貴的意見和建議，我們應該感恩。只有在充滿感恩的環境中，工作才更有激情，服務才更有人情味，團隊才更加和諧。

學習型飯店強調「學習」

❖工作學習化，學習工作化

學習型飯店強調學習與工作不可分離，就是工作學習化、學習工作化。

所謂工作學習化，就是把工作的過程看成學習的過程，工作的本身就成為一種學習。學習型飯店認為這是一個人、一個飯店成長、發展、成功的最重要的理念。

飯店裡有兩種人，一種人從來沒做過管理，碰到管理的項目就往後退；還有一種人樂於做管理，他可能略知一二，但是他把工作過程看成學習過程，不懂就去請教專家，查看有關資料，或者參加培訓班，最後把項目完成了。由於工作觀念不一樣，前一種人把工作看成一種負擔，後一種人把工作看成學習的過程。一個前進，一個後退，這樣，這兩種人的差距就開始拉開了。

學習工作化就是要把學習與工作等同。很多飯店對工作嚴格管理，嚴格考核，但是對學習沒有嚴格管理。飯店經理人請專家教授來講課，介紹工作經驗，但是下屬想不來就不來，有的即使到了學習現場也心不在焉沒人管。學習型飯店認為，一個飯店組織的學習力是生命力之根。根不好，樹怎麼茁壯成長呢？員工上班不僅僅是工作，而是要做三件事：工作、學習和創造。

❖以個人學習為基礎

學習型飯店的學習強調在個人基礎上的組織學習，因為飯店學習產生社會知識資本，能支撐起整個飯店、整個行業的發展。

❖以訊息反饋為基礎

學習型飯店的學習強調訊息反饋基礎上的學習，要充分利用訊息反饋系統讓每個員工、每個團隊不斷地接到訊息，知道自己的行為對飯店產生正效應還是負效應，為了生存發展而調整自己。

❖以反思為基礎

學習型飯店的學習強調以反思為基礎的學習。透過學習發現不足，針對現狀，查找原因，進而解決問題，取得發展和進步。

❖以共享為基礎

學習型飯店的學習強調以共享為基礎的學習。知識是永遠也學不盡，也用不完的，自己知道的永遠只是滄海一粟。要想以最快的速度掌握盡可能多的知識，最便捷的方法就是與他人交流，實現知識共享。

❖學而知新

學習型飯店的學習強調學後必須要有新行為，學而不習的學是無效的。學習的過程，也就是拋棄舊思想、舊理念，吸收新思想、新理念的過程。沒有新發現的學習是沒有成效的學習。

學習型飯店的學習理論還告訴我們：創建學習型飯店，第一要全員參與，第二要步調一致。但是僅有對學習型飯店的理論認識還不行，還要用心來做，還要配合默契。

倡導團隊學習

❖時代需求

過去的經營模式主要靠開發廉價的物質資源來取勝，所以，只要有一兩個好的領導，把勞動力組織好，就能成功。但是，現在時代不同了，光靠一兩個領導是絕對不行的，飯店要成功就要靠知識、靠學習，靠全體員工的創造力，這就要透過組織團隊學習，開發整個團隊的人力資源來實現。

❖三個諸葛亮變成臭皮匠

有句諺語說：三個臭皮匠頂個諸葛亮。然而，現在有許多的飯店管理中面臨著這樣一個挑戰：三個諸葛亮最後變成個臭皮匠。每個人都是諸葛亮，但是整個團隊的工作水平卻只相當於一個臭皮匠的水平。哈佛大學阿吉瑞斯教授對許多企業調查研究後指出：大部分管理團隊在壓力面前會出現智障。他把智障的原因歸納成四種妥協：

（1）不提沒把握的問題——保護自己。人們在預測問題的時候往往不是很有把握。有人認為如果把沒有把握的問題提出來，錯了就會損壞自己的形象，因而，在團隊學習時不談自己內心的真實想法。

（2）不提分歧性的問題——維護團結。有的人為了維護團結，一看是上級和大部分人都同意了的意見，明明知道存在問題，但一想還是不要提了，免得引起分歧。

（3）不提質疑性的問題——不使人難堪。很多時候，為了不使他人難堪而不提質疑性的問題，特別是當年長者或上級發表自己的意見的時候。比如雖然感到上級提出的一項決策有問題，但是為了不使上級難堪，還是不把問題提出來。

（4）只作折中性的結論——使大家接受。當意見針鋒相對的時候，為了使大家接受，有的人只作折中性的結論。

在學習的過程中，內心最大的障礙是謹小慎微、自我保護。許多團隊不成功很大程度是由於自我防衛，這四種妥協都是自我防衛的典型表現。

❖ 倡導團隊學習

學習型飯店認為要加強團隊學習，團隊學習的目的是為了使團體智商大於個人智商，加快個人成長速度。聰明的飯店經理人在召開會議或者要做重大決策的時候，總是要看看參加者抱著一種什麼心態，首先幫他們解除自我防衛的心態，大家才能敞開心中所有的假設，展開深度會談，積極地去辯論問題。

深度會談就是在討論問題的時候，每個人都攤出心中的設想，真正一起思考。學習型飯店理論非常強調深度會談，特別是飯店經理人要學會深度會談，尤其是討論重大問題的時候，一定要防止一言堂，要做到深度會談。

深度會談首先要學會聆聽，學會聆聽也是獲得成功的一個重要的基礎。一位美國教授在講學的時候說，一個人要學會聽，就要像中國人那樣「聽」。中國古代繁寫的「聽」字包含了聽的全部要義。

※用耳朵聽

有句俗話說要「洗耳恭聽」。用耳朵聽，是最基本的聆聽方式。如果連耳朵都沒有在聽的話，那麼也就根本不存在聆聽了。

※用眼睛聽

佛教裡有觀音菩薩，也叫觀世音菩薩。音是聽的意思，而所謂觀，即觀看的意思。為什麼這位菩薩不叫聽世音菩薩而叫觀世音菩薩呢？

其實這裡面有個很深刻的真理。因為一個人不但要能聽到聲音，而且還要能聽到正確的聲音。當然只要不是聾子都能聽到聲音，但是能聽到正確的聲音是不容易的。飯店經理人如何才能聽到正確的聲音呢？不僅要用耳朵，還必須用眼睛幫助你聽。

※用心來聽

要學會耐心地聽。一個人耐心地聽別人講話是很難的，特別是年長者聽年輕人講話就不耐心；老師聽學生講話不耐心；上級聽下屬講話不耐心；父母聽子女講話也會不耐心。所以，學習型組織非常強調飯店經理人要學會聆聽別人講話，非常耐心地聽對方把話講完。

要學會虛心地聽。管理大師彼得·聖吉在研究學習型組織的時候非常注意吸收中國的文化精髓，他曾經多次到中國香港拜訪南懷瑾先生。他第一次去的時候，南懷瑾先生很客氣、很禮貌地給他倒茶，當茶倒滿時，他還繼續往裡倒。彼得·聖吉非常不解。南懷瑾先生說：「你不是想學中國的修煉嗎？中國人就是這麼修煉的。『滿則溢。』你若想學到中華文化的精髓，首先必須把你的西方價值觀都倒空，如果你用西方的觀點來看中國文化，就會格格不入，所以要虛心以待。」

如何建立學習型飯店

學習型飯店是以共同的發展目標為基礎，以團隊學習為特徵，以學習加激勵為模式，以實現持久發展為目的，透過學習工作化，工作學習化，實現飯店組織的學習力、創造力、核心競爭力的不斷提升。

❖鮮明的學習方向

飯店的發展目標是飯店員工努力的方向，飯店在此基礎之上，結合自身的發展規劃和不同時期的發展要求，為員工制定符合實際、並被員工所認可和接受的學習目標，即學習的方向。員工學習的方向一方面要與員工自身發展願景相符，另一方面要與飯店的整體文化相融合。

❖系統的學習計劃

飯店經理人應該合理制定系統的學習計劃，管理人員要有年度專業學習計劃，各部門要「量體裁衣」制定本部門員工學習計劃。飯店應著眼於某一方面重點內容組織學習，做到有計劃、有檢查、有考核、有獎懲，保證了學習的落實和效果。透過有計劃的系統學習，達到每天進步一點點，使飯店全體員工的綜合素質和能力得到明顯的改觀。

❖ 多樣的學習形式

飯店可以採取靈活多樣的學習形式，比如：利用飯店例會時機召開管理人員會議，學習先進經驗和典型案例；結合學習計劃和學習重點，開展讀書活動；緊密聯繫飯店文化，召開研討會，交流心得，強調以理論指導實踐；邀請專家、教授來飯店傳授國內外最新的飯店管理理念；還可以組織飯店管理人員到其他高星級飯店學習考察等。

❖ 靈活運用學習成果

將理論與實際相結合，從學習和實踐中增強飯店服務技能，注重學用結合，學以致用，用有所成。在學習中完善自我，超越自我，從根本上提高員工的服務質量和管理人員的經營管理水平，打造超前的飯店經營管理隊伍。

上海一家進出口公司的老總要求員工每個季度看一本書，而且看後要結合工作寫體會；萬向集團的老總每當看到好文章都會推薦給員工。現在許多企業的領導，都知道決不能把重要的工作交給一個不會學習、不愛學習的人。

飯店的發展也要順應社會、順應時代發展的潮流，建立「學習型飯店」是時代發展的趨勢。要成為一名成功的飯店經理人就必須不斷學習，以學習為利劍，全面武裝自己，使自己在知識經濟的時代，在人才競爭的時代能夠占據不可替代的位置。

第十四章 以創新為快馬

本章重點

●什麼是創新

●如何進行創新

●飯店需要哪些創新

◎新龜兔賽跑

龜兔第一軟賽跑時，兔子因為驕傲，睡大覺，結果輸給了烏龜，鬧了大笑話。兔子心裡很不服氣，向裁判員老狼抱怨道：「要是老子不睡大覺的話一定能勝烏龜，不信就再比一次試試。」

第二輪，兔子等槍聲一響就衝了出去，可等它跑到第一次比賽的終點的那個山頭時，卻沒有看到紅旗，於是它打通老狼的手機大聲嚷道：「紅旗呢？」原來第二次比賽的目的地變了，紅旗插在另一個山頭上。兔子不服：「要是老子不跑錯地方的話，怎麼會輸給那龜兒子呢？」於是要求再比一輪。

第三輪，兔子總結了經驗：不能睡覺，要認準目標。老狼槍聲一響兔子拔腿就跑，一直昂頭看著山頭上飄舞的紅旗，心想這次準贏。結果，撲通……沖進了河裡，費了九牛二虎之力才爬上岸。險些送了命的兔子大哭：「老子比竇娥還冤。」老狼同情兔子，決定再給兔子最後一次機會。

最後一輪，從城的南邊到城的北邊，兔子總結前三次失敗的教訓：不再驕傲、認準目標、看清道路、行為規範、遵守交通法規、不闖紅燈……當它抱著必勝的信心，滿頭大汗、滿懷憧憬地到達目的地時，發現烏龜又早已在那兒等候了。

兔子號啕大哭，但是為了輸個明白，只有請教烏龜道：「龜哥，為什麼你還是能贏？」烏龜道：「科技進步了，老子是叫車來的！」

兔子為什麼沒有贏？這是一個引人深思的問題。很多人可能會提出這樣的疑問：我們的心態已經很積極了，我們也有目標、有方向，可是為什麼還是沒有成功？其實成功的秘訣在於不僅要有積極的心態、明確的目標、正確的方法，同時，還要具備創新的能力。在當今社會發展的大環境下，飯店必須創新。

什麼是創新

本節重點：

創新與創新思維

具備創新意識

創新是21世紀飯店求生存、求發展、延長經營生命週期的靈魂，飯店經理人要具有創新意識和創新能力。除了要不斷學習，勇於超越傳統的管理模式、思想觀念外，還要在市場開發、營銷策略、企業文化建設等諸多方面，打破常規、勇於開拓。

飯店經理人肩負的一大重任就是帶領飯店，帶領各層管理者，在激烈的市場競爭中，在國際一體化經濟發展的大環境下不斷追求創新、不斷超越自我。

創新與創新思維

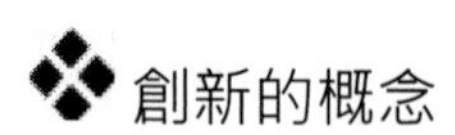

創新是指以獨特的方式綜合各種思想形成創造性並將其轉換為有用的產品、服務或作業方法的過程。富有創新力的組織能夠將創造性思想轉變為某種有用的成果，不斷開發出解決問題的新的方式和方法。

創新是創造與革新的合稱。所謂創造，是指新構想、新觀念的產生，而革新則是指新構想、新觀念的運用。從這個意義上講，創造是革新的前導，革新是創造的繼續，創造與革新的整個過程及其成果則表現為創新。

簡單地說，創新就是改革舊的，創造新的，是在自己所從事的本職工作中有所發現、有所發明、有所創造、有所前進。飯店的發展需要以創新作為原動力，創新是飯店永葆青春與活力的基礎所在。飯店的業務特點要求飯店常常能夠更新自我，飯店的市場競爭也要求飯店要不斷創新。飯店在經營與管理上的創新，要求飯店經理人不但要能夠積累知識和經驗，同時，也要敢於打破常規的思維模式，消除對未知事物的恐懼。要敢於想別人不曾想的、做別人不敢做的，往往那些「不可能」實現的事情恰恰是飯店往更高層次發展的一個跳台。

❖ 創新與創新思維

創新是透過創造與革新達到更高目標的活動，是管理的一項基本職能。創新過程就是創造性勞動的過程。沒有創造就談不上創新，創新建立在不斷學習的基礎之上，需要有突破性的思維，並且對新鮮的事物充滿熱情。它是飯店發展的動力，也是飯店活力的象徵。

現代飯店管理中的創新思維，是指飯店經理人積極探索環境與組織發展中的未知領域，開拓和創建組織發展新局面的思維活動。現代飯店組織的一切創新活動首先是思維的創新，飯店經理人的創新思維是管理的創新職能的基本前提和內容。創新思維與程序性的一般邏輯思維不同，它的主要特徵是具有新穎性、靈活性、藝術性及探索性。飯店的更新和創新都取決於飯店經理人所具備的創新思維和創新意識。

具備創新意識

◎不挑水的和尚也有水喝

有兩個和尚分別住在相鄰的兩座山上的廟裡。這兩座山之間有一條小溪，這兩個和尚每天都會在同一時間下山去溪邊挑水，久而久之他們變成了好朋友。

這樣時間不知不覺過了五年。突然有一天左邊這座山上的和尚沒有下山挑水，右邊山上的和尚心想：「他大概睡過頭了。」便不以為意。

誰知接連一個月左邊山上的和尚都沒有下山挑水，右邊山上的和尚終於忍不住了，心想：「我的朋友可能生病了，我要過去拜訪他，看看能幫上什麼忙。」

等他到了左邊山上的廟裡，看到他的老友正在廟前打太極拳，一點也不像一個月沒喝水的人。於是很好奇地問：「你已經一個月沒有下山挑水了，難道你可以不用喝水嗎？」

左邊山上的和尚說：「來來來，我帶你去看。」於是他帶著右邊山上的和尚走到廟的後院，指著一口井說：「這五年來，我每天做完功課後都會抽空挖這口井，即使有時很忙，也能挖多少算多少。如今我終於挖出井水，就不用再下山挑水了。」

很多人總是滿足於目前的生活，認為現在的一切已經很完美了。1960年代，一位美國人曾說：「好了，我們的社會已經完美了，沒有再需要發明的東西了。」可是，現在看看，自那時起至今，社會又發生了多少的變化。所以，社會是在不斷向前發展的，永遠不要滿足於現狀，要突破現狀，社會才會更加完美。

飯店經理人要樹立創新意識，透過不斷的創新實現以特色取勝。飯店業是一個沒有專利權的行業，一種新的經營方法，一種新產品的發明，很快就會被模仿、被普及。因此，任何一家飯店都不要因為暫時處於領先的位置而沾沾自喜，因為許多對手正在設法超越你。保持領先的唯一辦法就是自我否定，努力想出更好的做法，並勇於實行。也就是說，以不變應萬變在這裡行不通。飯店經理人從事飯店經營管理的取勝之道就是以變制變，作出自己的特色。

❖飯店管理離不開創新

※管理就是創新

管理是人類的基本活動之一，而人的本質就是創新。人類不是被動地去適應環境，而是能運用自身的智慧和能力去改造環境，創造新的事物。管理則是人們為了更有效地改造環境而運用的一種方法。透過管理，人們把自身的力量凝聚成更大的合力，帶來更多的創造。

飯店管理的目的是創造效益，是為了實現新的價值。在飯店管理中，飯店經理人透過執行管理職能來實現管理的目的。因此，飯店經理人在執行管理職能時一方面要維護正常的業務運轉過程；另一方面，要不斷改革舊的，創造新的，使管理本身具有創新成分。現在我們在飯店管理中普遍採用的作業標準化、管理人員能上能下、經濟責任制、分配與工效掛鉤、例會制度等相對於我們傳統的管理方式而言都是創新，它對飯店的現代化經營運作起著積極的促進作用。

※創新適應飯店市場需求

當所有的飯店都以平等的競爭者的身份出現在市場上時，更高的產品使用價值和更低的產品價格具有更多的競爭優勢。要使產品的使用價值更高，就必須對市場有深入的瞭解，並依據市場創新產品。如何創新產品，需要飯店經理人動足腦筋，不能墨守成規。曾經有人把衛生間搬進了臥室、五星級飯店搞外賣、豪華飯店推出工薪族消費的家常餐廳......這些都曾遭人非議，然而事實說明這些創新最後都在市場競爭中取勝了。

※創新增加飯店凝聚力

飯店對員工的凝聚力是飯店力量的源泉。飯店對員工的凝聚力是由多方面因素形成的，其中最主要的因素是員工對上級的信賴，對自己所處環境的滿足，對飯店未來發展的信心。飯店經理人的創新意識和創新精神對員工樹立信心具有很大的影響。一個飯店年年有創新，年年有發展，就會使飯店充滿生氣和活力。飯店事業發展態勢好，客源充裕，保證了飯店的效益。在這樣一個飯店環境中，員工會產生對工作的激情，對前途的憧憬和信心，以及對飯店的歸屬感，飯店就能把員工緊緊地凝聚在一起共同奮鬥。由於飯店事業的發展，飯店的外延和內部組織都在擴大，對人才的需求量也隨之增長，使員工有了更多的晉升機會。員工有了對前途的信心，對未來的希望，也就能安心於本職工作，樂意為飯店作出貢獻。所以飯店應該年年有創新，年年有拓展，無論是對員工的心理，還是對飯店的凝聚力都能產生積極的影響。

❖飯店經理人的創新意識

飯店經理人要根據內外環境的變化和飯店自身發展的要求不斷更新自己的理念，轉變自己的認識，更好地適應飯店內外部環境的變化，並且更加有效地利用資源，做出正確的管理決策並付諸於管理及運作實踐，引導飯店健康發展。飯店經理人要具備創新意識，即：

※要做別人未曾想到的事

創新就是要求新。什麼是新？新就是別人未曾想到過的、沒能發現的事情，而你想到了、發現了，包括新思維、新方法、新措施等。

※要做別人想而未做的事

經常會聽到有的人說：「哎呀，這個問題當時我也想到了。」這是廢話，想到了為什麼不去做呢？想到了但是沒去做，還是等於沒想到。創新不但要有新想法，還要把新想法落實到新行動上。

※要做別人不敢做的事

創新不但要敢想，還要敢做，敢於透過行動將想法付諸於實踐，敢於去探索新想法可能會帶來的結果。很多人有了新想法，但是沒有勇氣去嘗試，不敢去打破既定的常規，這也不叫創新。

※要做別人不願做的事

創新要敢於做別人不願做的事。創新的事物往往與人們由來已久形成的習慣或存在著的固有模式相牴觸，很多人寧可墨守成規，也不願意打破陳舊的觀念去和「祖宗」叫板，創新的思維也就因此而被扼殺。敢於創新的人往往是敢於做一般人不願去做的事情。

※要做別人不能做的事

創新的本身是一個在未知的領域裡探索的過程，創新的過程可能是艱辛的、充滿挫折的，要求創新者不但要有膽識、有勇氣，還要有毅力。很多追求創新的人最後以兩手空空而告終，究其原因，主要是因為不能夠堅定目標，持之以恆。創新還要做別人做不到的事。

如何進行創新

本節重點：

知識和經驗的積累

思維方式的訓練

打破常規模式

消除對未知事物的恐懼

創新的方法

◎你能把梳子賣給和尚嗎

有三個人參加一項智慧競賽：以10日為限，將梳子賣給和尚，看誰賣得最多。

A歷盡辛苦，遊說和尚應當買把梳子，無甚效果，還慘遭和尚的責罵，好在下山途中遇到一個小和尚一邊曬太陽，一邊使勁撓頭皮。A靈機一動，遞上木梳，小和尚用後滿心歡喜，於是買下一把。

B去了一座名山古寺，由於山高風大，進香者的頭髮都被吹亂了，他找到寺院的住持說：「蓬頭垢面是對佛的不敬。應在廟裡的每個香案前放把木梳，供善男信女梳理頭髮。」住持採納了他的建議。廟裡共有十個香案，於是賣出了10把木梳。

而C到一個頗具盛名、香火極旺的深山寶剎，這裡朝聖者、施主絡繹不絕。C對住持說：「凡來進香者，多有一顆虔誠之心，寶剎應有所回贈，以做紀念，保佑其平安吉祥，鼓勵其多做善事。我有一批木梳，您的書法超群，可刻上『積善梳』三個字，便可做贈品。」住持大喜，立即買下1000把木梳。得到「積善梳」的施主與香客也很是高興，一傳十、十傳百，朝聖者更多，香火更旺。

把木梳賣給和尚，聽起來真有些匪夷所思，但是如果能夠突破常規思維模式，轉換角度，採取不同的推銷術，往往會得到不同的結果，能夠在別人認為不可能的地方開發出新的市場。

知識和經驗的積累

飯店經理人所掌握的豐富的知識與經驗會對其經營管理造成基礎性的作用，成為制定決策、開拓創新的基石。因此，學習大量的專業知識、掌握豐富的實踐經驗是必要的。但是，有必要不等於走「教條」，不等於將書本上的知識和以前的經驗固化。否則，飯店經理人的知識和經驗反而阻礙自己的創新能力。

❖本本定式——書上是這麼說的

創新要學習，結果很多人就將思維侷限在書本上的條條框框裡，按照書上所說的照搬照抄，不能夠結合實際，靈活變通。

❖權威定式——權威人士是這麼說的

有段時間，人們的工作和思想是以兩個「凡是」為標準，指出要不折不扣地遵循偉人的指示，對的、錯的一併兼收。現在也有人經常會說：這是某某人說過的、某某領導要求這麼做的，往往用某位權威人士的話統領了一切行為的方向。

❖從眾定式——其他人是這樣做的

很多人都有從眾心理，對於某件事情的判斷往往遵循於其他人的意見，看別人怎麼做自己也跟著怎麼做，缺乏主觀判斷。即使偶爾有過不同的想法，也會因為大多數人的不同意見而打消自己的想法。

❖經驗定式——以前都是這樣做的

經常有人會發出這樣的質疑：以前我們都是這樣做的呀，我工作幾十年了一直都這樣等。殊不知，世界在變化，時代在發展。以前人們都用算盤，現在老人小孩都會用電腦。在每天的工作中，昨天的經驗只是用來作為今天的借鑑，但不能作為今天工作的指導。

這幾種思維定式在飯店經理人的創新工作中是最忌諱、也是最不可取的。

思維方式的訓練

「處處是創造之地，時時是創造之時，人人是創造之人。」這意味著每個人都有創造的潛能。但是，並非每個人都有創新的表現，這種潛能只有透過大量的訓練之後才能發揮出來。

❖逆向思維

逆向思維是創新的一種有效方法。面對一些無法用常規方法解決的問題，當從正面難以突破時，如果能轉換思維方式，從反面思考，也許就能獲得與眾不同的新想法、新發明。飯店經理人要開發創新潛能，就要加強逆向思維訓練，促進思維的流暢性。

❖求異思維

求異思維就是要求根據一定的思維定向，大膽假設並提出與常規不同意見的思維活動。求異思維是創新發明的原動力，飯店經理人應加強求異思維訓練，實現思維的靈活性。

❖發散思維

發散思維就是要求飯店經理人根據已有的知識結構、經驗方式進行多方位、多層次、多角度探究的思維活動，透過探究創造性地解決問題，因此飯店經理人要加強發散思維訓練，激發思維的求異性。

❖集中思維

集中思維是指透過觀察、找資料、找規律，將已有的訊息綜合起來，集中分析的思維活動。在平時思考問題時應遵循「分析

——綜合——再分析——再綜合」的規律，培養自己的創新思維能力。飯店經理人應不斷加強集中思維訓練，強化思維的綜合性。

打破常規模式

◎撞見女賓客沐浴時該如何處理

某飯店欲招收一名男性服務員，A、B、C三人應徵。飯店人力資源部經理出了一道思考題：「假如你在本飯店工作，有一次你無意間推開房門，看見一位一絲不掛的女賓客正在沐浴，而她也看見了你，這時你怎麼處理？」三位應聘者分別作了回答。

A說：「什麼也不說，馬上關門退出。」

B說：「說聲『對不起，小姐』，就關門退出。」

C說：「說聲『對不起，先生』，就關門退出。」

最後，飯店錄取了C。

女賓客被男服務員撞見，她會感到羞辱。在這種情況下，A悄然離去，沒有消除她的羞辱感，而只會讓她感到無禮和粗魯，由此，她可以起訴A和本飯店。B的回答儘管彬彬有禮，但潛台詞是「我看見了你洗澡，但我不是有意的」。女賓客被羞辱的陰影並沒有消除，她仍然可以起訴B和本飯店。C的回答有禮是其次，最重要的是他非常聰明地消除了女賓客的羞辱感和不悅的情緒，本飯店的形象沒有受到影響。

飯店經理人要追求創新就要不斷突破思維定式，打破現有的常規模式。韋格納敢於打破固有的「海陸固定論」，根據大西洋兩岸的海岸線正好彼此吻合的現象，提出「大陸漂移說」。哥白尼大膽突破常規思維，提出「太陽中心說」來否定「地球中心說」，科學才得以向前邁進。只有敢於打破常規模式，思想才得以解放，新的思維、新的理念才能夠湧現出來。

消除對未知事物的恐懼

人們都有這樣一種心理趨勢：在生活和工作中安於現狀，不敢面對未知的挑戰，甚至害怕打破常規、改變現狀。「生於憂患，死於安樂」，飯店經理人的這種求安穩的心理雖然在一定程度上讓生活和工作變得安穩，但這種安穩卻會影響飯店的長久發展。飯店經理人要消除這種未知的恐懼就必須做到：

❖嘗試新事物

不斷嘗試一些新的事物，接觸一些新的問題，瞭解一些新的觀點，對未知的事物接觸多了，就見怪不怪了，恐懼的心理自然也就不存在了。

❖嘗試冒險

試著去冒險，嘗試一些以前不敢去做的事情。一旦邁開了第一步之後，畏懼的心理也就會隨之被打破。

❖拋棄現狀

要創新，就要不滿足於現狀，丟掉認為目前已經很完美的觀念，趕走頭腦中阻礙發展的錯誤想法。

❖堅持己見

創新的思想往往與現存的事物相牴觸，會有很多人不認同，但是創新只要是自己想做就可以了，對於做出的決定不需要去說服別人接納。

創新的方法

創新的思想和舉措主要來源於自身的創造力。飯店經理人要培養自身的創造力，需要掌握一定的追求創新的方法。

❖ 保持創新的理念

有敢於懷疑一切的勇氣，不唯書、不唯上、不唯權、不唯史，堅信和保持創新的基本理念：只有創新才是最大的生產力。人的需求是無限的，市場的需要是無限的，任何東西都不是完美的，都有改進和完善的空間，所以創新的空間是無限的。

❖ 堅定創新的決心

不怕失敗和挫折，具有堅定的決心和堅強的毅力，不達目的，誓不罷休，並善於從失敗中吸取教訓，學到新的知識。

❖ 不畏外界的嘲諷

不怕別人的嘲笑，真理總是掌握在少數人手裡，誰能笑到最後，誰就是英雄。一旦你的創新成功了，所有的嘲笑都會變成羨慕和嫉妒。

❖ 創新從小事開始

創新不怕從小的事物開始，小產品可能蘊含著大市場，小創新也許會帶來社會發展的大變化。蔡倫發明紙，推動了歷史的文明；愛迪生發明電燈，人類從此告別了黑暗。

❖ 善於觀察

要創新，就要具備廣博的知識和敏銳的觀察力，能夠及時掌握社會發展的最新消息，嗅出周圍事物發生的細微變化，善於發現不足，並不斷進行嘗試和改進。

❖ 勤於學習

創新要勤於學習。向專家學習，向資深人士學習，向競爭對手學習，向遇到的所有的人學習，並盡可能地和有關人士溝通，汲取一切有用的營養，充實和提升自我。

❖ 保持求知慾

飯店經理人要始終保持強烈的好奇心和求知慾，對於不合理的事物要敢於問為什麼，好奇心往往是打開創新之門的鑰匙。

❖ 創新技能訓練

飯店經理人要具備創新的能力，還要注重培養自己創新的習慣，不斷進行創新技能的訓練，接受科學的指導，掌握創新的方法和技巧。

飯店需要哪些創新

本節重點：

思想觀念的創新

營銷方式的創新

設施設備的創新

客用品的創新

服務項目的創新

服務方式的創新

組織管理的創新

飯店創新的依據是賓客的需求，賓客雖然不是專家，但是他知道什麼是讓他滿意的，什麼是令其愉快的。飯店要長遠發展，就必須實施全方位的變革與創新。

思想觀念的創新

❖經營思想要「變」

◎客人要月亮，你有嗎

如果有位客人向你要天上的月亮，你該怎麼辦呢？是一口回絕，還是嘲笑客人的荒誕、無禮呢？作為飯店的服務人員，始終秉承的一條服務宗旨就是：盡最大努力滿足客人的需求，為客人提供最滿意的服務。那麼遇到這類問題該怎麼辦呢？很簡單。將一盆水放在客人面前，並打開窗戶，讓月亮倒映在水中，告訴客人：「尊敬的先生，我們為您取來了您要的月亮，我們還可以為您提供更多的月亮。」

飯店的經營思路經歷了「以產品為導向——以市場為導向——以賓客需求為導向」的歷程。因為，賓客是飯店利潤的來源，盡可能地滿足賓客的需求，也就是為飯店創造盡可能多的效益。

❖人才管理要「變」

◎怎樣趕上千里馬

千里馬日行千里，怎樣才能趕上千里馬呢？很簡單，那就是做千里馬的主人，能夠操縱並駕馭千里馬。

在全球一體化的競爭形勢下，管理的核心在於對「人」的管理。要變「手腳管理」為「頭腦管理」，要為員工創造和諧的工作環境。飯店經理人要能夠充分掌控飯店的人力資源，調動員工的工作積極性。

❖維護模式要「變」

◎做「護士」，不要做「醫生」

「護士」的職責是維護、保養，而「醫生」的職責是修理、補救。飯店的設施設備重在日常的維護和保養，避免損壞之後再投入大量的精力、財力去維修、補救。飯店員工要做「萬能工」，不要做「救火員」。

飯店設施設備缺乏維護和保養，是中國飯店管理中普遍存在的嚴重的問題。設施設備保養方面的落後，必然給飯店的社會效益和經濟效益帶來嚴重的負面影響，是阻礙飯店業快速發展的一個沉重的包袱。

❖節能方式要「變」

◎又要馬兒跑得快，又要馬兒少吃草

馬的主人當然希望馬兒跑得又快，耐力又好。這樣既節省了能源消耗，又能最大限度地創造價值。如何既讓馬兒拚命跑，又讓馬兒少吃草呢？這就要給馬兒不斷的激勵，給它一個奔跑的目標，刺激它不斷向前。

節能不是「省能」，而是「正確用能」，常規節能不鬆懈，高科技節能更要上馬。節能不僅是為了效益，更是為了環境。現在大力倡導發展綠色飯店，其中最重要的一點就是飯店要合理節能。

營銷方式的創新

營銷對於飯店而言，是最需要而目前最缺乏的。營銷不當，斷送的是飯店的生命。因此，飯店必須樹立營銷導向的觀念，改變將客源寄託在幾個營銷員身上的做法。營銷沒有魔法，關鍵在於落實每一步。目前我們絕大多數飯店在營銷方面雖然很重視，但仍存在一些弊端，如誤用全員營銷，缺乏對營銷的系統策劃，不重視品牌建設等，使飯店的品牌沒有得到良好的定位。飯店應不斷更新市場觀念，擴展銷售渠道，更新銷售方法，形成新的營銷優勢，增強飯店的競爭力。同時，也要注重飯店形象的塑造，如許多飯店注重環保，開展綠色飯店活動，營造一個關心社會的良好形象。現代飯店管理理念已由內部管理為主，走向外部經營與內部管理並重的趨勢，並透過建立營銷檔案，掌握賓客訊息，維系老客戶，開發新客戶。

設施設備的創新

飯店設施設備的配置既要方便賓客，又要注重特色，給賓客以驚喜。因此，飯店在最初裝飾布置以及選擇設施設備的時候就應創造出與眾不同的效果，但整體設計及布局要使賓客感覺到舒適、留戀，要與周圍的環境相映襯。我們要透過採用獨特的裝飾布置和方便賓客的超常規的設施設備配置，以及各種高新技術的運用，形成自己的特色。如電熱水瓶、電子保險箱、機頂盒、磁卡門鎖、房內傳真、上網電腦插槽等新技術，使自己的飯店有別於其他的飯店。

另外，在提供各種服務的過程中，飯店還應根據賓客愛好、需求等在不同時期的變化，隨時做出相應的調整，以適應賓客的求新心理。客房種類的增多，如無煙客房、女士樓層、殘疾人客房、兒童套房、行政套房以及綠色客房等，使得客房內的布局設計、設施設備都打破常規，更具特色。同時對設施的規劃購置與更新改造必須屏棄拍腦袋，憑感覺做出決策的方式，應盡量用數據來說話，同時不要忽視全過程的管理，對硬體設施是否符合適用、可靠、安全、節能、維修、環保、配套、靈活及經濟性等要素都要統籌考慮。

客用品的創新

客用品充分體現著飯店對賓客的關注程度，也體現了飯店的管理風格。許多飯店已經充分認識到滿足賓客的消費需求是客用品的首要功能，在客用品設計上體現人性化的服務。比如，標準間的一次性拖鞋、牙刷、衛生間礦泉水、梳子、客用毛巾、漱口杯等使用兩種不同的顏色進行區分，這樣兩位客人就不會弄混了。因此，飯店須花費許多的時間和精力，提供真正符合賓客需求的客用品，使飯店客用品從品種、色彩、造型以及功能等多個方面形成自己的特色。

服務項目的創新

任何服務項目的設置都應考慮到賓客的實際需要。因此，飯店所有的服務人員應在日常的工作中掌握賓客需求的變化，提供最能滿足賓客實際需要的服務項目。同時將賓客的需求變化訊息及時反饋給飯店經理人，以便飯店經理人在決策時作為參考，使飯店取得新的競爭優勢。

服務方式的創新

飯店服務從「以服務員為主」的規範化服務走向「以賓客為主」的個性化服務，更細緻地滿足賓客的個性需求。許多飯店已經賦予員工充分的權力解決賓客的問題，提倡「首問責任制」，即客人無論找到哪位員工解決困難或提出服務上的問題，這位員工都應該熱情接待並幫助解決，不像以往那樣把賓客的問題轉交給其他負責的員工或上司處理。這樣賓客就可以得到及時的服務。同時，飯店也更加注重客史檔案的建立與利用。

組織管理的創新

飯店組織管理的創新即對飯店的組織概念、組織原則、管理體制的創新，對組織形式、組織結構、人員編制、管理人員配置的創新。

總而言之，這是一個越來越注重個性和變化的世界，管理理論最終都只有四個字：權宜則變。隨著飯店環境的變化，飯店經理人必須不斷地尋求最適合賓客的服務與管理，以變制變。所以，飯店經理人需要不斷地否定自己，逼迫自己去開拓創新，運用新技術、新理念、新思維，以獨特的產品在競爭中取得新的優勢。

第十五章 將變革進行到底

本章重點

●飯店為何要變革

●推動變革的關鍵槓桿是什麼

●變革與飯店文化

●如何營造良好的文化氛圍

◎青蛙面臨的危機

有人做過這樣一個試驗：把一只青蛙投入沸水中，青蛙受到強烈的刺激後，猛然跳了出來；但是，再將青蛙放在冷水裡，然後慢慢把水加熱，青蛙意識不到危機將至，不掙扎也不跳出，而當水溫加熱到一定程度時，想要逃命已經來不及了，結果被活活煮死在鍋裡了。

不僅青蛙如此，我們的飯店也同樣如此，最可怕的是「漸變」，而不是「突變」。在突然的危機面前，任何人都會做出應變反應，逃離危險；但是，在功成名就的安樂窩裡，便絲毫覺察不出危機的到來。飯店在四面埋伏的市場競爭中，只有時刻保持危機感、緊迫感，才能隨時應對各種威脅飯店生存發展的危機。

◎義大利梅洛尼公司

大約在20 年前，美國GE公司對義大利梅洛尼公司的負責人梅洛尼先生說，我們決定收購你的公司，你準備一下吧。梅洛尼先生生氣地回答道：「我沒有決定要賣掉我的公司。」GE撂下一句話說：「那你就回去等著瞧吧！」

20年後，梅洛尼公司的產品已經充斥整個歐洲市場。梅洛尼老先生說：「這20年來，我拚命地跑，不敢喘氣，只有這樣，我的公司才避免被別的公司吞併。」

人人面對一個市場，人人面對一個對手；人人吃掉一個對手，人人贏得一個市場。只有不斷向前奔跑，才不會被後來者趕超。

世界上唯一不變的是什麼都在改變。全球的市場經濟永遠都是潮起潮落，時間的車輪不停地輾下歷史的記錄，社會也不會因為片刻的精彩而停下發展的腳步。許多顯赫一時的企業猶如過江之鯽，花開花落。也有百年不敗的企業，在經歷了歲月的磨難和艱難的考驗之後，屹立於商界的潮頭。

飯店為何要變革

本節重點：

飯店為何要變革

飯店變革的條件

飯店變革的目的

◎國際飯店急速湧入，新型飯店鱗次櫛比，市場發展變幻莫測，飯店業陷入前所未有的激烈的競爭環境中。

◎飯店經營業績直線下滑，客房出租率持續下降，餐飲毛利率不斷降低。

◎老客戶銳減，新客戶難以開發，飯店客源流失現象嚴重。

◎採購成本增加，原材料浪費，洗滌用品大量使用，能源消耗增加。

◎餐具、棉織品報損率增加，飯店設施設備保養不當。

◎飯店物品被員工拿走，員工串崗、聊天、處理私人事務、夜間當班睡覺。

◎員工打架、鬥毆、頂撞上級的現象時有發生。

◎員工流失嚴重，服務質量下降，賓客投訴增加。

◎財務管理方面，員工造單、銷單、逃單現象嚴重。

◎安全管理方面，賓客物品經常失竊，停車場車輛被惡意劃傷。

◎飯店值班日報、質檢日報上檢查發現的問題，重複出現。

◎飯店管理會議上，管理人員隱瞞不報或者報喜不報憂。會議頻繁召開，卻會而不議，議而不決。

……

你的飯店是不是也經常面臨著這些問題呢？為什麼這些問題總是得不到徹底的解決呢？飯店經理人是不是應該考慮一下對飯店目前的管理做出適當的變革呢？

飯店為何要變革

飯店為何要變革？海爾老總張瑞敏一針見血地指出，在全球一體化已成大局的今天，中國的企業今後要與狼共舞，必須先要成為狼，否則只有被吃掉。這就是弱肉強食的叢林原則，美國微軟公司的發展史，實際上就是一部贏家通吃的歷史。對飯店業而言也是如此，只有變成狼，有足夠的核心競爭力，才能在市場經濟的叢林中閒庭信步，才能在21世紀站穩腳跟。

❖外部危機意識

複雜多變的市場環境使飯店經營管理環境變得比以往任何時候都令人難以捉摸，迫使飯店要更加「知己知彼」，以持續營造飯店的核心競爭力。

※賓客專業化，消費個性化

越來越多的賓客因為擁有較多的飯店消費經歷，越來越瞭解飯店知識，在選擇飯店產品時表現出更強的專業性和對自身利益的保護。同時，因為從眾心理逐漸淡化，對產品的需求更加個性化。

※行業規模正在擴大

因為飯店所接待賓客的地域範圍愈趨廣泛，文化背景愈趨多元化，使得無論是何種類型、規模、檔次的飯店都必須學會適應多元化、國際化賓客的需要。

※非價格競爭壓力變大

在飯店行業競爭中，飯店從文化內涵、服務質量、品牌形象等諸多方面打造自己的競爭優勢，非價格競爭正逐漸取代單純的價格競爭，在市場中占據越來越重的份量。

※國際品牌加大競爭

隨著國門向世界打開，世界給中國帶來機遇的同時也帶來了挑戰。隨著希爾頓、喜來登、雅高、萬豪、假日、凱悅等國際知名飯店進入中國市場，中國飯店業的劣勢逐漸暴露出來，整體的管理水平和服務水準與國際飯店之間存在相當大的差距。

※市場規範化

隨著各項法律法規的不斷健全，法制體系的不斷完善，「暴利」時代已經不復存在，鑽市場的空子、打政策法規的擦邊球意味著要承擔更大的風險，飯店行業要知法、懂法、依法、守法。

❖內部管理疏漏

※組織管理問題

許多飯店，無論規模大小，其組織結構設置都非常複雜，導致部門分工不明確，訊息傳遞不及時，嚴重影響並阻礙了訊息的溝通，決策的執行。

※制度管理問題

很多飯店經理人一談到飯店管理制度，就搬出厚厚很多本，然而，這些塵封已久的「磚頭」往往實用性不高，針對性不強，早已成為架子上的擺設。也許因為這些管理規定太容易從其他飯店取得，所以，在實際的制度管理中，誤以為還是拿來主義來得快。殊不知，盲目追求「他山之石」，一股腦兒照搬，脫離了自身的實際情況，也只是做做表面文章而已，起不到應有的效果。

※文化管理問題

有不少飯店誤認為飯店的文化建設就是組織一些活動，以豐富員工的業餘生活，而並沒有真正正確理解飯店文化和及其在飯店管理中所起的重要作用。

※經營管理問題

有些飯店經理人在管理實踐中，只重視短期的經濟效益，想方設法拉賓客消費，卻忽略了飯店的長期經營效益管理，出現管理缺乏專業化、產品缺乏個性化、運作缺乏集團化、經營缺乏品牌化等問題。此外，忽略對飯店品牌形象的建設，認為品牌太虛，投入太大，並且在短期內看不到直接的效益。

※服務水平問題

服務水平問題是飯店管理面臨的主要問題之一，也是主觀意向最重、沒有固定評判標準的飯店產品。目前，飯店服務水平處於不均衡狀態，表現之一是對不同賓客給予不同的服務，表現之二為即使是同一個星級或檔次的飯店，其服務水平也不相同，有被動服務、超常服務、適度服務等。

※人員素質問題

在飯店行業中，「適合」應為最高的擇人標準。但目前飯店中存在大量不適合其崗位要求的員工。作為特殊的服務性行業，人員問題是飯店始終都要面對的問題，具體表現為：員工文化程度普遍較低、專業水準不高、員工流動率較高、員工培訓不繫統等。

※財務管理問題

財務管理關係到飯店經營的命脈，直接涉及飯店的經濟效益。「善算多盈」，財務管理多一分科學，飯店經營就多一分勝數。有的飯店經常會出現這種情況：生意很好，但效益很差；利潤可觀，卻無錢可用。飯店的財務管理人員分不清自己的職責，資金管理不繫統、不明晰。

※硬體配備問題

飯店的硬體設備是飯店的重要物質基礎，是無形服務的有形依託。但是隨著行業的發展，硬體的現代化水平正逐步提高，而大多數飯店對硬體的管理仍處於傳統階段。如硬體項目盲目攀高、設施配置缺乏特色、布局設計不盡合理、設施設備保養較差等。重維修，組織「救火隊」；輕保養，缺乏防火型保養計劃。硬體管理顧前不顧後，各環節脫鉤，維修保養技術不夠專業，片面地認為只是工程部、管家部的事，沒有實現全員參與。

※質量管理問題

質量是飯店的生命，改善質量可以提高賓客的滿意度，增強賓客的忠誠度，為飯店贏得競爭力。但是，很多飯店經理人錯誤地認為規範、標準就是高質量，質量只是對一線部門而言的，與二線部門無關。

此外，飯店面臨著國家政策的宏觀調控、社會不可抗因素、內部的消防安全、清潔衛生、人力資源管理、能源損耗等諸多問題，可謂危機四伏，因此，飯店實施變革不僅是形勢所迫，也是困難重重。

飯店變革的條件

❖啟動要早

飯店經理人不要做事務性的工作，要常常觀察並思考社會、市場、行業可能會發生什麼動向，以便及時制定相應的對策。變革要在事物發展的過程中越早啟動越好，等到形勢已成定局再來談變革，為時已晚了。

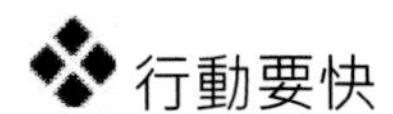

行動要快

實施變革，速度要快，要迅雷不及掩耳。猶如身在戰場打仗，如果隔個五分鐘、十分鐘發一發砲彈，那麼發10000　發也沒用；如果一分鐘發個100　發、1000發、10000發的話，也許五分鐘戰鬥就可以結束了。

❖要有競爭的心態

要變革就要有鬥志，不能顧頭顧尾，優柔寡斷。有競爭才有壓力，才有前進的動力，擠在前面的才是鬥士，後面的都是湊熱鬧的。

❖要靠企業文化

改善員工的專業能力可以提高飯店的一倍功效，改造流程可提高飯店的十倍功效，改革企業文化可提高飯店的百倍功效。

企業的變革要在順境中進行，逆境中的變革往往是失敗的。順境中的變革是自動自發的一種行為，對危機的認識是前瞻性的，而逆境中的變革往往是被動的，並且處境非常不樂觀，競爭對手可能不允許你有足夠的時間和充分的準備來實施變革。飯店業也是如此，面對競爭日益激烈的市場環境，只有具備使命感、責任感、緊迫感，不斷實施變革，才能始終保持自身的核心競爭力，才能在保持住目前的市場占有率的基礎上更進一步。飯店經理人要時刻關注競爭對手的舉動、市場的變化，發現自身的不足並予以改進。

飯店變革的目的

在瞬息萬變的行業環境中，飯店變革是一種勢在必行的商業行為。很多人對飯店變革都存有錯誤的理解，認為變革是飯店在陷入經營困境後的垂死掙扎，更多的人把飯店變革誤當成是一種扭虧為盈的靈丹妙藥。

事實上，飯店變革的最終目的並不應僅限於扭虧為盈等短期行為，更重要的是透過變革，使飯店對變化萬千的外部環境做出快速反應，以確保飯店能在激烈的競爭中保持優勢。因此，即使飯店在行業中成績斐然，仍需要持續做出變革的行動。

❖提升核心競爭力

為什麼要組織考察？為什麼要改良設備？為什麼要給員工培訓？為什麼要請專家來講座？為什麼要投資聘請更專業的人士？……究其根源，飯店實施變革的最主要的目的是為了提升飯店的核心競爭力。

核心競爭力也稱核心能力，是飯店適應外部環境、進行自我調整、保持自我發展的一種特有的持續的競爭優勢，它是飯店生存之本、動力之源。在很多人眼裡，飯店擁有了核心競爭力就有了持續競爭的優勢。那麼，飯店應如何培育自己的核心競爭力呢？

※個性化服務

21世紀強調在規範化服務的基礎上提供個性化服務，這是飯店塑造自己核心競爭力的一個基點。

具體而言，就是要考慮到賓客作為一個個體，有著自己獨特的個性化需求，飯店的任務就是要創造這樣的消費環境和消費服務。譬如建立賓客檔案，對賓客的地址、生日、口味、最喜愛的菜、最喜歡的顏色、宗教信仰等方面的資料進行電腦存檔。在節假日或賓客生日時，給賓客發一封由總經理簽名的賀卡、電子郵件或手機簡訊，或者按賓客的喜好為賓客布置房間，甚至是擺放可愛的小物件等。個性化服務都是小事，但這些小事積累起來就形成了飯店的個性化品牌。

※差異化經營

不論哪個檔次的飯店，都要從競爭對手身上和市場空缺中尋找機會，建立自己的競爭優勢，以差異化、特色化的經營作為飯店的核心競爭力。

◎獅林大飯店以東南亞客人和中國台灣客人為主要消費群體。

◎上海的和平飯店以其典雅、浪漫和濃郁的舊上海貴族氣息而在上流社會形成自己的特色市場。

◎上海凱悅飯店以其在上海地區無與倫比的會議設施和吞吐長江的豪邁氣概而在會務團隊方面形成了自己的獨特優勢。

◎北京建國飯店以西餐獨步天下。

◎廣東國際大飯店以全程式的私人服務笑傲江湖。

◎山東曲阜孔府飯店以孔府菜而名揚四海。

……

著力進行市場差異化開發，逐漸形成自己的特色經營模式，既避免了過度競爭，又形成了自己對這一特色市場的某種程度的壟斷，使其他飯店無法與其爭奪客源。差異化的經營、品牌化的服務是這些飯店的共同取勝之道，也是它們核心競爭力的具體體現。

※無為勝有為

有所不為才能有所為。「爭是不爭，不爭也是爭」是老莊思想，也是一種管理智慧。勇於捨棄不兼容的活動，才能在飯店管理中培育起所向披靡的核心競爭力，面面俱到、好大喜功，只會消耗、削弱飯店管理的戰略性資產。

如果飯店經理人認為自己在某方面沒有什麼專長，可以將這部分業務外包給專業人士和專業集團經營，自己則集中精力幹擅長的、比別人出色的部分。這樣既可以節約飯店資源，又可以享受到更多的邊際效益。空缺即是機會，有需求就有市場。飯店要在競爭中樹立起自己在外包業務方面的核心競爭優勢，這也將是飯店管理業尋求突圍，塑造自己核心競爭力的一個重要出口。

※適應需要

◎適合才是最好的

有一個貧窮的女人得到一條名貴的吊襪帶，因為貪慕虛榮，就去配備了好襪子、好鞋子。然後又覺得衣服太寒酸了，又去配好裙子、配名牌大衣，結果，雖然一身的名牌，卻欠了一屁股債。

只有適合的才是最好的。聰明的人買鞋，不會挑最貴的，也不會挑最流行的，只會選擇最適合自己的，因為鞋是穿在自己腳上的，合不合適只有自己知道。

飯店在建立核心競爭力的時候，要力求尋找到最適合自身條件的管理制度和管理模式，適合才是最好的，不要不顧自己的情況，盲目求新。

※自覺學習

飯店的核心競爭力是蘊藏於飯店員工、飯店的規章制度及飯店文化中的一種軟體資源，它有鮮明的時間性。飯店建立起自己的核心競爭力後，如果不注意更新、提煉，再培育、再維護，那麼殫精竭慮建立起來的核心競爭優勢將極有可能在新一輪的爭奪戰中喪失殆盡，歷史上無數功成名就的大飯店集團，緣何一夜之間悄然而逝，原因就是守業要比創業難。解決此問題的辦法就是不斷地進行創業，不斷地進行學習，將守業變成創業。

❖提高賓客滿意度

提高賓客滿意度是飯店在以「賓客為中心」的經營理念下採用各項管理方法和經營模式的直接追求，是飯店實施變革的最終目的。如何將第一次來飯店消費的新客戶培養成飯店的老客戶，進而成為飯店的忠實客戶？在保證飯店自身利益的前提下，盡可能地為賓客提供令其滿意的產品和服務，最大限度地滿足他們的需求和慾望，讓他們真正感到物有所值，甚至物超所值。

贏得賓客、抓住賓客關係到飯店的存亡，讓賓客滿意是飯店在市場競爭中立於不敗之地、不斷開疆闢土的有力砝碼。

推動變革的關鍵槓桿是什麼

本節重點：

變革為何會失敗

推動變革的關鍵槓桿是什麼

變革的結果

◎打靶原理

兩個人相約一起去打靶來體驗軍營生活，一個人從早晨開始就一邊瞄靶心，一邊說：「我一定要打中靶心。」瞄啊瞄啊，結果瞄到太陽快下山了，也沒開一槍。然後，他把槍一背，說道：「天黑了，明天再開槍吧。」而另一個人，早上九點半打第一槍，離靶心偏東了點，十點半他又打了第二槍，離靶心偏西了一點，到十二點時，他打了第三槍，終於正中靶心。

飯店變革也要講究打靶原理，不能光打雷不下雨。鄧小平說過一句話，叫做「摸著石頭過河」，就是這個意思。面對世界的競爭，我們對未來都不清楚、不明確，這時不要前怕狼，後怕虎，我們需要一邊開槍，一邊修正，勇往直前，而不要只停留在口頭上。

變革為何會失敗

◎王安石變法為何會失敗

王安石，宋朝宰相，被列寧先生稱為「中國11 世紀的改革家」。王安石變法，兩次拜相卻功敗垂成，轟轟烈烈卻無疾而終，最可悲的是，有人指證，正是王安石變法葬送了奄奄一息的北宋王朝。

王安石變法為什麼會失敗呢？一方面因為變法觸及了大地主、大財閥的利益，從而引起了以兩宮太后為首的利益集團的反撲；另一方面王安石的變法也沒有得到廣大窮苦百姓的理解和支持。民間就流傳這樣的故事，說是村婦喂雞時，嘴裡念叨的都是：「安石，進食！」王安石變法由「利民」變為「害民」，不能不說是王安石的悲劇。

改革和變法在某種意義上是一回事。中國有句俗話：變則通。於是，許多飯店大張旗鼓地進行變革，為變革付出了無比的熱情和巨大的代價。東方的、西方的，無數的經營理念、管理方法、操作流程一大堆一大堆地湧入中國市場。可是結果呢？收完了錢，交完厚厚的文件，人家走了，而更多的飯店卻因變革或轟轟烈烈或悄無聲息地倒下了。代價是慘痛的，記憶是深刻的，痛定思痛；為何中國的飯店變革會失敗？

❖停留在口頭上

許多飯店提倡變革只是為了隨波逐流，所以，往往雷聲大、雨點小。變革只是停留在口頭上，而未真正落實到行動上，最終不利於飯店的發展。

❖缺乏共識

有許多飯店的管理層處在新老共存的階段，新思想和舊思想經常會發生摩擦碰撞。在要不要改革，為什麼要改革，改革什麼等方面，飯店上下不能達成共識。

❖ 意志不堅定

在飯店變革中，飯店經理人往往要承受巨大的壓力和風險。因為變革，飯店經理人可能會遭到頑固派的攻擊和報復；可能會使私交多年的好友離去，甚至反目成仇；可能會使許多為飯店忠心耿耿服務多年的老員工失去生活保障。諸多的壓力使許多有心變革的飯店經理人放棄了，使一些已經開始變革的飯店經理人半途而廢了。

❖ 改表未改本

有些飯店也確實在實施改革，制定了詳細的改革計劃、實施方案、完成標準和完成日期等，可謂萬事俱備。既然準備已經如此充分了，為何最終還是會失敗呢？原因在於這些改革只是停留在表面上，而飯店的根本理念、員工的思想未有質的改觀。所以，類似的改革僅維持了一段時間之後，便又恢復原貌了。

❖ 未有整體部署

許多飯店的變革過程是分散而零碎的。飯店經理人常常抓住飯店整個組織系統中的一兩個因素展開改革，對其他要素則視而不見，這種變革並不能使整個系統改變。比如，有些飯店花錢請專家、顧問為他們進行人力資源系統的變革，但仍沿用陳舊的組織結構，也並沒有打算對其組織文化進行相應的調整。結果新的人力資源體系在執行中寸步難行、或者被曲解，運作效率反而比從前還低。

❖ 對阻力認識不夠

改變現狀是一件極其艱難的事，但是很多飯店經理人卻往往想得太簡單，以為只要有好的方案，就能使飯店舊貌換新顏。因此，許多想變革的飯店經理人請來專家或顧問為其設計整改方案。而真正進入實施階段才發現，飯店被四面八方無數根無形的繩索捆綁著，動一動得用上九牛二虎之力，許多改革最後只能以「流產」告終。所以，在實行改革之前，飯店經理人如果不能對此有充分的認識和準備，變革的失敗就會成為自然而然的事。

❖組織不力

組織變革是一場艱巨的系統工程，從動搖舊制度到建立並鞏固新制度往往需要很長時間。重大變革是一項中、長期任務，需要事先進行周密的調查、分析和計劃，對於每個階段的實施程序以及對突發事件的應對策略都應有詳細的部署。但是，很多的飯店經理人往往希望飯店改革能在一夜之間顯現成效，於是倉促上馬，急於立功，結果欲速不達，面對許多突發事件措手不及，結果只好草草收場。

❖未發動員工

變革的成功不但有賴於飯店經理人的智慧和決心，還要靠廣大員工的積極配合。而現今有些飯店經理人卻在象牙塔裡用閉門造車的方式進行飯店變革。這樣做的結果是：大多數員工難以理解和適應，從而難以積極參與和支持，結果新的制度在執行中無法真正貫徹下去。

推動變革的關鍵槓桿是什麼

❖把握心態

變革本身就是對現存狀況的一種挑戰，要對目前的一切「美好」事物說「不」。所以，無論是變革的決策者，還是實施者，要能夠擺正心態，敢於擯棄舊有的觀念和模式，化解對未知事物及新生事物的牴觸心理，認可並接納新的思想理念。

❖雷厲風行

變革是穿插在整個管理過程中的，飯店經理人在管理中要不斷發現問題，解決問題，吸收新的思想，探索新的模式。實施變革，要根據「打靶原理」在摸索中尋求最佳的解決方案。但是，在每一次執行變革的時候，即使有人反對，即使付出巨大的代價，飯店經理人也一定要能夠雷厲風行地做出果斷的決策，不能因為個別人的反對或抗議而躊躇不前，甚至退縮。

❖完善制度

完善的制度是推動變革有效實施的保障，變革的過程就是一個不斷建立、修訂、完善制度的過程，如《員工手冊》《飯店組織結構圖》《飯店各部門主導性管理制度》等。只有變革了舊制度，建立起新制度，飯店的經營管理行為才有新的先進的依據可循。

❖修訂程序

實施變革要有計劃、有步驟、有條理。飯店經理人要修訂完善《部門化運營規範》《服務和專業技術人員崗位工作說明書》《服務項目、程序與標準說明書》《工作技術標準說明書》等，並將其作為推行變革的指導。

❖緊盯不放

飯店實施變革不是個別人喊喊號子就可以了，也不是上層管理者像布置工作任務一樣布置下去就可以了，要想真正推行變革，就要做好充分的準備工作。變革前要召集飯店全體管理人員和優秀員工代表協商變革事項，徵求大家的意見；在實施變革的過程中，要不斷觀察思考，發現問題要及時修正，遇到阻力要及時調整，出現錯誤要馬上叫停。同時，變革一旦確定，就要堅定不移地執行到位，並將執行結果及時反饋，以供飯店決策者參考。

飯店內外部環境及商業模式的演變，要求飯店不斷地調整管理模式及運作方式。飯店經理人必須審時度勢，保持不變的彈性和張力，更應不斷更新管理理念、提高管理技能、運用管理思想和管理方法解決飯店發展中遇到的問題，應對複雜而又激烈的競爭環境。然而變革是一項複雜的過程，成功的變革有賴於謹慎地操作每個步驟，包括收集正確且足夠的資訊、確定變革的性質、選擇適當的變革實施者、分析變革的阻力、做好變革實驗、進行變革的推廣，使變革能夠產生應有的效應。

變革的結果

❖社會認可

變革使飯店脫掉沉重的盔甲，換上輕裝，以全新的姿態展現在社會面前。先進的經營思想，科學的管理理念為飯店樹立了良好的品牌形象，創造了巨大的社會效益，完善了市場秩序，促進了社會健康快速地向前發展。

❖行業認可

變革打破了以往惡性的行業競爭，使飯店形成全新的核心競爭力，為同行業樹立了良好的典範，為促進行業的整體發展造成了導向的作用。

❖賓客認可

變革最直接的結果是獲得了廣大賓客的認可。變革使飯店的產品和服務得到了顯著提高，硬體設施也有了明顯的改觀，各項服務的質量得到了有力的保障，吸引了更多消費者的目光，真正提高了賓客滿意度。

❖老闆認可

作為飯店的所有者，老闆最關心的不僅是飯店的長久發展，更重要的是「利潤」問題。變革得到了老闆的認可，是因為變革提高了飯店的經營業績，獲得了更多的利潤，創造了更多的經濟效益。

❖員工認可

變革使飯店的各項規章制度更加合理、科學、健全，員工的工作環境更加輕鬆和諧，變革為飯店帶來更多利潤的同時，也提高了員工的各項福利待遇，提高了員工的滿意度。

變革與飯店文化

本節重點：

什麼是飯店文化

飯店文化的核心是飯店經理人文化

變革與飯店文化的關係

◎分粥的故事

有七個人住在一起用餐，共分一桶粥，但是粥每天都不夠分。起初，他們用抓鬮來決定由誰來分粥，每天輪一個。結果他們只有當自己分粥的那一天才能吃飽。後來，他們決定推選出一個品德高尚的人出來分粥。但是大家開始挖空心思去討好他，賄賂他，搞得整個小團體烏煙瘴氣。接著，大家又組成了三人的分粥委員會和四人的評選委員會，但是經常推諉互相攻擊。最後，他們想出了一個好辦法，就是分粥的人要等其他人都挑完後才能拿最後剩下的一碗。為了不讓自己吃得最少，每個人都盡量分得平均。於是，大家都快快樂樂，和和氣氣，不再為分粥的事頭疼了。

透過這個故事你想到什麼？同樣是七個人，不同的分配制度，就會產生不同的風氣。一家飯店如果有不好的工作習氣，那麼一定是機制的問題；一定沒有完全公平、公正、公開，沒有嚴格地獎勤罰懶；一定沒有濃厚的文化氛圍。

隨著知識經濟的發展，飯店之間的競爭越來越表現為文化的競爭。飯店文化已經成為飯店核心競爭力的基石，決定了飯店的興衰、存亡。努力營造一個以人為本、創新為本的文化，可以為戰略管理提供最有力、最長效的平台。

什麼是飯店文化

◎GE公司前CEO傑克·威爾許說過：「健康向上的企業文化是一個企業戰無不勝的動力之源。」

◎中國著名經濟學家於光遠說過：「關於發展，三流企業靠生產、二流企業靠營銷、一流企業靠文化。」

◎海爾總裁張瑞敏說過：「企業文化是海爾的核心競爭力。」

飯店文化是飯店隱性的管理體制，雖然不能直接產生經濟效益，但它是飯店能否繁榮昌盛並持續發展的一個關鍵因素。

❖什麼是飯店文化

飯店文化也就是飯店管理文化，是文化的一種，屬於組織文化範疇，其所包含的價值觀、行為準則等意識形態和物質形態是被飯店員工所共同認可的。它與個體文化、社會文化、民族文化不同，屬於一種「經濟文化」，是飯店經理人及員工在管理和生產經營過程中逐漸形成的。

❖飯店文化的特點

作為一種特殊的文化，飯店文化具有以下特點：

※獨特性

每個飯店都有其獨特的文化氛圍、經營理念和價值觀，因此，各自的飯店文化也是不同的，具有自身特點。

※難交易性

飯店文化是飯店所有員工共同認同，並用來教育新成員的一套價值體系，包括發展目標、價值觀念、道德標準、行業規範等。優秀的飯店文化，往往是根據飯店的自身特點，量體裁衣形成的，不一定適用於其他的飯店。

※難模仿性

先進的技術可以模仿，科學的管理理念可以模仿，唯獨由長期積澱而形成的文化氛圍不能模仿。飯店文化具有其獨特性，作為飯店核心競爭力的源泉，是飯店可持續發展的基本驅動力。

※高速度性

科學技術的飛速發展，帶動了文化的發展。飯店的競爭也表現為時間的競爭，賓客求新求異的心理需求使得新產品的研發時間越來越緊、新產品的使用週期也越來越短。

※學習性

人類的知識在爆炸式地急速增長，像產品一樣頻繁地更新換代，無論是飯店還是飯店經理人都面臨著最嚴峻的挑戰。如果沒有深厚的飯店文化，長遠的發展規劃，只顧及眼前的利益，不注意學習和知識更新，將會導致整個飯店機制及功能的老化，不出兩三年，可能就要面臨「關門大吉」的悲慘下場。

※創新性

創新是飯店文化的核心思想。創新就是要在激烈的市場競爭中瞭解，「窮則變，變則通，通則久」的遊戲規則。樹立「人無我有，人有我優，人優我轉」的理念。

※融合性

現代飯店的競爭已經轉化為「競爭＋合作」的模式，飯店在現有文化的基礎上要不斷融合多種要素，形成多元文化，實現優化組合。飯店文化的多元性使飯店能夠突破有限的市場空間和社會結構，實現「雙贏」或「多贏」。

❖飯店文化在飯店發展中的作用

國際著名的蘭德公司經過長期研究發現，飯店的競爭力可分為三層：第一層是產品層；第二層是制度層；第三層是文化層。可見飯店文化對促進飯店發展、增強飯店競爭力有著至關重要的作用。

※凝聚功能

飯店文化是飯店的黏合劑，把飯店的所有員工牢牢地團結在一起，使他們目標一致、行動一致。在飯店文化中，共同的發展目標成為平衡人與人之間、個人與飯店之間的相互利益關係的砝碼，力求實現飯店與員工的雙贏，在此基礎上形成飯店強大的向心力和凝聚力。

※導向功能

導向包括價值導向和行為導向。飯店文化中的價值觀為飯店的發展提供了長遠的、更大範圍的正確方向，是決定飯店文化特徵的核心和基礎，為飯店在市場競爭中制定競爭戰略和政策規劃提供了依據。

※激勵功能

激勵是一種精神力量。飯店文化所形成的飯店內部的文化氛圍和價值導向能夠對飯店成員造成精神激勵的作用，將員工的積極性、主動性和創造性調動和激發出來，使員工的能力得到充分發揮，提高各部門和員工的自主管理能力和經營能力。

※約束功能

飯店文化為飯店的發展樹立了正確的方向，對那些不利於飯店長遠發展的不該做、不能做的行為，常常造成一種「軟約束」的作用，提高飯店員工的自覺性、積極性、主動性，提高員工的責任感和使命感，使員工明確工作意義和方法，為飯店的發展提供「免疫」功能。

※品牌功能

優秀的飯店文化展現出的是一種成功的管理風格、良好的經營狀況和高尚的精神風貌，從而為飯店塑造良好的社會形象，幫助提高飯店誠信度，擴大飯店影響力，是飯店的一筆巨大的無形資產。

※輻射功能

飯店文化一旦形成了較為固定的模式，它不僅會在飯店內部發揮作用，對飯店員工會產生影響，也會透過各種渠道對社會產生影響。飯店文化的傳播對樹立飯店在公眾中的形像是很有幫助的，優秀的飯店文化對社會的發展也有很大的影響。

如果一家飯店沒有好的飯店文化或者是適合自身的文化，它便失去了持續發展的動力，最終會走向失敗的深淵。在現代飯店中，員工已經不再是「經濟人」，物質對於他們來說不再是唯一重要的需求，僅憑高薪無法滿足優秀人才的高層次需求，而優秀的飯店文化具有無窮的魅力，它會使飯店的所有員工熱愛這個團體，成為支撐飯店可持續發展的有力支柱。國際上但凡歷史悠久的飯店，如雅高、假日、希爾頓等，都有其獨特的飯店文化和核心價值觀。

飯店文化的核心是飯店經理人文化

塑造飯店文化的關鍵在於塑造一批具有前瞻性眼光、系統性思維及創新性理念的飯店經理人，為飯店管理引領正確的航向，提升飯店面對激烈競爭的生存能力。

◎聯想總裁柳傳志對此深有體會，他認為企業的一把手是一個具有戰鬥力的管理團隊的核心，也是推動企業發展的關鍵。

◎中國大陸唯一被哈佛大學列為成功範例的青島海爾集團，實際上就是張瑞敏的實驗場。張瑞敏把它想成什麼樣，楊綿綿就能把它搭成什麼樣，就像搭積木一樣。一個敢想，一個敢幹，成就了海爾今天的業績。海爾今天之所以能成為一家享譽世界的家電製造業航母，與這兩位領導人卓越的領導才能有著密切的關係。

◎上海凱悅飯店之所以能在很短的時間內威震上海灘，譽滿華夏，與其總裁王寶臣的決策有著直接的關係。1999年11月《財富》論壇在上海召開，而幾個月前凱悅飯店剛剛開始裝修，按照常理這麼大的工程在短短幾個月的時間內完畢近乎天方夜譚。但是總裁王寶臣力排眾議，採用各種手段加緊施工，最後飯店的裝修工作在論壇開始前完成，華夏第一高的飯店品牌，隨著《財富》論壇的召開而聲名遠播，凱悅飯店也從此確立了其在上海飯店業中舉足輕重的地位。

飯店經理人的素質在很大程度上影響著飯店的競爭力。先行一步謂之為帶，思想超前謂之為領，飯店核心人物的帶領作用對飯店至關重要。飯店的競爭從某種程度上講，實際上就是飯店經理人之間的素質競爭，飯店的文化也就是飯店經理人的文化。

變革與飯店文化的關係

飯店變革的最大阻力來自於僵化的飯店文化，來自於習慣。而習慣的外在表現直接體現在行動上。為了保持變革成果的延續與發展，就必須把支持變革成果的一切價值觀固化成飯店文化。變革與適合的飯店文化是現代飯店生存與發展之本，因此，必須處理好兩者之間的關係。

❖變革是飯店文化的核心內容之一

溫水中的青蛙因為對環境的變化不敏感，而逐漸在沸水中失去生命。變化的環境要求變革的文化，變革的飯店文化要求對環境變化有敏銳的識別能力、有快速反應、及時變革的機制。如果飯店沒有或喪失了快速反應與及時變革的能力與機制，飯店就又到了變革的邊緣。

❖飯店文化是變革實施成功的保障

變革大致分為連續性變革和跳躍性變革。連續性變革在圍繞著一個主線持續改進，這種變革對已有飯店文化的衝擊不大，但需要有一個開放的系統，保證飯店文化與飯店變革一同持續改進，進而支持飯店連續性的變革成果。跳躍性變革使飯店在變革前後有根本的改變。實施變革的初期，為了改變員工觀念與行動，大都採取強有力的制度來保障變革的階段性成果，而要將變革後的價值取向與理念轉變為員工的自覺行動，必須重塑與之相適應的飯店文化。

❖把握好變革與飯店文化重塑的時機

飯店並不是對所有的環境變化都立刻以變革來應對，飯店變革也不總是與成功相伴。在飯店轉型過程當中，變革與飯店文化重塑是兩個決定性因素，飯店轉型帶來了包括飯店戰略到員工行為的一系列變革。變革過程中，飯店文化與理念的衝擊與重構在所必然，但切不可沒有經過變革就固化飯店文化。只有先實施變革才能實現轉型，而轉型後如果沒有適應的飯店文化，就會使變革的成果大打折扣。所以，飯店要先變革再做飯店文化重塑。

從行動方式轉變與否判斷變革成功與否是比較淺顯的，更深層次的判別要看這樣的行動選擇是發自內心，還是因為必須適應制度的要求。與變革要求相適應的自覺行為方式，是飯店文化的集中體現。

如何營造良好的文化氛圍

本節重點：

以飯店經營理念為指針

營造良好的文化氛圍

◎豐田公司員工文化

日本豐田公司非常注重對企業文化的塑造，豐田的每位員工都非常注意維護公司的整體形象，哪怕是那些與自己不相干的事也去管。有一位豐田員工在大街上碰見一輛停靠在路邊的豐田車，發現車上有一處灰塵，馬上掏出雪白的手帕抹去灰塵，讓汽車重放光彩。因為，豐田人認為如果豐田車有了汙點，好像自己也沾上了汙點。

第一流的企業文化塑造出第一流的員工，第一流的員工創造出第一流的產品，第一流的產品贏得更多的賓客，更多的賓客帶來更多的利潤。那麼，如何構建飯店文化以增強飯店凝聚力？現如今，飯店的競爭已經深入到了文化層面。飯店文化不僅是一種重要的管理手段，同時還體現著一個飯店的價值觀，這些價值觀構成了飯店員工活力、態度和行為的內在驅動力。飯店經理人透過身體力行，把這些文化灌輸給員工並代代相傳。

以飯店經營理念為指針

飯店文化是飯店價值觀的總和。要透過提煉和總結飯店已經形成的特色文化，用與時俱進的觀念不斷提升飯店文化、發展飯店文化，不斷修正和完善以飯店經營理念為指針的飯店文化，牢固樹立文化為經營服務的理念。

❖搭建「以人為本」的文化平台

飯店要搭建「以人為本，共同發展」的文化平台，營造「誠信和諧」的文化環境，實施「開門」工程，努力做到「員工滿意是所有管理人員的共同追求」，最大限度地開發員工的潛能。

❖吸納外來優秀文化

選擇並吸取外來優秀文化，活躍飯店本土文化。保持海納百川的開放態度，將一些先進的、優秀的、適合飯店發展趨勢的新觀念、新思路包容進來，使飯店文化得以保持長久的活力。

營造良好的文化氛圍

❖建立飯店經理人和員工的共同願景

飯店經理人和所有員工要有共同的願景，這樣大家認識一致，都能夠為飯店的共同願景去努力。飯店文化有了這個作為基礎，建立良好的文化氛圍就比較容易。

❖讓員工明白飯店的長遠目標和價值觀

飯店經理人要透過宣傳和教育，使飯店的員工明白飯店的長遠目標。比如五年要發展到什麼程度，十年發展到什麼程度。員工認識到推動規範化管理的意義後，就會自覺服從飯店的各項制度和決策。

❖建立良好的人際關係

建立良好的人際關係，讓員工感到來飯店上班，就好像回家一樣。飯店裡大家團結友愛，互相幫助，好的氛圍和人際關係是營造飯店良好文化的潤滑劑。

古語說：「山因勢而變，水因時而變，人因思而變。」思維決定行動，行動決定習慣，習慣決定性格，性格決定命運。改革是市場發展的趨向，也是社會發展的不可扭轉的潮流，飯店經理人在飯店管理中既要順應時代的發展需求，也要結合自身的發展條件，將變革進行到底！

第十六章 飯店經理人的管理藝術與科學

本章重點

- 領導≠管理
- 做人、做事、做管理
- 飯店經理人的管理藝術
- 飯店經理人的管理科學

領導≠管理

本節重點：

什麼是領導

領導與管理的區別

你適合哪種領導方式

◎這種方式叫「領導」嗎

某飯店餐飲部的張主管，為爭取餐飲部員工對他的信任和支持，一方面大肆宣揚餐飲部因部門經理管理不善存在諸多問題；另一方面，又毛遂自薦，擔當員工代表，煽動其他員工與餐飲部經理對抗，並使自己成為部門中「非正式組織」的頭目。結果餐飲部經理因得不到眾員工的合作和支持而被迫辭職，張某則帶領其他員工朝著他所指定的方向走。

不可否認，張某出色地發揮了他的影響力，是一個成功的領導者。但是，從飯店的整體合作與發展等方面或從管理的角度來看，這樣的領導是有害而無益的，這不是管理學中所倡導的真正的領導。

◎「領」就是帶領，就是走在前面，做在前面，身先士卒，「導」就是引導、指導。只有「領」好了，「導」才能起作用。

什麼是領導

「什麼是領導」、「怎樣才能做一個好的領導者」這些問題已經困擾了人類達數千年之久，柏拉圖、孫子、諸葛亮都曾經試圖給出答案。

❖領導的含義

領導，既可以指領導者，也可以指其領導活動。

（1）領導者。領導者是組織中那些有影響力的人員，他們可以是組織中擁有合法職位的、對各類管理活動具有決定權的主管人員，也可能是一些沒有確定職位的權威人士。

（2）領導活動。領導活動是領導者運用權力或權威對組織成員進行引導或施加影響，以使組織成員自覺地與領導者一道去實現組織目標的過程。領導是管理的基本職能，它貫穿於管理活動的整個過程。

❖ 領導的特徵

※示範性

領導是全體員工的代表，是大家學習和模仿的對象，代表了群體的形象，是群體之首。領導的言、行、舉、止、坐、立、行是員工的行為標準，具有示範性。

※公正性

領導是公共權力的代理人，是群體的評審員。在處理各項工作時，尤其是處理員工問題時，要嚴肅而不隨意，盡可能地保證公平、公正，才能得到大家的信任和支持。

※相似性

領導是群體之首，也是群體之一。領導要為員工做實事，體現群體的意願，在目標與思想上，要與員工保持相似。

※先進性

領導是群體中先進思想的代表，無論在管理上還是理念上都應具有先鋒意識，體現出先進性。

❖ 領導的要素

領導包括三個要素：

（1）領導者必須有部下或追隨者。沒有部下就談不上領導。

（2）領導者擁有影響追隨者的能力或力量。這些能力或力量包括組織賦予領導者的職位和權力，也包括領導者個人所具有的影響力。

（3）領導的目的就是實現目標，它是透過影響力來促使人們心甘情願地努力達到企業目標。

領導與管理的區別

❖管理的本質

從本質上說，管理是建立在合法的、強制性的權力的基礎上要求下屬去執行的行為。在這個過程中，下屬可能盡自己最大的努力去完成任務，也可能只盡一部分努力去完成工作。

❖領導的本質

領導則不同，領導更多的是建立在個人影響力、專長以及模範作用的基礎之上的。領導的本質就是被領導者的追隨和服從，它不是由組織賦予的職位和權力所決定的，而是取決於追隨者的意願，因此，有些管理者雖然具有職權卻沒有部下的追隨，也就算不上是真正意義上的領導者。

因此，一個人可能既是管理者又是領導者，一個人可能只是管理者但不是領導者。為達到飯店的工作效果，應該選擇有領導能力的飯店經理人從事飯店的管理工作，把不具備領導才能的人從管理人員隊伍中剔除或減少。

你適合哪種領導方式

僅有良好的領導素質還不足以保證飯店經理人的工作效率。要進行有效的領導，除了要充分利用這些素質外，飯店經理人還必須選擇恰當的領導方式。

❖獨裁式領導

所謂獨裁式領導，是指由飯店經理人決定一切，並布置給下屬無條件執行。飯店經理人的這種領導方式要求下屬絕對服從，並認為決策是自己的事情，可以不徵求下屬的意見，只要簡單地發號施令就可以了。

※適用場合

☆員工不熟悉運作程序及崗位職責。

☆必須依靠命令或指令才能有效地完成任務。

☆員工對其他領導方式無動於衷。

☆你的決策受到時間的限制。

☆你的權力受到下屬的挑戰。

☆在你上任前，這裡的管理很混亂。

※忌用場合及可能的不良後果

☆下屬期望上級聽取他們的意見。

☆可能會引起下屬緊張、恐懼和憎恨。

☆下屬形成惰性，事事等你拿主意。

☆員工士氣低下，缺勤率上升，人員流動頻繁。

❖民主式領導

所謂民主式領導，是指飯店經理人發動下屬討論、共同商量、集思廣益，然後作出決策，要求上下融洽、協同合作。

※適用場合

☆希望員工隨時解決涉及到他們利益的事情時。

☆希望員工承擔決策責任時。

☆希望考慮到員工的看法、意見和不滿時。

☆希望提供機會培養員工的自我發展能力、使員工獲得職業滿足感時。

☆必須做出影響某位員工或某些員工的變動時。

☆希望發揮團隊合作精神、利用集體智慧時。

※忌用場合

☆時間緊迫時。

☆由你作決定更容易、更節省開支時。

☆不允許犯錯時。

☆當你感到民主環境受到威脅時。

☆當觸及到員工安全時。

❖放任式領導

所謂放任式領導，是指飯店經理人撒手不管，幾乎或根本不予指導，下屬願意怎樣做就怎樣做，給員工最大程度的自由。飯店經理人的職責僅僅是為下屬提供訊息並與外部進行聯繫，以便幫助下屬工作。

※適用場合

☆下屬技術高超、業務過硬、經驗豐富、受過良好教育。

☆員工對工作具有自豪感，有強烈的獨立完成工作的願望時。

☆員工忠誠度較高時。

☆使用外來專家時。

※忌用場合

☆你不能對員工的出色工作表示感激時。

☆如果找不到你，員工會感到沒有依靠或不安時。

☆當你不瞭解你的責任，而寄希望於你的員工為你遮掩時。

☆你不能經常向他們反饋訊息，讓他們瞭解到自己工作的優劣時。

❖官僚式領導

所謂官僚式領導，是指按書本上的條條框框來管理，照本宣科，強調按規章制度來做事。

※適用場合

☆重複簡單工作時。

☆必須遵照一定的程序來操作危險、易損的設備時。

☆想使員工意識到他們必須保持一定的標準和程序時。

☆當員工的安全是關鍵問題時。

※忌用場合

☆員工對本職工作失去興趣時。

☆難以改變員工工作習慣時。

☆員工只顧分內之事，不願多出力時。

領導方式的這幾種基本類型各具特色，適用於不同的環境。飯店經理人要根據所處的管理層次、所擔負的工作的性質以及下屬的特點，在不同時間處理不同問題時，針對不同下屬選擇合適的領導方式。

做人、做事、做管理

本節重點：

低調做人

高調做事

管理就是擺平

◎倒水的學問

眾人聚會，相互倒水，本是人之常情，尋常小事，但是其中隱含著的做人哲理耐人尋味。倒與被倒，先倒與後倒，多倒與少倒，快倒與慢倒，上給下倒與下給上倒，笑著倒與繃著倒，轉圈倒與固定倒，都大有講究。有時倒水還要冒點兒風險：不倒吧，領導不滿，覺得這人怎麼這樣傲慢；倒吧，群眾不滿，認為這人是馬屁精。真是進退兩難，不知該如何是好。

怎樣倒好一杯茶？這裡面的道理還真得仔細揣摩、悉心領會。有的人悟性高，一兩年便無師自通；有的人悟性差，十年八年仍不得道，最後冤死在這一杯茶裡亦未可知……

倒水也有一定的學問。這就要求審時度勢，權衡利弊，果敢行事了。精通「倒術」的前輩毫不猶豫地選擇了「主攻領導，兼顧群眾」的套路，屢試不爽。

◎水的哲學

水，具有很強的包容性，而且勇於超越自我；在前進的道路上，遇到阻礙，會巧妙地繞開，迂迴過去。

水，在堅持原則的前提下，靈活變通，形式多樣。在常溫下，是液體；在高溫下，成為氣體；在低溫下，又會成為固體；在圓的容器中，是圓的；在方的容器中，又會是方的，但自己本身的性質依然不變。

水，善於與別的事物合作，借助別的事物的優勢，產生新的、更高級的事物。與水果合作，它會成為甜美的飲料；與糧食合作，它會成為醇香的美酒；與茶葉合作，它會成為清爽的茶水；與草藥合作，它會成為治病的良藥。

水，柔中帶剛，意志堅強，百折不撓。只要它認準一個目標，它會不斷努力，堅持不懈，不達目的，誓不罷休。雖然單體的力量很薄弱，但是它會一滴一滴，不停地衝擊，直到石頭被滴穿。

水，積攢力量，厚積薄發。從點點滴滴，到汪洋大海；從涓涓細流，到排山倒海。它無孔不入，具有極強的滲透力，只要有點空隙，哪怕是很小的一點，它也會鑽進去，不放過任何機會。

一滴水落入大海，瞬間便融入大海，不分彼此。一滴水擊在石頭上，碎成無數水珠；然而，當洪流襲來，再大的岩石也無力可抗。飯店經理人無論是做人、做事、做管理，都要仔細研究並認真學習水的哲學。

要做事先要做人，做人要低調謙虛，做事要高調有信心。做好了人，事情自然水到渠成，做好了事，做人的水平也上了一個台階。

低調做人

◎低下頭做人

美國開國元勛之一的富蘭克林年輕時去一位老前輩家做客，昂首挺胸往低矮的小茅屋裡走，「嘭」的一聲，他的額頭撞在門框上，青腫了一大塊。老前輩笑著出來迎接說：「很痛吧？你知道嗎？這是今天你來拜訪我所得到的最大的收穫。一個人要想洞明世事，練達人情，就必須時刻記住低頭。」富蘭克林記住了，也就成功了。

有道是：地低成海，人低成王。一個人不管取得了多大的成功，不管名有多顯、位有多高、錢有多豐、權有多大，面對紛繁複雜的社會，變幻莫測的市場，都應該保持做人的低調。低調做人不僅是一種境界、一種風範，更是一種思想、一種哲學。

◎兩只耳朵一張嘴

有個小國的人來到中國，進貢了三個一模一樣的金人，把皇帝高興壞了。可是這小國的人不厚道，出了一道題目：這三個金人哪個最有價值？皇帝想了許多辦法，請來珠寶匠檢查，稱重量，看做工，都是一模一樣的。

怎麼辦呢？泱泱大國，不會被這個小題目難倒吧？最後，一位退位的老大臣說他有辦法。皇帝將使者請到大殿，老臣胸有成竹地拿出三根稻草，分別插入三個金人的耳朵裡。第一個金人的稻草從另一邊耳朵出來了。第二個金人的稻草從嘴巴裡掉了出來，而第三個金人的稻草進去後掉進了肚子，什麼響動也沒有。老臣說：「第三個金人最有價值！」使者點頭默認，深深折服。

老天給我們兩只耳朵一個嘴巴，本來就是讓我們多聽少說。最有價值的人，不一定是最能說的人，保持低調，才是成熟的人最基本的素質。

低調做人，是一種品格，一種姿態，一種修養，一種胸襟，一種智慧，一種謀略，是做人的最佳姿態。欲成事者必先學會低調做人，要對人寬容，進而為人們所接納、所讚賞、所欽佩，這正是做人立世的根基。根基既固，才能枝繁葉茂，碩果纍纍；倘若根基淺薄，便難免枝衰葉弱，不禁風雨。低調做人，不僅可以保護自己、融入群體，與大家和諧共處，也可以讓人暗蓄力量、悄然潛行，在不顯山露水中成就事業。

❖ 姿態要低調

時機不成熟時要能挺住，羽翼不豐盈時要懂得讓步。

❖ 心態要低調

不要恃才傲物、鋒芒畢露，謙遜是終身受益的美德。

❖ 行為要低調

財大不能氣粗，居高不可自傲，做人不能太聰明，否則容易樂極生悲。

❖ 言辭要低調

不要揭人傷疤，不要傷人自尊，得意不能妄行，莫逞一時的口快，要知道禍從口出。

低調做人不是說什麼事情都退在後面。如果自己的利益被侵犯了也不發出任何聲音，人格受到侮辱了也不表示反抗，就不是低調，而是懦弱。

低調做人，是要用平和的心態來看待周圍的一切，不喧鬧、不假惺惺、不矯揉造作、不搬弄是非、不招人嫌、不招人嫉，即使認為自己滿腹才華，能力比別人強，也要學會藏拙。學會低調做人，就要善始善終，既可以在卑微時安貧樂道，豁達大度，也可以在顯赫時持盈若虧，不驕不狂。並且在任何時候都不要太招搖了，走到哪兒都擺著領導的架子，自己有幾斤幾兩自己要清楚。鄭板橋先生說：做人，要難得糊塗。他講的也就是這個道理。

高調做事

◎使自己成為珍珠

有一個自以為是全才的年輕人，畢業後求職卻屢次碰壁。他覺得自己懷才不遇，對社會感到非常失望，因為他覺得沒有伯樂來賞識他這匹「千里馬」。痛苦絕望之下，他來到大海邊，打算就此結束自己的生命。

正當他要自殺的時候，一位老人從這裡經過，問他為什麼要走絕路，他說自己不能得到別人和社會的承認，沒有人欣賞並且重用他……

老人從腳下的沙灘上撿起一粒沙子，讓年輕人看了看，然後就隨便地丟在了地上，然後對年輕人說：「請你把我剛才丟在地上的那粒沙子撿起來。」

「這根本不可能！」年輕人不滿地說。

老人沒有說話，從口袋裡掏出一顆晶瑩剔透的珍珠，也是隨便地丟在了地上，然後對年輕人說：「你能不能把這顆珍珠撿起來呢？」

「這當然可以！」

「那你明白是為什麼嗎？你要知道，你現在還不是一顆珍珠，所以你不能苛求別人立即承認你。如果要讓別人承認你，那你就要從一粒沙子變成一顆珍珠才行。」

有時候，你必須知道你還只是一顆普通的沙粒，而不是價值連城的珍珠。若要讓自己卓然出眾，那就要努力使自己成為一顆璀璨奪目的珍珠。

◎你本來就有一座金礦

美國田納西州有一位秘魯移民，他在此擁有六公頃的山林。在美國西部掀起淘金熱時，他隨大潮變賣家產舉家西遷，在西部買了大片土地進行鑽探，以期能找到金沙或鐵礦。可五年過去了，他不僅沒找到任何東西，連家底也折騰光了。

當他落魄地回到故地時，發現那兒機器轟鳴，工棚林立。原來，被他賣掉的那個山林就是一座金礦，新主人正在挖山煉金。如今這座金礦仍在開採，它就是有名的門羅金礦。

一個人如果丟掉屬於自己的東西，可能失去的就是一座金礦。每個人都潛藏著獨特的天賦，這種天賦就像金礦一樣埋藏在平淡無奇的生命中。能否成功，關鍵要看你能不能腳踏實地地發揮自己的長處，一步一個腳印，認認真真地做好每件事。而那些整天羨慕別人、邯鄲學步的人；那些總認為財寶埋在別人園子裡的人，是挖不到金子的。

◎既做人又做事

會做人就會做事，人和萬事興。做人要坦誠，要將心比心；希望別人怎麼待你，你就要怎麼待人。做事則要快進快出，直截了當，找對的事情來做，把對的事情一一做好。飯店經理人要把工作當做事業來做。低調做人，高調做事。

❖行動要高調

成功貴在行動：知道≠行動，瞭解≠行動，做到=行動。心動不如行動。只有觀念改變，態度才會改變；態度改變，行動才會改變；行動改變，習慣改變，人格才會改變；人格改變，命運才會改變；命運改變，人生才會改變。

一位飯店經理人要有明確的工作目標，一旦有了目標就要立刻著手去努力實現目標，要相信自己的能力，自己的優勢，猶豫不決、舉棋不定的人將一事無成。

❖思想要高調

其貌不揚的醜小鴨也能變成美麗的白天鵝。作為一名飯店經理人在工作中要保持健康樂觀的、積極向上的心態，遇到棘手的問題不要只是找理由搪塞，別讓「藉口」吃掉了自己的希望。要堅定信念，讓失敗成為成功的墊腳石。

❖細節要高調

注重細節是成功的關鍵。飯店經理人不但要能夠用心做事，還要能夠從小事做起，對待任何的事情都要能傾注滿腔的熱情。做事注重細節，就要做到「五求」。

（1）求精。精細以提高工作質量，精通以成行家能手，精幹以求效率。

（2）求實。服務求實，緊扣領導思路、從實際出發、牢固樹立服務意識；作風求實，深入調查研究、抓好落實。

（3）求新。思想觀念要創新，規章制度要創新，用人機制要創新。

（4）求嚴。嚴管理，嚴要求；嚴守紀律，清正廉明。

（5）求先。服務工作要做到前面去而不是被動應付，更不是消極等待。

飯店經理人要高調做事。但是，做事高調不是讓你扛著紅旗，喊著口號，有點小本事就班門弄斧，讓滿世界的人都知道你的豐功偉績。高調做事要求自己對自己要做的事能夠透徹掌握，把握其根源和關鍵，在胸有成竹的情況下，以專業的眼光和手法做得成功，做得漂亮，做得乾脆、利落。如果還沒有十分的把握就要先自個兒思索，好好分析研究，再盡力去解決。

管理就是擺平

◎老闆鸚鵡

一個人去買鸚鵡，看到一只鸚鵡前標著：此鸚鵡會兩門語言，售價200元。另一只鸚鵡前則標著：此鸚鵡會四門語言，售價400元。該買哪只呢？兩只都毛色光鮮，非常活潑可愛。這人轉啊轉，拿不定主意。結果突然發現一只老掉牙的鸚鵡，毛色暗淡散亂，標價800元。這人趕緊將老闆叫來，問道：「這只鸚鵡是不是會說八門語言？」店主說：「不，這只鸚鵡一句話也不會說。」這人就奇怪了：「那這只鸚鵡又老又醜，又沒有能力，怎麼值這個價呢？」店主回答：「因為另外兩只鸚鵡叫這只鸚鵡『老闆』。」

從這個故事中，我們能得到一些啟發：真正的管理者自己不一定要事事精通，不一定要才華橫溢，不一定是全才、萬能工，但是，一定要善於團結和領導下屬，尤其是比自己能力強的下屬，讓他們臣服於自己，心甘情願為自己做事，這就是管理。

◎管理理念二十條

凡事預則立，不預則廢——先計劃，後行動。

小洞不補，大洞受苦——及時補救和糾錯。

先挖渠，後放水——重要行動之前都要進行充分準備。

要苦幹，還要巧幹——辛勤的雙腳要走在正確的路上。

千里之堤，毀於蟻穴——細節決定成敗。

天使在想像中，魔鬼在細節中——不斷創新，重視細節。

學習是最好的老師——在工作中學習和提升。

學費不能白繳——好好學習，天天向上。

培訓就是效益——多培訓，多指導，多示範，就能少犯錯誤，就能提升服務，就能開源節流。

溝通是打開「心」的窗戶——以溝通消除誤會，增進瞭解，加強協作，提高效率。

最寶貴的是時間——學會時間管理，提高工作效率。

智慧就是財富，團隊就是力量——培養自己的思維能力，並學會調動屬下的工作積極性，開發其潛力。

耐心和細心是手心手背——要不厭其煩，耳提面命，反覆強調，及時反饋。

身先士卒，律己服人——以身作則是最好的教育。

執行從我開始——想讓別人不做的事，自己第一個不做；想讓下屬怎樣對待你，你就要知道如何對待上級。

反覆抓，抓反覆，抓重點，抓提高——天天進步。

沒有最終的完美，只有不斷的完善——工作永遠有缺點和不足，永遠都有值得改進的地方。

耳聽為虛，眼見為實——現場管理最能發現問題。

先管住人，後管活人——以標準和制度為基礎，建立秩序，以文化和激勵提升活力。

關鍵的時刻出現在關鍵的位置解決關鍵的問題——飯店經理人現場管理到位。

❖關於管理的基本認識

◎管理不是管員工、卡員工的手段。

◎永遠沒有最好的管理，只有適用的管理。

◎管理就是做好無數小的細節工作。

◎最重要的管理是人的管理，最危險的管理是戰略管理。

管理即「管」與「理」。「管」是協調員工的工作，讓大家心往一處想、勁往一處使。「理」就是要對員工的心理進行梳理，讓員工保持好心情；對員工的工作進行梳理，保證員工對其所從事工作的思路清晰、有條不紊。

飯店管理的最高宗旨就是促使飯店內的所有員工的潛在能量得到最大程度的發揮，並向一個共同的目標努力。在飯店管理中，任何一種管理方式都必須符合飯店的自有資源狀況、特定的社會發展階段、市場環境的特點和戰略發展的需要。飯店經理人只有正確理解管理的含義，員工才能夠快樂，工作也就不再是讓他們苦惱的事，他們會更加努力。

❖管理的基本思維原則

※外部出了問題，從內部找原因

當工作出現波折時，不要忙著強調外界的因素，而要首先從內部分析，查找問題的根源。

※員工出了問題，從領導找原因

當員工在工作中出現問題時，作為上級，不應該忙著指責員工，而應先從管理的角度分析原因。

※工作出了問題，從自身找原因

當工作進展不順時，不要將責任歸咎到客觀原因上，而要先從主觀方面，分析自己存在哪些疏漏和不足，然後整改。

※經營出了問題，從管理找原因

當飯店的客人減少，消費額降低，經營亮起紅燈時，飯店經理人要首先查找是不是管理出現了問題，導致產品質量下降。

※今天出了問題，從昨天找原因

如果今天在工作中出現了問題，不要將問題僅侷限在今天沒有做好。今天的錯誤來自於昨天的疏漏，解決問題就要找出問題的根源，從本質上徹底杜絕問題源。

❖管理就是擺平

飯店經理人從事管理工作，就是要將上下、左右、前後、裡外通通擺平。對上，就是處理好與上級的關係，贏得他們的信任，並使其支持自己的工作；對下，就是要處理好與下屬的關係，讓他們服從並配合自己的工作；對待左鄰右舍，就是要與兄弟部門融洽相處，取得他們的協助，為自己營造寬鬆的工作環境；對待前後，就是要處理好與飯店經營相關的管理部門以及同行業朋友們的關係，爭取他們的認可和支持，方便飯店經理人各項工作的開展；而對於裡裡外外，則要求飯店經理人既要能夠保證飯店內部和諧融洽，又要能夠和新老客戶打好關係，贏得賓客的信賴，樹立自身品牌。

總之，在新的管理思潮的衝擊下，飯店經理人既要保持清醒的頭腦，明辨優劣，又要具備先進的、科學的、符合飯店自身發展情況的管理理念，用先進的管理思維和管理模式為飯店管理工作注入新的競爭力。

飯店經理人的管理藝術

本節重點：

樹立威信

溝通從「心」開始

營造良好的人際環境

講究表揚與批評的藝術

保持適當的距離

◎林肯住院

林肯擔任總統期間，曾經因病住院，可是，前來找他謀求職位的人絡繹不絕，林肯和醫生們都心煩意亂。一次，一個令人討厭的來客正坐下來準備和總統長談一番，醫生剛好進來。林肯伸出雙手問道：「醫生，我雙手上的這些疙瘩是怎麼回事呀？」醫生說：「這是假天花，也可能是輕度天花。」林肯又說：「可是我全身都長滿了，這種病會不會傳染？」醫生說：「傳染性很強。」這時，坐在一旁的來客忽然站起來，大聲說：「哦，總統先生，我只是順便來看望您一下，我還有事要先走了。」「啊，您別那麼急著走嘛，先生！」林肯開心地說。「我以後再來拜訪，以後再來……」這人一邊說，一邊急忙向門外走去。等這人走後，林肯高興地說：「現在，我可有了送給那些客人的好禮物了。」

飯店經理人的管理藝術是建立在一定的知識、經驗基礎上的非規範化的管理技能。它是提高管理水平、有效達到管理目標、靈活運用管理方法的一種技巧，是一種非模式化、規範化的具有多樣性、靈活性的管理行為。飯店管理人員在工作中要注意掌握和運用管理藝術。

樹立威信

❖全面提高自身素質

飯店經理人要全面提高自身素質，包括專業水平、管理才能和個人修養。只有這樣，員工才會佩服你，尊敬你，繼而服從你。

（1）專業素質。包括專業知識和專業技能。一般來講，飯店經理人的專業水平應在員工的前10%之列。

（2）言談舉止等方面的個人修養。

（3）管理水平。飯店經理人必須掌握一定的管理理論和管理知識，並不斷總結經驗，提高自己的管理水平。

❖靠榜樣影響下屬

榜樣的力量是無窮的。要求員工做到的，飯店經理人首先自己要做到，規定員工不許做的，自己也絕不能「越軌」。

❖不搞官僚主義

官僚主義只會使飯店經理人和下屬的關係疏遠，百害而無一益。有位飯店經理在一位員工工作時，竟然讓其放下手中的活，命令他為自己打開水，這樣的管理者怎麼可能贏得員工的尊重，樹立自己的威信呢？

❖敢於承擔責任

飯店經理人遇到問題推諉，過多地強調客觀原因，也不會得到員工的尊重，在飯店管理上是失敗的。

❖支持下屬取得突出的成績

希望並支持下屬取得突出的成績，不僅能夠贏得下屬的敬重，樹立個人威信，而且能夠調動下屬的工作積極性。

溝通從「心」開始

有位飯店經理人曾經說過：如果你把員工當牛看待，他想做人；如果你把他當人看待，他想當牛。

❖ 傾聽員工的心聲

為了激發員工的工作積極性和主人翁精神，飯店經理人不僅要把上級的指示傳達給員工，還要傾聽員工的心聲。在做決策時，要多與員工溝通，傾聽他們的意見，因為決策的最終執行者還是員工。經過討論做出的合理的決策，有利於員工的貫徹執行，也有利於提高員工的服從性。

❖ 培訓也是關愛員工的表現

飯店員工，尤其是新員工，工作中出現差錯是難免的，但並不是他們有意的，而是由於缺少培訓，缺乏經驗和操作技術造成的。飯店經理人對他們應該多一點培訓與指導，少一些指責與懲罰，使員工感覺到上級是在真正關心自己，幫助自己成長，而非跟自己過不去，有意整自己。

營造良好的人際環境

飯店經理人要具備良好的處理人際關係的能力，一方面要對外處理好賓客關係，讓賓客覺得你和藹可親，讓賓客得到輕鬆愉快的經歷；另一方面要對內處理好員工關係，不僅自己要與員工建立良好的真誠合作的關係，還要努力在自己所管轄的範圍內創建良好的人際關係環境，營造一種團結、合作、輕鬆、愉快的工作氛圍。

總之，作為飯店的高層管理者，飯店經理人在工作中既要做到「嚴」，即嚴格、嚴肅、嚴明；更要有「愛」，即關心、理解、尊重。要將嚴格的要求與真誠的關心相結合、嚴肅的評價與寬容的理解相結合、嚴明的賞罰與誠摯的尊重相結合，只有這樣才能營造出良好的團隊氛圍，才更有利於飯店工作的開展。

講究表揚與批評的藝術

表揚和批評屬於獎懲激勵的方法。使用這一方法時，要講究藝術。

❖方法因人而異

對員工的表揚和批評，要達到好的效果，就得講究方式方法，要根據不同對象的心理特點，採取不同的方法。

☆有的人愛面子，就口頭表揚。

☆有的人講實惠，希望物質獎勵。

☆虛榮心很強的員工，最好在公開場合表揚。

☆有的人聽到會上表揚他，很高興。

☆有的人就怕在會上表揚他，擔心大家從此對他高要求，或另眼相看，或打擊諷刺，心理壓力太大。

對不愛炫耀的人可採用「個別認可」，此外，還有「間接認可」、「會議認可」、「張榜認可」等多種形式。飯店經理人只要靈活、恰當地運用這些方法，便可收到良好的效果。

在批評員工時，也要注意因人而異。

☆有的人臉皮薄，會上批評受不了。

☆有的人相反，不狠狠地觸動，他就滿不在乎。

☆對於自尊心強的人，採用「觸動式批評」。

☆對於經歷少、不成熟、較幼稚的人，採用「參照式批評」。

☆對於性格內向、善於思考、比較成熟的人，採用「發問式批評」。

飯店經理人，還要學會「保留批評」。一般情況下，如果錯誤是偶爾發生的，並且員工也意識到自己的錯誤時，或者對工作沒有造成嚴重後果時，通常要保留批評。

❖態度誠懇，語氣委婉

作為飯店經理人，經常需要對下屬進行批評教育。批評時要注意語氣委婉，態度誠懇，對事不對人，尤其要注意尊重員工的人格，杜絕一切不文明的管理行為。如果你不尊重員工，那麼員工也不會尊重你，即使你得到尊重，往往也只是表面上的尊重。

❖不要當著其他員工和賓客的面批評下屬

飯店經理人在批評員工時，一定要注意時間、地點和場合，不能當著其他員工和賓客的面批評下屬，否則會極大地傷害其自尊心，挫傷其積極性，嚴重的還會因此失去這個人才。

保持適當的距離

飯店經理人在管理工作中，要避免官僚主義，因為官僚主義會使上下級的關係疏遠，但這並不意味著要使官兵「打成一片」、「融為一體」。有位美學家曾經說過：審美要有「審美距離」。同樣，管理工作也要有「管理距離」，也就是說，飯店經理人與下屬之間應該保持一定的距離，以維護自己的權威。只有這樣，飯店經理人才會擺脫干擾，放心管理，下屬也不會認為上級不夠「哥們兒」。

☆嚴格而不要一味嚴厲，「嚴」的同時不要忘記「愛」。

☆發號施令但不要忽略給予幫助。

☆維護權威，但不要拒絕聽取員工的意見。

☆實現企業目標，但不要無視員工的個人需求。

飯店經理人的管理科學

本節重點：

樹立良好形象

重視飯店運營管理

完善飯店運作系統

提高專業化程度

掌握一定的方法

飯店經理人在充分掌握市場的前提下，透過執行計劃、組織、指揮、協調、控制等職能，保證飯店效益的實現。飯店管理的主要活動是執行管理職能，這是每位飯店經理人的基本職責。因此，飯店經理人要精通業務，全面瞭解飯店的實際運作及管理範圍內的操作技術，同時還要掌握科學的管理方法，才能夠合理有效地履行管理的基本職責。

樹立良好形象

飯店經理人要把飯店工作當成一項事業，以飽滿的精神形象、嚴謹的工作作風和科學的管理方法，憑藉實力、才能和成績贏得下屬的認可，樹立起自身的良好形象。

☆重視個人衛生，注重儀表、儀容、儀態。

☆待人誠懇，與下屬保持等距離外交。

☆經常出現在管理現場，公正地處理每件事情。

☆讓下屬先發表看法，提出解決問題的方法。

☆不輕易表態，盡量考慮成熟。

☆處事果斷，做出的決策一定要落實。

☆不要當著下屬的下屬批評下屬。

☆對表現出色的員工，給予及時的表揚。

☆做執行規範的模範。

☆絕對不把社會上的陋習帶入飯店。

重視飯店運營管理

❖以現代意識管理飯店

在這個強調「知識經濟」、「網絡技術」、「綠色環保」的時代，飯店業將面臨新的挑戰和前所未有的發展機遇。只有順應時代的潮流，把握市場的新需求，適時進行管理上的創新，才有可能在市場競爭中成為最終的贏家。因此飯店經理人必須與時俱進，加快步伐，不斷變革、不斷創新，以現代的意識來管理新形勢下的飯店。

❖關注細節管理

◎賓客想到的，服務員早已想到了，並且作好了準備；賓客沒想到的，服務員也已經想到了，並且主動服務。

賓客來飯店消費，最基本的目的是為了獲得飯店所提供的服務。飯店要為賓客創造良好的經歷，預見賓客的意願和需求。

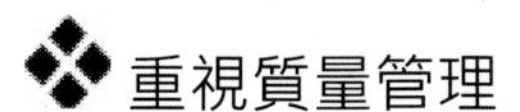

重視質量管理

質量管理體系是飯店可持續經營發展的基礎。飯店經理人要建立、健全系統、完善的質量管理體系，完善質量檢查體系，以高質量的產品贏得賓客的青睞，打造飯店的品牌形象，取得良好的經濟效益和社會效益。

完善飯店運作系統

飯店運作系統是飯店正常運作的基礎，完善飯店運作系統是為了保證飯店正常、良好的運作狀態。

❖制定系統的服務程序和操作規範

飯店自身必然要建立一套系統的、全面的部門運營規範、服務和技術人員崗位說明書及服務項目、程序與標準說明書，憑藉規範化的操作和個性化的服務贏得賓客的認可。同時，服務和操作是靈活的，並非一成不變的，要根據市場的需求和飯店的具體情況不斷地修訂和完善。

❖評估飯店運作系統

飯店經理人對飯店的經營與運作情況作及時的跟蹤和調查，並對其作準確、系統的評估，及時瞭解飯店的運營現狀，使問題能夠被及時地杜絕在萌芽階段，避免問題擴大。

提高專業化程度

❖飯店的設施和服務，應區別「社會」和「飯店」

到飯店尤其是星級飯店來消費的賓客，是花錢來享受的。因此，飯店的設施與服務在能夠滿足其基本需求，即「社會」需求的前提下，還要能達到專業化的水準，滿足多種類型賓客的「個性」需求。

❖飯店要引導社會和賓客的消費及價值取向

飯店作為當今社會的一個高消費場所，飯店經理人要能夠主動引導社會和賓客的價值、消費取向，以優質、專業、科學的設施設備和服務標準引導賓客建立正確的價值觀和消費觀，抵制不良風氣進入飯店。

❖多方位體現專業化水準

中國飯店業起步較晚，管理理念不完善，專業化水準不高，在市場經濟和全球一體化經濟形勢下，飯店經理人要能夠充分吸收並融合東、西方經營管理理念，在營銷、管理、服務、培訓等多個方面體現並提高飯店的專業化水準。

掌握一定的方法

❖位置要正

飯店經理人在履行管理職責、實施管理策略時，首先要擺正位置，具體包括：

※思想上不錯位

飯店經理人要認真貫徹各項方針政策、法令法規，努力完成上級的任務，檢查和控制好飯店的各項經營活動，「不闖紅燈」、「不違法」，學會用法律的手段維護飯店的正當權益，不要因為不懂法律而損害飯店的形象或利益。

※工作上不棄位

飯店經理人在遇到興趣、愛好與工作內容不相符、部門內部或部門之間出現矛盾、目標與實際之間有差距等問題時，要能夠認真負責好各部門的工作，正確處理好社會、飯店、賓客、員工四者的關係，不斷提升各部門的服務質量和經濟效益。

※權力上不越位

飯店經理人在履行管理職責、行使管理權力時，要注意合理控制好部門之間和上下級之間權力與職責的界限，避免越級管理、多頭管理和交叉管理，以實現管理效益的最大化。

❖管理要嚴

※嚴於律己，樹立威信

☆認「權」、認「人」、認「理」

總結起來，員工對管理者大致有三種不同類型的態度，作為飯店經理人，在對員工的管理過程中必須有清醒的認識。

認「權」——當員工為了避免懲罰或為了得到獎賞而「依從」於經理人時，他們認的是「權」。

認「人」——當員工因為認同管理者的管理理念和管理方式而「遵從」於管理者時，他們認的是「人」。

認「理」——當員工由於已經從「外部的」要求轉化為「內在的」要求，即別人對自己提出的要求已經轉化為本人的自覺要求而接受經理人對自己提出的要求時，他們認的是「理」。

對這三種不同的情況可採取三種不同的管理方式：

◎認「權」的員工——靠賞罰——低水平的管理；

◎認「人」的員工——靠威信——中等水平的管理；

◎認「理」的員工——靠自覺——高水平的管理。

☆以「力」服人

飯店經理人要正確地使用權力，賞罰分明，給下屬一種壓力。光有慈悲心腸是當不好管理者的，必要時，也要學會「殺雞儆猴」，建立自己的威嚴。但是，我們要區分「嚴」與「凶」的差別：「嚴」是建立在公正合理的基礎之上，以規章制度為依託，對事不對人；「凶」是隨意地發洩個人的感情和情緒，給人的印象是不講道理。要正確認識這兩者的差別，建立管理者的威信。

☆以「才」服人

如果說對待普通員工可以以「力」服人的話，對待一些能力較強的人也試圖以「權力」去「征服」是不容易的，這就要求飯店經理人以「才」來征服他人，即飯店經理人要靠自己淵博的知識、卓越的能力來贏得員工的尊敬和信賴。

☆以「德」服人

飯店經理人要靠自身良好的品德和行為準則建立威信，尊重人才、尊重知識，秉公忘私、先人後己來贏得員工的擁戴。

作為飯店經理人，首先要嚴於律己、實事求是，透過言必行、行必果的管理風格征服員工；樹立正確的權威觀念，沒有威信就沒有號召力，沒有號召力就沒有凝聚力，就無法形成一個團結有序的隊伍。

※眼界要高

俗話說「嚴師出高徒」。飯店經理人如果要求不高、制度不嚴，是不可能培養出優秀的員工的。因此，飯店經理人要學會挑剔，學會發現問題，永遠不滿足於員工現有的表現，同時，還要有預見性，適時出去考察和學習其他飯店的經營和管理方式，發現不足並提高自己。

※制度要細

飯店經理人制定出的制度要全面可行，清晰明確。但是，制度必須與倡議、倡導區別開來。如「微笑服務」是一種倡議，但不屬於制度；「貴重物品寄存」是一種要求，也不屬於制度。

※控制要嚴

飯店經理人對產品的數量、質量、標準的控制要嚴格，同時也要做好飯店質量控制、銷售控制、財務控制及安全控制。要有原則性，不能這樣也行，那樣也行。

※講究藝術

制度無情人有情。由於現實工作中出現的問題都是複雜的、多變的，而且飯店工作主要由員工手工操作完成，因此，每位員工的違規情況各不相同，在處理時勢必不能一概而論。正所謂管理如水，而水無常態。這就需要飯店經理人講究制度管理的藝術性，也就是在處理員工的違規行為時應根據時間、場合、情景等因素靈活進行，既要遵循原則，又要妥善處理。

❖工作要實

◎凡是賓客看到的都是整潔美觀的。

◎凡是賓客使用的都是安全有效的。

◎凡是面對賓客的都是熱情友好的。

飯店經理人要落實每一項工作。

※計劃有序

工作要有計劃、有程序，要制定詳細的目標、方案等。飯店經理人如果管理無計劃，會導致下屬無所事事。

※重在檢查

工作要有布置、有檢查。飯店經理人的權力可以下放，但是責任不能下放，要注意跟蹤各種反饋訊息，要檢查落實每一項工作。

※慎下指令

飯店經理人在行使權力、實施管理的過程中，要做到慎下指令，工作嚴謹，言而有信，辦事認真。

※講究效率

飯店經理人要注重工作實績、講究工作實效。

※注重細節

飯店工作無大事，但是，往往一件小事就會嚴重影響到飯店的聲譽。飯店管理人員在工作中，要注重細節，追求完善。

※推廣品牌

飯店經理人在管理過程中要注重飯店品牌形象對內對外的宣傳和推廣，創造飯店的品牌效益。

❖辦法要多

飯店經理人在實施管理的過程中，往往會出現許多意料不到的事，如何有效地處理這些事情呢？飯店經理人可以靈活運用多種管理方法。

※表格管理法

飯店的表格有採購報表、財務報表、營業報表，採購單、物品領用單、維修單、報損單等。飯店經理人要明確各類表單的用途、性質、傳遞部門和傳遞時限，填單要有統一的規定，各部門的表單處理要規範，要有存檔和反饋。

※定量管理法

不管是原材料還是人力資源、能源以及成本的控制，飯店經理人都可以採用量化管理。比如：每位客房服務員每天整理的房間是多少？每位康樂服務員每天服務幾間KTV包廂？每位餐飲服務員在宴會時服務幾桌賓客？

※制度管理法

制度是飯店中每位員工都必須遵守的行為規範。飯店經理人要用制度來約束員工，依照制度來獎懲員工。

※情感管理法

情感管理主要是兩大問題：一是服務質量問題，即處理好賓客關係；二是管理水平問題，即處理好員工關係。

※走動管理法

飯店經理人在工作中，要經常親臨現場，去檢查問題、發現問題、解決問題。

此外，還有溝通管理法、激勵管理法等其他管理辦法。

管理是一種技巧，更是一門學問，一門科學，一門藝術，不是一朝一夕就能掌握的，而是要在工作中，在管理實踐中，邊學習、邊領悟、邊運用。作為飯店的高層管理者，飯店經理人要牢記：自己不懂的要比懂的多得多；比自己能力強的要比不如自己的多得多，在爾虞我詐的白熱化的人才競爭環境中，唯有低調做人、高調做事才是最牢靠的。把工作做得充實有致而又不露聲色，沉著而沒有張揚之氣，才是一位成功飯店經理人所應具備的涵養。

第五部分 贏得勝利

第十七章 打造成功飯店經理人

本章重點

●實現管理有效到位

●邁向成功

●明天會更好

實現管理有效到位

本節重點：

實現目標

建章建制

發現問題

預先控制

全員參與

承擔責任

講究藝術

管理大師杜拉克說：管理是一種實踐，其本質不在於「知」而在於「行」。其驗證不在於邏輯，而在於成果，其唯一權威就是成就。實現管理到位是飯店管理績效的重要體現，是飯店經理人透過自己的權力、知識、能力、品德及情感去影響下屬共同實現飯店管理目標的過程。

管理到位的核心是飯店經理人管理到位。如果飯店經理人的管理沒有到位，任何所謂的服務到位、質量到位、銷售到位、維修保養到位等都無從談起。

實現目標

◎實現飯店目標是管理到位的最終目的。

在管理過程中，飯店經理人會遇到各種困難，如同行業競爭、資金不足、設備老化、內部矛盾等。在困難面前，飯店經理人是停滯不前還是積極克服，是飯店經理人工作態度的問題。只有將問題解決了，工作目標實現了，才是實現了管理到位。

建章建制

◎有效的管理制度、程序和標準是管理到位的保證。

俗話說，「無規矩，不成方圓。」飯店經理人要結合國家的規定和行業的標準，根據自身實際情況建立符合飯店自身發展需要的規章制度，如飯店產權制度、飯店基本管理制度、部門制度、專業管理制度和日常工作制度等。科學的規章制度是飯店管理的依據，任何飯店經理人都必須執行，這是實現管理到位的保證。

發現問題

◎發現並解決問題是管理到位的基礎。

飯店經理人要具有問題意識，能夠及時發現管理中存在的各種顯性和隱性的問題。尤其是對潛藏在角落裡的一些細節問題，飯店經理人要能夠防微杜漸，及時地將其扼殺在萌芽狀態，這些細節問題往往決定了飯店管理的成功與失敗。萬豪國際酒店有這樣一條管理理念：魔鬼在細節中。忽略細節必然會導致最終的失敗。

預先控制

◎預先控制是管理到位的有效方法。

預先控制既是管理的手段，也是實現管理到位的有效途徑。實現管理到位的重要一點就是飯店經理人能夠把管理和服務過程中可能會出現的錯綜複雜的問題預見在發生之前，並制定方案避免這些問題的發生。

全員參與

◎調動員工的積極性是管理到位的重要手段。

飯店管理到位是實現飯店全體員工共同參與的過程，只有將員工的工作積極性和工作熱情調動起來，實現從利益共同體到命運共同體的轉變，員工才會自覺、自願、自律、自然地為飯店努力工作。

承擔責任

◎敢於承擔責任是管理到位的具體體現。

當飯店出現問題時，飯店經理人不應推脫，而應主動承擔責任，從自身管理中尋找問題。當工作需要時，飯店經理人能夠站在員工的前面，妥善地解決問題。

講究藝術

◎講究管理藝術，提高領導水平是管理到位的核心。

飯店經理人若僅靠規章制度進行管理是簡單的管理，很難讓人信服。這就要求飯店經理人除了自身品德和業務素質過硬外，還要掌握管理的技巧與方法，用不同的方法去處理人和管理事，調動員工的積極性。

邁向成功

本節重點：

準備好盔甲

統率好部下

統領戰局

◎水平高的經理人，把複雜的問題簡單化；水平一般的經理人，把簡單的問題複雜化；水平低的經理人，既不能把複雜的問題簡單化，也不能把簡單的問題複雜化。

◎水平高的經理人，善於以理服人；水平一般的經理人，喜歡教訓人；水平低的經理人，喜歡罵人。

◎水平高而平易近人的經理人——群眾敬服；水平高卻高高在上的經理人——群眾敬畏；水平低但平易近人的經理人——群眾敬重；水平低但高高在上的經理人——群眾既不敬，也不服。

準備好盔甲

飯店經理人是否具備良好的素質與修養是其能否取得成功的關鍵，因此，每一位飯店經理人都必須注重培養自身的「一力」、「二識」、「三性」。「一力」即實力；「二識」即見識、膽識；「三性」即理性、悟性與韌性。

實力

實力就是飯店經理人的綜合素質，指飯店經理人不但要思維敏捷，知識淵博，聰穎智慧，還要有嫻熟的技術能力和領導能力。

目前，很多飯店經理人並不具備過硬的綜合實力，只不過因為在市場經濟的浪潮中碰巧抓住了一朵浪花而獲得了成功。但是，當飯店要進一步長遠發展時，飯店經理人就迷茫了，不知道該如何經營和管理好飯店。因此，飯店經理人的知識是否淵博，思維是否敏捷，反應是否迅速，將決定著飯店管理的成與敗。

❖見識

顧名思義，見識就是要飯店經理人見多識廣，能夠全面瞭解市場發展的趨勢，瞭解行業相關政策的趨向，能夠迅速嗅出未來環境的變化，並審時度勢，權衡利弊對環境變化做出快速反應，使飯店在瞬息萬變的、競爭激烈的市場環境中立於不敗之地。

◎微軟公司總裁比爾蓋茲說過，「微軟離破產永遠只有十八個月。」

◎英特爾公司總裁安德魯·葛洛夫的一句名言就是「唯具有憂患意識，才能夠永遠長存」。

見識反映出飯店經理人對未來的預見能力、洞察能力和決策能力。在不可能明確明天究竟會發生什麼的情況下，飯店經理人必須

時刻具備危機意識，居安思危，防患於未然，同時，要樹立超強的競爭觀念，要樹立「科學技術是第一生產力、人才是第二生產力」的觀念，要做到「明天與飯店發展有關的一切都在掌握之中」。

❖膽識

膽識就是說飯店經理人要有膽、有謀、有魄力、有闖勁、勇於競爭、敢於挑戰。

在飯店的發展過程中，會不斷遇到「死亡之谷」，飯店經理人要知道如何去分析、發現和認識在市場競爭中存在著的各種機會與威脅，要清楚地認識到飯店自身的優勢和劣勢，要有足夠的膽識能夠帶領飯店員工一次次地越過「死亡之谷」，使飯店獲得長足的發展。

❖理性

理性就是要求飯店經理人能夠講求實事求是。其實，「實事求是」這四個字，講起來容易做起來難。

◎世界著名投資專家華倫巴菲特說過：「我的成功並非因為智商高，成功最重要的一個因素是理性。如果智商和才能是發動機的動力，那麼輸出功率，也就是工作的效率則取決於一個人的理性。」

可見，理性對於飯店經理人成功地經營和管理一家飯店來說是相當重要的。如果真的做到了，那什麼事情都容易解決。否則，如果讓勝利沖昏了頭腦，違背競爭的遊戲規則辦事，主觀臆斷、異想天開、盲目衝動做出決策的話，只會導致決策的失敗。

當然，這並不是說飯店經理人不需要為飯店的發展制定遠景目標，關鍵是要分清楚目標的制定是否具有科學性，是否站在戰略的高度，是否對員工造成了激勵作用，是否能夠看得見，跳一跳就能摸得著，否則的話，理想只能成為空想、幻想。

悟性

「悟」就是領悟，也就是去感覺、感知，指飯店經理人要能夠從事物的現象上感悟到事物的規律，有認識事物本質的能力，有較強的思維能力、記憶能力、歸納能力、邏輯推斷能力、反應能力、迅速接受知識的能力、敏銳的洞察力和科學的判斷能力。悟性強調飯店經理人要能夠沉著冷靜、獨立思考，並能夠機智果敢地提出自己的見解。它是飯店經理人智商和情商的集中體現。

飯店經理人要做戰略家，要能夠領悟各種經營和管理的哲理，思考飯店發展的戰略方向。飯店經理人要做「千里眼」、「順風耳」，要有敏銳的眼光、靈敏的嗅覺，能從紛繁複雜的表象、假象中，把握事物的本質，然後快速出擊，以迅雷不及掩耳之勢在別人發覺後動身之前早行一步。

韌性

韌性是飯店經理人成功的保障，它體現了飯店經理人的人格魅力。飯店經理人要有堅強的意志、豐富的情感和穩定的情緒。情感是飯店經理人思想感情的內容；情緒是飯店經理人思想的外在表現形式，兩者是飯店經理人成功的基礎。

◎安德魯·葛洛夫說：「只有偏執狂才能生存。」

◎中國有句諺語：「逆水行舟，不進則退。」

然而，很多飯店經理人在處理事情時，只是講究「不偏不倚」，只求「比下有餘」，不求「精益求精」。很多飯店經理人在飯店發展到一定的規模之後，就滿足了，覺得只要維持現狀就可以了，缺乏一種競爭的精神，一種與同行業的競爭者「一比高下」的精神。

事實上，飯店經理人若想要抓住某個機會讓飯店一舉成名也許不是很難，但是要把飯店做大做久，做成市場先鋒、行業老大那就難了。但凡成功的飯店經理人往往都肯在「韌」字上下功夫；都有不達目的誓不罷休的毅力；都有控制衝動情緒的忍耐力和克制力；都對自己所從事的管理事業具有崇高的敬業精神。做到了這些，飯店經理人才能在飯店的經營管理中做到不驕不躁，沉著冷靜，寵辱不驚，成竹在胸。

統率好部下

◎It takes two to tango.

—— 團結就是力量。

❖ 智商情商，相得益彰

IQ和EQ就如同是飯店經理人的左膀右臂，缺一不可，無論哪一邊出了問題，都會給飯店經理人的管理能力帶來負面的影響。

❖ 和時間賽跑，走在時間的前面

飯店經理人要敢於和時間賽跑，要有超前意識，要能夠在今天就看到飯店明天的情形；在今年就準備好明年要走什麼路，甚至要想好三年、五年、十年後飯店的發展思路。拿破崙說：「我的軍隊之所以戰無不勝，是因為我們總比對手提前五分鐘到達目的地。」

❖ 行車須有方向盤

明確的戰略目標就像是一個羅盤針，一個行車的方向盤。即使當飯店經理人帶領著團隊在浩瀚無邊的沙漠中疾馳時，也不會因為辨不清方向而被吞沒。

❖ 溝通連接心靈的「紐帶」

溝通打破了上、下級之間那道不透明的冰牆，架起了人與人之間信任的橋樑，融化了怨恨、建立起了溫情。溝通從「心」開始，宣揚了真誠與友情，構建出美好、和諧的氛圍。

❖ 眾人拾柴火焰高

◎一滴水怎樣才能永存

釋迦牟尼問他的弟子，「怎樣才能使一滴水永存？」弟子搖頭，釋迦牟尼說：「把它放進浩瀚的大海中。」

一個巴掌拍不響，萬人齊鼓聲震天。再優秀的將領，如果只是「光桿司令」也是打不贏勝仗的。雖然個人的力量是微薄的，但是，如果能將每個人的力量都牢牢地團結在一起，就會造就出排山倒海之勢，創造出驚人的業績。

❖ 貶人於暗室，褒人於廣庭

媽媽告訴因為口吃而深感自卑的孩子：「口吃，只不過想的比說的快了一點。」每個人都有渴望被讚美的心理。飯店經理人在掌握了員工的這個心理之後，要能夠給予員工適時、適度並且是發自內心的真誠的讚美，並且告訴員工：你相信他可以做得更好。

❖ 生才貴適用

◎駿馬能歷險，犁田不如牛；堅車能載重，渡河不如舟；舍長而取短，智者難為謀；生才貴適用，慎勿多苛求。

最優秀的員工不一定是學歷最高的員工，不一定是資歷最老的員工，而是最適合於這個崗位、並且熱愛這個崗位的員工。飯店經理人在選才用人的時候要牢牢遵循這個原則：有德有才者重用；有德無才者可用；無德有才者限用；無德無才者不用。

成功不是由盔甲創造的，而是由盔甲中的自己創造的。飯店經理人如果只是為自己打造了一副「黃金盔甲」還不足以獲得成功，還必須組建起一支堅實的專業團隊，充當下屬的「教練員」，帶領員工理解飯店發展的戰略，並透過有效的溝通建立彼此間的信任，營造出相互尊重、和諧共處的集體氛圍。

統領戰局

◎善弈者謀勢，不善弈者謀子。

◎莫為小利丟了大局

有位老師走進教室，在白板上畫了一個黑點。他問學生：「你們看見了什麼？」大家異口同聲地說：「一個黑點。」老師故作驚訝地說：「只有一個黑點嗎？這麼大的白板大家都沒有看見嗎？」

❖ 99%的成就來自於不斷學習

世界處在不斷的發展變化中，到「這一秒」為止，歷史向前邁進了1%，而99%的未來是與過去相似的，99%的經驗與知識是相互重疊的，所以，一位優秀的飯店經理人要想成為領航人，就必須記住99%的成功是來自於自身堅持不懈的學習。

❖ 理念是先導

有句話說得好：天冷，冷在風中；人窮，窮在債裡；企業苦，苦在沒有思路。有思路，才有出路；沒有思路，飯店就只有死路。在新的環境下，開始新的遊戲需要啟動新的規則，而新的規則的形成有賴於新思維。任何一家飯店要想有發展，有突破，光靠員工拚命工作是不行的，還需要飯店經理人敢於挑戰自己，打破思維定式，敢於創新，實現生產要素和生產條件的「全新組合」，從而推動飯店的快速發展。

❖實施變革，營造文化

飯店實施變革的最終目的是為了取得更好的效益，而營造科學、合理的文化是飯店達到最終目的的途徑，也是飯店實施變革的直接目的。飯店文化可以總結為「家」文化：要為賓客創造賓至如歸的氛圍，要為員工營造家的溫馨。人心向背猶如磁鐵與磁針，有磁則向，無磁則背。經營飯店實質上也就是經營「員工的人心」，而這個「磁」換言之也就是飯店的文化。古人云：得人心者得天下。「抓眼球」、「揪耳朵」，都不如「暖人心」。

❖挺起胸膛做人，彎下腰板做事

把大海裝進胸膛，用腳印勾勒卓越。飯店經理人在飯店內部是整個飯店的核心，在飯店外部代表著整個飯店的形象。飯店經理人良好的個人素質，統率團隊、掌控飯店經營與發展方向的能力與藝術，對於飯店快速高效運營、持久穩定發展的態勢起著至關重要的作用。

一位成功的飯店經理人，就是要將自己打造成為頭戴黃金戰盔，身穿青銅甲冑，手持長槍盾牌的「戰神」亞力斯，一聲令下，萬箭齊發，戰無不勝，攻無不克，做到真正的叱吒風雲，所向披靡。

明天會更好

本節重點：

明天會更好嗎

讓明天會更好

明天會更好嗎

◎明天會更好，這句話是否正確？

☆回答：唯一可以確定的是什麼都是可能的。

☆理由：誰也無法準確知道明天到底會怎麼樣。

☆思考：今天輝煌不等於明天依舊輝煌，今天落後也不等於以後永遠落後。

競爭，在給每位飯店經理人帶來機遇的同時也帶來了挑戰。機遇和挑戰本來就是一對孿生兄弟，挑戰的本身也就是機遇，真正的機遇是在迎接挑戰中誕生，在征服挑戰中實現的。

成功需要機遇。但是，機遇對每一位飯店經理人來說並不是平等的，它只會降臨在有準備的人身上。因此，強者創造機遇，智者抓住機遇，弱者等待機遇，愚者則失去機遇。飯店經理人要勇於在競爭中迎接挑戰，善於在競爭中把握機遇。

讓明天會更好

◎怎樣才能擁有美好的明天？

☆回答：昨天的努力造就了我們今天的狀況，明天會怎麼樣，則取決於我們今天的努力。

☆思考：明天要過得比今天更好，就要在今天付出比昨天更大的努力。

明白了這些之後，總結一下，要想成為新形勢下一位成功的飯店經理人，我們還需要做到哪些呢？

☆眼光遠、標準高、要求嚴。

☆結合自身實際，瞭解所處現狀。

☆把握發展趨勢，積極採取行動。

☆學習前人經驗，掌握成功秘訣。

☆不斷調整變革，實現美好願望。

☆清楚自己的飯店要做哪些事。

☆「精明」+「開明」=「高明」

市場是海，飯店是船，而飯店經理人就是駕馭這艘巨輪乘風破浪的「舵手」。作為一位生活在21世紀的飯店經理人，你是成功的嗎？你能駕馭好你的團隊贏得一次次的勝利嗎？

如果你認為你是成功的，請不要太過於自滿。因為，今天的成功只是因為你把握住了昨天的機遇，是你昨天努力的成績。但是，昨天≠明天，明天是否會更好，還要看你今天是否足夠努力。

如果你認為今天你是失敗的，或者是還不夠成功，沒有關係，請不要氣餒，那只是因為你錯過了曾經出現過的機遇。把目光從已經成為過去的昨天轉向今天來吧，因為，今天≠明天。為了最終能夠達到成功的彼岸，請從今天開始，從現在做起，把握住今天的機遇，繼續努力，那麼，絢爛、美好的明天必將屬於有準備的你！

贈21世紀的飯店經理人：

◎今天工作不努力，昨日輝煌不再有；

◎今天學習不努力，明天美夢難成真；

◎工作學習兩不誤，美好明天屬於你。

國家圖書館出版品預行編目(CIP)資料

成功飯店經理人 / 程新友 編著. -- 第一版.
-- 臺北市 : 崧燁文化, 2018.12

面 ; 公分

ISBN 978-957-681-671-0(平裝)

1.經理人 2.旅館業管理

489.2 107021726

書　名：成功飯店經理人
作　者：程新友 編著
發行人：黃振庭
出版者：崧燁文化事業有限公司
發行者：崧燁文化事業有限公司
E-mail：sonbookservice@gmail.com
粉絲頁　　網　址：
地　址：台北市中正區重慶南路一段六十一號八樓 815 室
8F.-815, No.61, Sec. 1, Chongqing S. Rd., Zhongzheng Dist., Taipei City 100, Taiwan (R.O.C.)
電　話：(02)2370-3310 傳　真：(02) 2370-3210
總經銷：紅螞蟻圖書有限公司
地　址：台北市內湖區舊宗路二段 121 巷 19 號
電　話:02-2795-3656　傳真:02-2795-4100　網址：
印　刷　：京峯彩色印刷有限公司（京峰數位）

定價：700 元
發行日期：2018 年 12 月第一版
◎ 本書以POD印製發行